软件技术系列丛书

网页设计与制作项目式教程

（HTML5+CSS3+Bootstrap）

校企合作　项目资源库　微课　课件　教学大纲

授课计划　实训报告　教案　课程思政　题库

主　编／周礼萍　刘开芬　曹小平

副主编／黄庆斌　张书波　曾立莎　龙平　高明伟

西南交通大学出版社

·成　都·

内容简介

本书是面向 Web 前端开发学习者的入门教材，以简洁易懂的语言及丰富实用的案例，深入浅出地讲解了 HTML5+CSS3+Bootstrap 响应式开发技术。针对重点、难点，本书在相应位置添加了相关微课，读者可以扫码观看学习视频，这种书网结合的方式可更好地帮助读者理解知识点。

全书共 7 章包括 25 个项目：第 1 章讲述了互联网的基础及网页的发布；第 2~5 章讲解了 HTML5 和 CSS3 基础知识：常用标签、列表、表格和表单及 CSS3 相关知识；第 6 章讲解了弹性盒布局和响应式 Bootstrap 框架的应用；第 7 章讲解了 CSS3 的提高部分：动画、2D 和 3D 变形。读者通过书中 25 个项目对应 65 个实用有趣的任务练习，可更加牢固地掌握知识点。

本书既可作为高等院校计算机、电子商务等相关专业的 Web 前端开发课程的教材，也可以用作网页设计与制作培训用书，还可以作为广大 IT 技术人员和编程爱好者的自学用书和参考书。

图书在版编目（CIP）数据

网页设计与制作项目式教程：HTML5+CSS3+Bootstrap / 周礼萍，刘开芬，曹小平主编. —成都：西南交通大学出版社，2021.8
ISBN 978-7-5643-8187-5

Ⅰ. ①网… Ⅱ. ①周… ②刘… ③曹… Ⅲ. ①超文本标记语言 - 程序设计 - 高等职业教育 - 教材②网页制作工具 - 高等职业教育 - 教材 Ⅳ. ①TP312.8 ②TP393.092.2

中国版本图书馆 CIP 数据核字（2021）第 164018 号

Wangye Sheji yu Zhizuo Xiangmushi Jiaocheng
(HTML5+CSS3+Bootstrap)
网页设计与制作项目式教程
（HTML5+CSS3+Bootstrap）
主编 周礼萍 刘开芬 曹小平

责任编辑 黄庆斌
特邀编辑 刘姗姗
封面设计 墨创文化
出版发行 西南交通大学出版社
（四川省成都市金牛区二环路北一段 111 号
西南交通大学创新大厦 21 楼）
发行部电话 028-87600564 028-87600533
邮政编码 610031
网址 http://www.xnjdcbs.com
印刷 成都蓉军广告印务有限责任公司
成品尺寸 185 mm × 260 mm
印张 19.75
字数 495 千
版次 2021 年 8 月第 1 版
印次 2021 年 8 月第 1 次
书号 ISBN 978-7-5643-8187-5
定价 49.80 元

课件咨询电话：028-81435775

前言

PREFACE

自进入 Web 2.0 以来，各类 Web 应用大量涌现，极大地提升了各行业的信息化水平，为人们的日常生活提供了更多便利。伴随着 Web 应用的发展，Web 前端也发生了翻天覆地的变化。Web 前端不断通过丰富的多媒体、良好的交互形式，为用户提供了越来越好的体验。自 2015 年李克强总理提出制定“互联网+”行动计划后，Web 前端开发人员受到了各行各业的青睐。

面向职业院校和应用型本科院校实行 Web 前端 1+X 证书制度，是落实《国家职业教育改革实施方案》的重要内容，掌握 HTML5 和 CSS3 技术是学习前端技术的第一步。

作者团队根据近二十年的教学经验，认真调研企业对 Web 前端工作岗位的需求，并结合高职类院校学生的特点，对教学内容、教学流程、教学案例、教学方法进行了系统设计和整体优化。为突出项目在学生学习中的作用，作者团队用项目教学法帮助学生学习和掌握网页设计这门课程的常用知识点。

全书以《Web 前端开发职业技能等级标准》为大纲，运用“理论+项目驱动”的编写方式，通过简单易懂的图文分析，学生能快速理解和掌握相关知识。同时，本书为学生配备了免费的学习资源：微视频 150 余个、配套项目代码和任务素材等。为教师提供免费教学资源：课件、教学大纲、教案、授课计划、实训报告、考试和练习题库等。

全书共 7 章包括 25 个项目，分别从 HTML5、CSS3 基础、弹性盒布局、响应式框架及 CSS3 高级，对应 65 个层层递进、关联式的任务，系统地进行教学。本书按照职业化要求进行设计与制作网页，在完成各个项目训练的过程中不仅能增长知识、训练技能、积累经验、养成习惯、固化能力，里面丰富的思政素材还能带来心灵的触动和意外的收获。每个项目细分为多个子任务，教师可以根据各个专业教学需求和课时限制，合理选取教学案例和教学内容，以充分满足不同学校、不同专业、不同课时教学的多样性需求。

本书由周礼萍（重庆科创职业学院）、刘开芬（重庆科创职业学院）、曹小平（重庆科创职业学院）担任主编，并与何自林（成都双禾科技发展有限公司）、欧阳俊兵（四川摩立斯电竞科技有限责任公司）及黄庆斌（西南交通大学出版社）共同负责全书大纲的制定及内容的审稿统稿工作，重庆科创职业学院张书波、曾立莎、龙平、高明伟、罗强、龙熠、罗娜、李宗伟等多位一线教学老师参与了案例优化和部分章节的校对、整理、素材的收集工作。

由于时间仓促，加之编者水平有限，书中难免有疏漏与不足之处，敬请各位读者批评指正，如果发现有任何问题或者不认同之处请与编者取得联系，编者 QQ：1324872446。感谢您选择本书，期待能成为您的良师益友。

编 者

2021 年 6 月

目 录

CONTENTS

第一章　网页设计概述及基础知识……001

项目一　制作第一个简单的网页……001
项目二　局域网发布网站……005
项目三　互联网发布网站……010

第二章　HTML 基础……016

项目四　HTML 文档结构……016
项目五　文字排版标签……021
项目六　图像标签和路径……025
项目七　链接标签……033
项目八　锚点链接……043

第三章　列表和表格……050

项目九　列表……050
项目十　表格……059

第四章　CSS 3 基础篇……073

项目十一　CSS 基础选择器和文字样式属性……073
项目十二　复合选择器和 CSS 3 三大特性……092
项目十三　属性、伪类选择器及元素的显示模式……105
项目十四　背景属性……118
项目十五　精灵图……134
项目十六　盒子模型……144
项目十七　浮动……164
项目十八　定位……180

第五章　表单 ······ 197

项目十九　表单 ······ 197

第六章　弹性盒布局和响应式布局 ······ 217

项目二十　flex 布局和字体图标 ······ 217

项目二十一　Web 开发之响应式布局 ······ 236

第七章　CSS 3 提高篇 ······ 266

项目二十二　动画和 2D 位移 ······ 266

项目二十三　2D 变形——缩放 ······ 278

项目二十四　2D 变形——旋转和倾斜 ······ 285

项目二十五　3D 转换 ······ 296

参考文献 ······ 310

第一章 网页设计概述及基础知识

项目一　制作第一个简单的网页

项目要求

<table>
<tr><td>一、目的要求</td><td colspan="3">了解网页制作的多种方法，熟记网页文件的扩展名，运用计算机基础所学 Word 知识制作自己的第一个网页</td></tr>
<tr><td rowspan="4">二、工具、器材</td><td>实验设备</td><td>数量</td><td>备注</td></tr>
<tr><td rowspan="2">PC（个人计算机）</td><td rowspan="2">1</td><td>1. 安装有 Office 2010 软件</td></tr>
<tr><td>2. 谷歌浏览器</td></tr>
<tr><td>有无线网卡/有线网卡</td><td>1</td><td>无线接入/有线接入</td></tr>
<tr><td>三、重难点分析</td><td colspan="3">✧ 知道 Word 和 Excel 软件也可以制作网页；
✧ 存储的关键在于保存格式为“网页”</td></tr>
<tr><td colspan="4">四、教学过程</td></tr>
<tr><td>教学步骤/知识或单元结构</td><td>教学方法/策略</td><td colspan="2">学生课堂安排/过程</td></tr>
<tr><td>1. 认识网页和网站</td><td>提出问题：什么是网站？什么是网页？</td><td colspan="2">思考回答网页和网站的关系</td></tr>
<tr><td>2. 构成网页的元素</td><td>浏览网页和网站提问</td><td colspan="2">回答构成网页常见的元素有哪些</td></tr>
<tr><td>3. HTML 的基本概念</td><td>讲授 HTML 的基本概念</td><td colspan="2">掌握超文本标签语言网页以.html 或.htm 后缀结尾的文本</td></tr>
<tr><td>4. 常见浏览器</td><td>演示不同浏览器的兼容性</td><td colspan="2">要求学生上网搜索市场使用兼容性最好、使用率最高的浏览器，作为调试浏览器</td></tr>
<tr><td>5. W3C 的 Web 标准</td><td>讲授 W3C 的标准</td><td colspan="2">学生掌握 HTML-CSS-JS 三者之间的关系</td></tr>
<tr><td>6. 布置任务</td><td>实操练习</td><td colspan="2">强化课堂认知技能</td></tr>
<tr><td colspan="4">五、成绩评定</td></tr>
<tr><td>评定等级</td><td></td><td>教师签名</td><td></td></tr>
<tr><td colspan="4">六、反思和总结</td></tr>
<tr><td colspan="4"></td></tr>
</table>

项目展示

Word 制作的网页如图 1.1 所示，Excel 制作的网页如图 1.2 所示。

图 1.1　Word 制作的网页

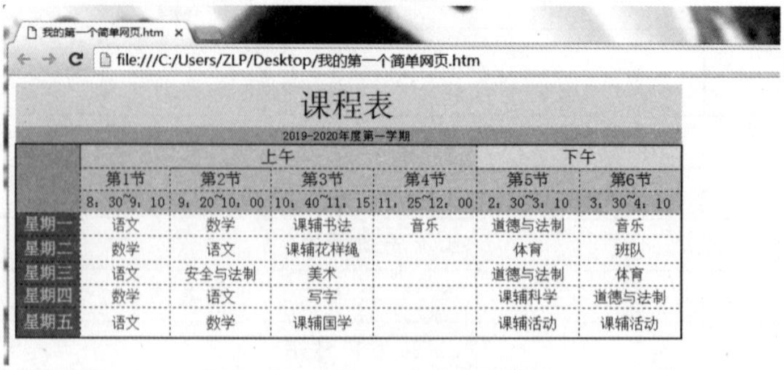

课程表

2019-2020年度第一学期

	上午				下午	
	第1节	第2节	第3节	第4节	第5节	第6节
	8:30~9:10	9:20~10:00	10:40~11:15	11:25~12:00	2:30~3:10	3:30~4:10
星期一	语文	数学	课辅书法	音乐	道德与法制	音乐
星期二	数学	语文	课辅花样绳		体育	班队
星期三	语文	安全与法制	美术		道德与法制	体育
星期四	数学	语文	写字		课辅科学	道德与法制
星期五	语文	数学	课辅国学		课辅活动	课辅活动

图 1.2　Excel 制作的网页

教学内容

1. 认识网页

网页是网站中的一“页”，通常是 HTML 格式的文件，需通过浏览器来进行阅读。

2. 认识网站

网站是指因特网上根据一定的规则，使用 HTML 等制作的用于展示特定内容的相关网页集合。

3. 构成网站的基本元素

网页是构成网站的基本元素，它通常由图片、文字、声音、视频、链接等元素组成。一般我们看到的网页是以“.html”或“.htm”为后缀结尾的文本，因此称为 HTML 文件。

4. HTML 基本概念

HTML（Hyper Text Markup Language）中文译为“超文本标签语言”，它是用来描述网页的一种语言。HTML 不是一种编程语言，而是一种标记语言，而标记语言是由一套标记标签组成的。

5. 常见浏览器

浏览器是网页显示、运行的平台，常用的浏览器有 IE、火狐（Firefox）、谷歌（Chrome）、Safari 和 Opera 等。

图 1.3　主流浏览器

6. Web 标准

Web 标准是由 W3C 和其他标准化组织制定的一系列标准的集合。主要包括结构（Structure）、表现（Presentation）和行为（Behavior）三个方面。

图 1.4　Web 标准之间的关系

结构标准：结构用于对网页元素进行整理和分类，主要是 HTML。

表现标准：表现用于设置网页元素的版式、颜色、大小等外观样式，主要指 CSS。

行为标准：行为指网页模型的定义及交互的编写，主要是 Javascript。

项目训练

任务一　用 Word 制作自己的第一个网站

任务要求

（1）使用“插入表格”按钮。

（2）使用“表格”菜单下“插入表格”命令。

（3）取消表格边框线。

（4）在表格内插入图片和文字。

（5）将制作好的 Word 文件保存扩展名为“.html”的网页文件。

（6）用浏览器打开进行预览。

任务二　用 Excel 制作自己的第一个网站

任务要求

（1）使用 Office 2010 Excel 新建文档，命名“我的第一个网页”。

（2）在 sheet1 做出班级名册，并命名为“课程表”。

（3）在 sheet2 做出班级课程表，并命名为“班级名单”。

（4）删除 sheet3。保存为“网页”格式，并打开浏览。

项目总结

本项目主要学习了 Word 和 Excel 制作网页文件。通过练习，读者能掌握制作网页的多种方法，知道网页的组成元素，记住网页文件的扩展名为“.html”。

项目二 局域网发布网站

项目要求

<table>
<tr><td>一、目的要求</td><td colspan="3">在了解和掌握了一些网站的基本知识、简单网页的制作以及网页制作的基本流程和方法后，读者通过本次任务，可以了解网站制作完成后如何进行发布，在局域网中发布的基本方法，以及不同方式发布的技巧等</td></tr>
<tr><td rowspan="4">二、工具、器材</td><td>实验设备</td><td>数量</td><td>备注</td></tr>
<tr><td rowspan="2">PC</td><td rowspan="2">1</td><td>1. 安装有 WebServer 软件</td></tr>
<tr><td>2. 谷歌浏览器</td></tr>
<tr><td>有无线网卡/有线网卡</td><td>1</td><td>无线接入/有线接入</td></tr>
<tr><td>三、重难点分析</td><td colspan="3">✧ 通过 IIS 在局域网中发布网页；
✧ 运用 WebServer 在局域网中发布网页</td></tr>
<tr><td colspan="4">四、教学过程</td></tr>
<tr><td>教学步骤/知识或单元结构</td><td colspan="2">教学方法/策略</td><td>学生课堂安排/过程</td></tr>
<tr><td rowspan="2">1. 通过 IIS 在局域网中发布网页</td><td colspan="2">演示教学讲授/利用 Windows 系统自带工具发布</td><td>理解实验要求，完成相应功能</td></tr>
<tr><td colspan="2">实操练习</td><td>强化课堂认知技能</td></tr>
<tr><td rowspan="2">2. 运用 WebServer 在局域网中发布网页</td><td colspan="2">演示教学讲授/利用发布软件进行发布</td><td>理解实验要求，完成相应功能</td></tr>
<tr><td colspan="2">实操练习</td><td>强化课堂认知技能</td></tr>
<tr><td colspan="4">五、成绩评定</td></tr>
<tr><td>评定等级</td><td></td><td>教师签名</td><td></td></tr>
<tr><td colspan="4">六、反思和总结</td></tr>
<tr><td colspan="4"></td></tr>
</table>

项目展示

在局域网中发布网站预览如图 2.1 所示。

图 2.1　在局域网中发布网站预览

项目训练

任务一　通过 IIS 在局域网中发布网页

方法：

（1）启动 IIS（Internet 信息服务管理器），如图 2.1.1 所示。在 Internet 信息服务窗口中选取“网站”，右击鼠标之后在弹出的菜单里选择“添加网站”命令开始创建一个 Web 站点。

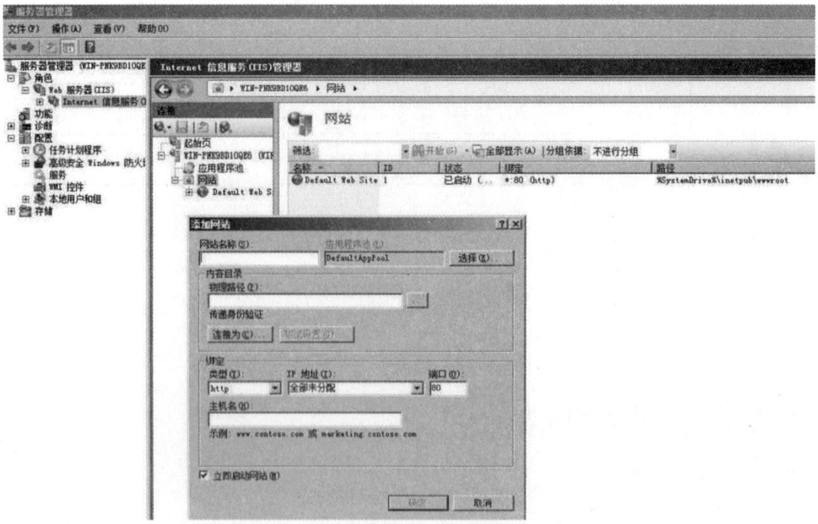

图 2.1.1　启动 IIS 信息服务管理器

（2）在窗口中设置 Web 站点的相关参数。例如，网站名称可以设置为“caoxiaoping”，Web 站点的主目录可以选取主页所在的目录或者是采用 WindowsServer 默认的路径，Web 站点 IP 地址和端口号可以直接在“IP 地址”下拉列表中选取系统默认的 IP 地址。网站配置示例如图 2.1.2 所示。

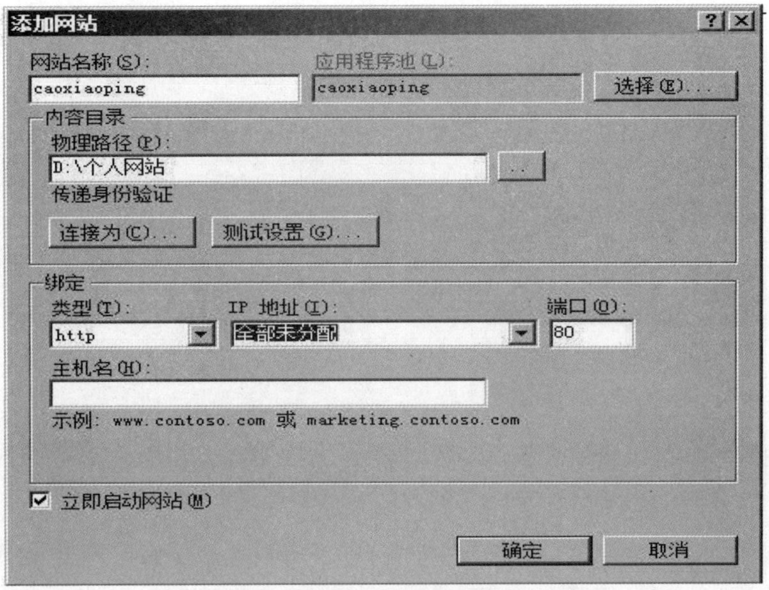

图 2.1.2　网站配置

（3）点击“确定”完成网站添加。返回到 Internet 信息服务器窗口，在“网站”项之后可以在中间区域查看到多出了一个新的“caoxiaoping”站点，如图 2.1.3 所示。

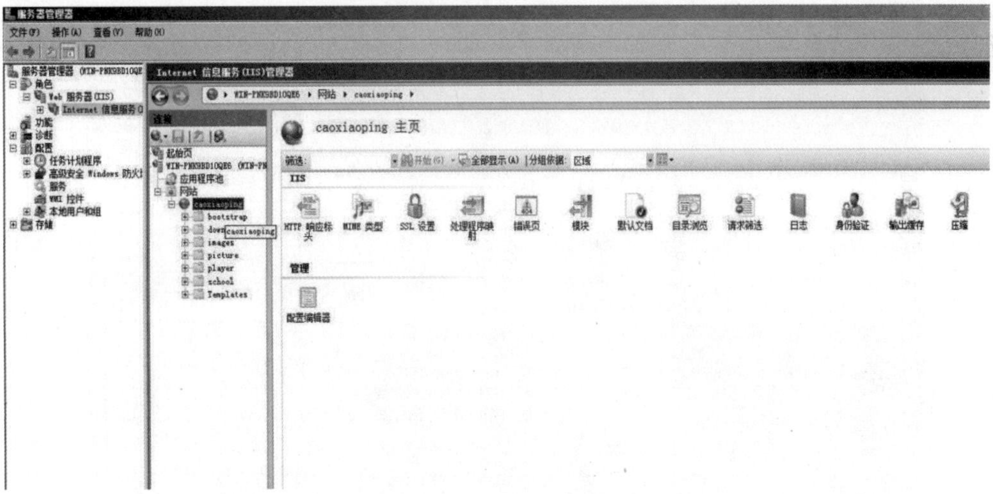

图 2.1.3　成功添加网站

（4）验证网站。为了验证创建的 Web 服务器可用，只要在内网的其他计算机上运行 IE 浏览器，然后在地址栏中输入 Web 服务器对应的 IP 地址，如果能够看见 IE7.0 的欢迎界面，就说明 Web 服务器创建成功了。

任务二　运用 WebServer 在局域网中发布网页

方法：

（1）打开 Quick'n Easy Web Server 工具，启动 Web Server，如图 2.2.1 所示。

图 2.2.1　启动 Quick'n Easy Web Server

（2）打开 Quick'n Easy Web Server 菜单栏服务器，设置侦听端口、网站路径（可以选择之前用 Word 编写的网页文件夹）、首页（要是 html 扩展名的文件）等内容，如图 2.2.2 所示。

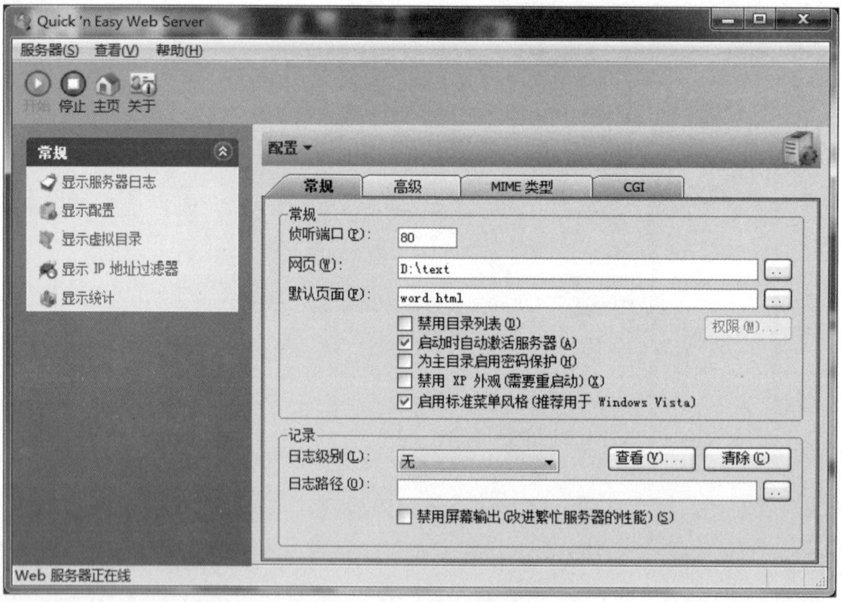

图 2.2.2　服务器设置

（3）浏览网站内容。在地址栏中输入本机 ip：端口号直接回车即可。例如：http://127.0.0.1：80，将显示个人网站内容，默认端口为 80 时，可以不用输入。注意用户可以通过设置不同端口号，发布多个网页，输入端口号前的冒号一定要是英文半角状态。浏览网站还可以：点击软件首页，通过查看 IP 地址对话框，点击 URL（统一资源定位器）链接地址进行访问，对话框如图 2.2.3 所示，浏览器预览效果如图 2.2.4 所示。

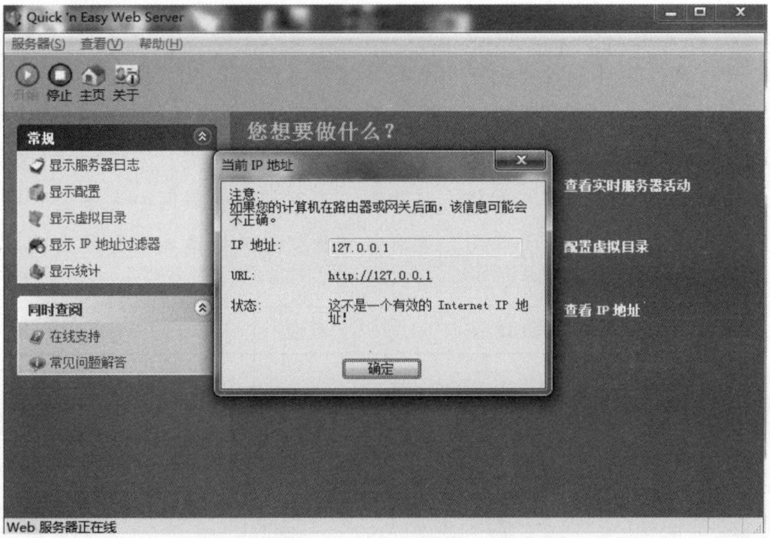

图 2.2.3　查看 IP 对话框

图 2.2.4　浏览网站

项目总结

通过任务学会使用 Internet 信息服务管理和 WebServer 工具在局域网中发布网站的方法。

项目三　互联网发布网站

项目要求

<table>
<tr><td>一、目的要求</td><td colspan="4">制作网站是为了向人们传播信息，所以必须把制作好的网站放到互联网上去，让用户可以通过 Internet 来查找和浏览。本次任务主要介绍了以独享云虚拟主机购买后获取主机信息、网站备案、上传网站和数据库、网站调试、域名解析和绑定等步骤实现网站在互联网中发布的方法。
通过该任务学习，读者能够独立完成申请域名和云主机，掌握网站上传的方法</td></tr>
<tr><td rowspan="4">二、工具、器材</td><td>实验设备</td><td>数量</td><td colspan="2">备注</td></tr>
<tr><td rowspan="2">PC</td><td rowspan="2">1</td><td colspan="2">1. 安装有 FTP 软件</td></tr>
<tr><td colspan="2">2. 谷歌浏览器</td></tr>
<tr><td>有无线网卡/有线网卡</td><td>1</td><td colspan="2">无线接入/有线接入</td></tr>
<tr><td>三、重难点分析</td><td colspan="4">✧ 利用互联网云虚拟主机发布网站；
✧ 能独立完成申请域名和云主机，掌握网站上传的方法</td></tr>
<tr><td colspan="5">四、教学过程</td></tr>
<tr><td>教学步骤/知识或单元结构</td><td colspan="2">教学方法/策略</td><td colspan="2">学生课堂安排/过程</td></tr>
<tr><td rowspan="2">利用互联网云虚拟主机发布网站</td><td colspan="2">演示教学讲授/在网站申请空间—注册域名—利用 FTP 软件上传自己网页—利用服务器地址预览</td><td colspan="2">理解实验要求，完成相应功能</td></tr>
<tr><td colspan="2">实操练习</td><td colspan="2">强化课堂认知技能</td></tr>
<tr><td colspan="5">五、成绩评定</td></tr>
<tr><td>评定等级</td><td></td><td colspan="2">教师签名</td><td></td></tr>
<tr><td colspan="5">六、反思和总结</td></tr>
<tr><td colspan="5"></td></tr>
</table>

教学内容

要把网站发布到互联网上，首先需要有空间和域名，而且要知道空间的 IP、FTP 账号和密码，有了这些才能正常登录到 FTP 服务器上，管理服务器里面的文件。

网站空间实际就是一个网络上的服务器，它具有固定的 IP 地址以及很大的存储空间，主要作用就是为网络用户提供各项服务，是实现网络资源共享的重要组成部分。网站空间分为收费和免费两种。通常收费的网络空间的服务优于免费的网站空间，至于选择哪一种，应根据具体情况而定。如果您的网站想长期运行下去，建议选择收费网站空间，如果只想测试自己的网站制作能力，可申请一个免费空间，即可满足需求。本任务将以免费空间 http://free.3v.do 为例，介绍在互联网上发布网站的方法。

项目训练

任务一 在互联网上发布网站

方法：

（1）进入网站 http://free.3v.do，点击免费空间申请，进行注册，如图 3.1.1、3.1.2 所示。

图 3.1.1 free.3v.do 网站

图 3.1.2 注册页面

（2）注册成功后，将会显示注册信息，此时已经生成了网站地址，如图 3.1.3 所示。下一步激活 FTP，激活需要充值 10 元，登录自己用户，选择左侧在线充值。步骤如图 3.1.4、3.1.5 所示。

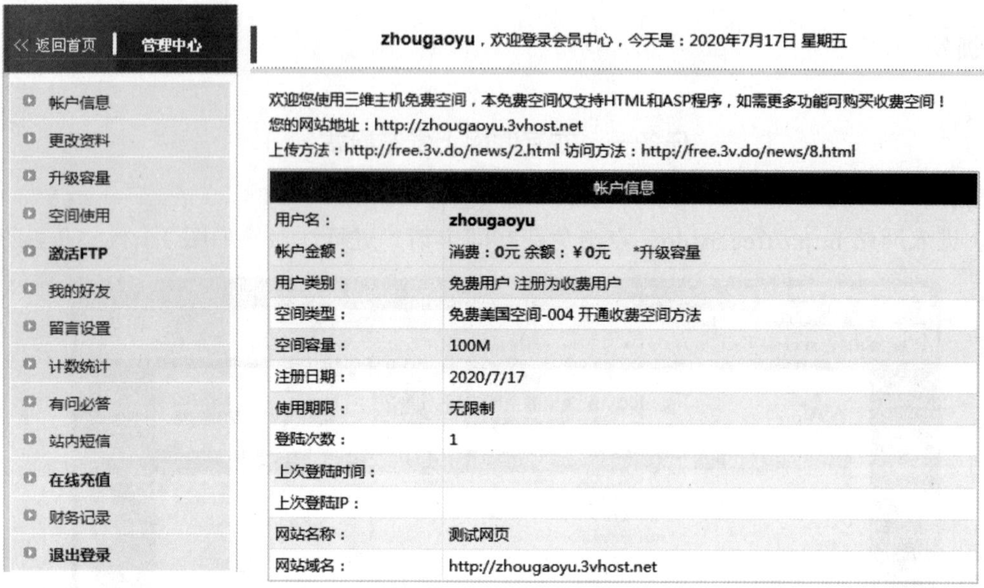

图 3.1.3　注册成功

图 3.1.4　激活 FTP 需要实名认证

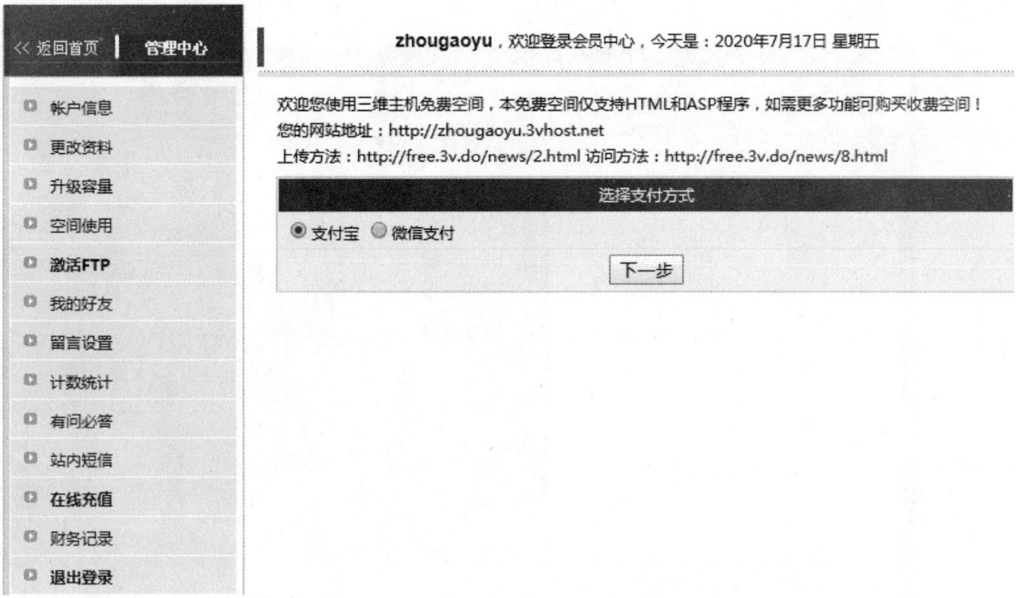

图 3.1.5　支付界面

（3）激活 FTP 后，就可以点击进入 FTP 管理界面，如图 3.1.6 所示，请记住自己的网站地址、FTP 地址、FTP 账号和密码。

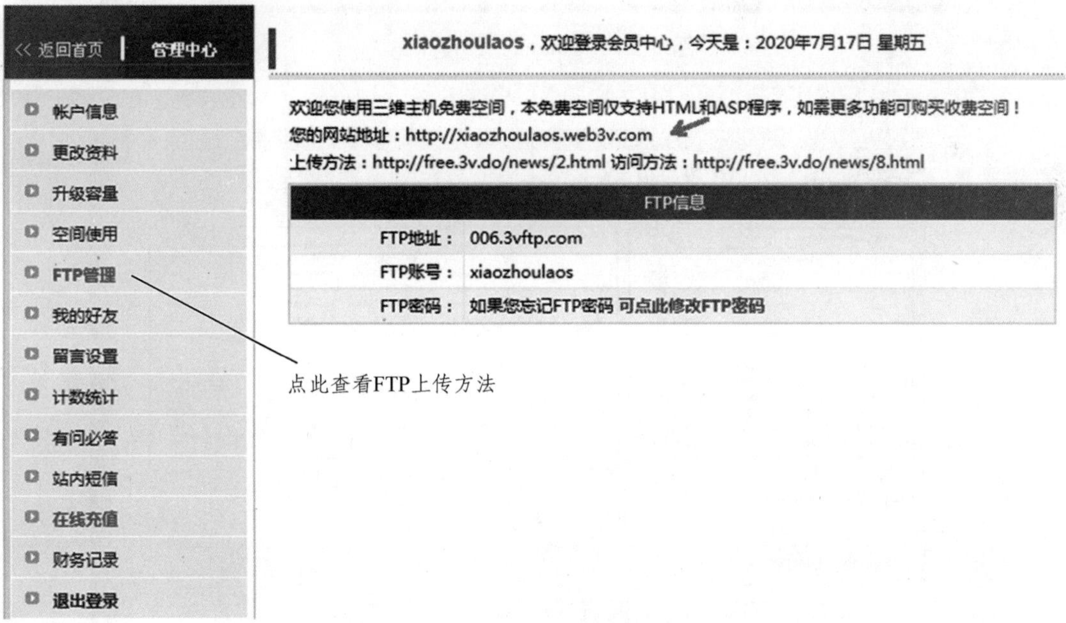

图 3.1.6　管理 FTP

（4）利用熟悉的 FTP 软件进行上传。这里以 CuteFTP 为例。填写 FTP 地址、FTP 账号和密码以及端口号（默认不修改），设置步骤如图 3.1.7、3.1.8 所示。

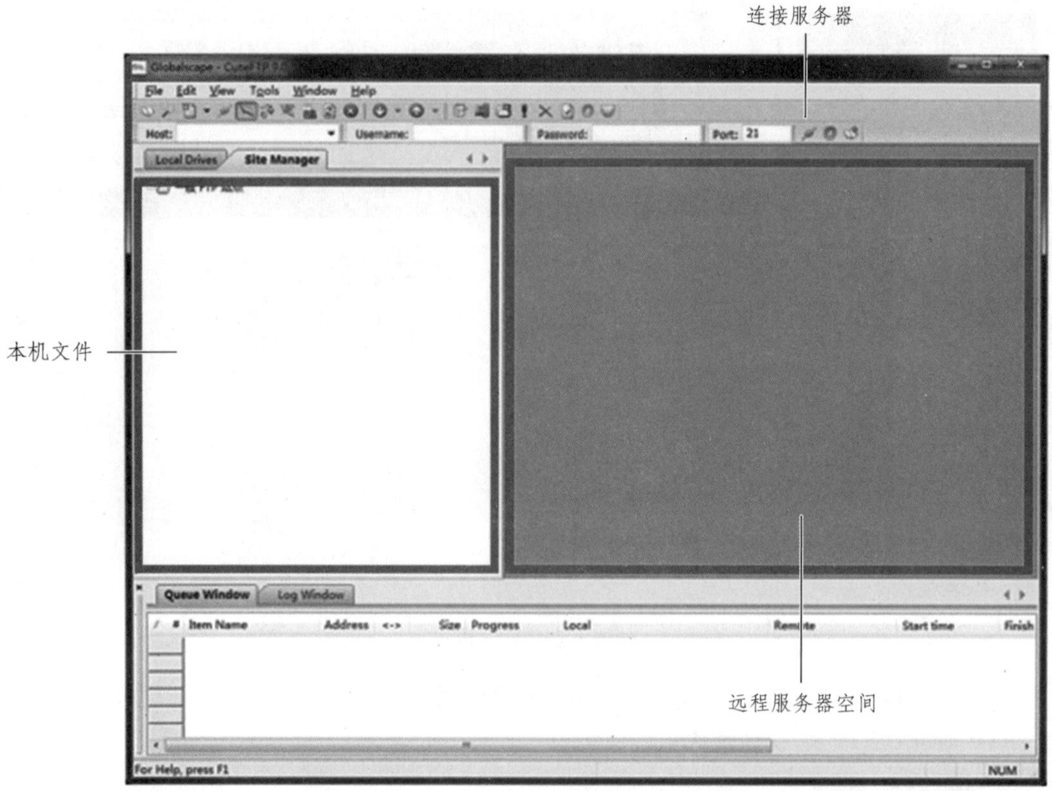

图 3.1.7　CuteFTP 上传工具

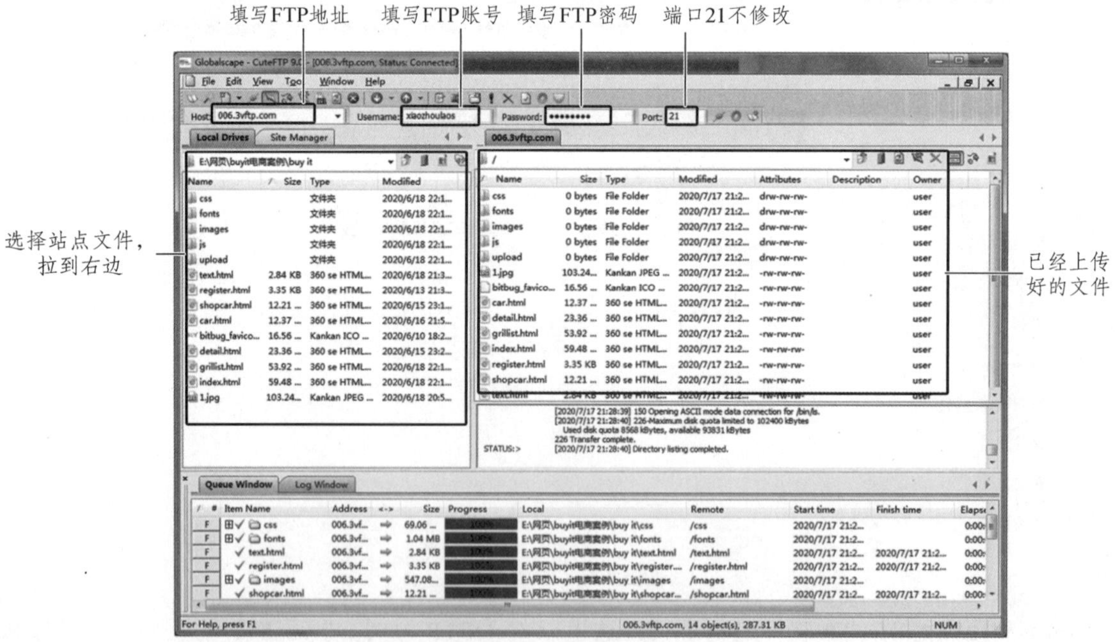

图 3.1.8　设置站点

（5）登录网站地址进行浏览如图 3.1.9 所示。

图 3.1.9　互联网发布预览

项目总结

通过任务了解自主建站基本步骤，分为服务器选择、域名购买和备案、网站部署、域名解析等。

第二章 HTML 基础

项目四　HTML 文档结构

项目要求

一、目的要求	1. 学会运用记事本创建 HTML 文件。 2. 掌握 HTML 固定结构顺序，知道每个标签的功能		
二、工具、器材	实验设备	数量	备注
	PC	1	有谷歌浏览器
	有无线网卡/有线网卡	1	无线接入/有线接入
三、重难点分析	✧ 掌握 HTML 结构的固有标签及标签的格式和作用		
四、教学过程			
教学步骤/知识或单元结构	教学方法/策略	学生课堂安排/过程	
1. HTML5 文档格式	日常书信有固定的格式，引导学生理解 HTML 也有自己的语法格式	先看格式，找出特点进行分析	
2. 标签的分类	讲解双标签和单标签的特点	学生观察 HTML 结构中的双标签	
3. 标签的关系	举例说明包含关系和兄弟关系	学生回答 HTML 结构中哪些标签是兄弟关系，哪些是包含关系	
4. 布置任务	实操练习	强化课堂认知技能	
五、成绩评定			
评定等级		教师签名	
六、反思和总结			

项目展示

用记事本编写网页如图 4.1 所示。记事本编写个人简历如图 4.2 所示。

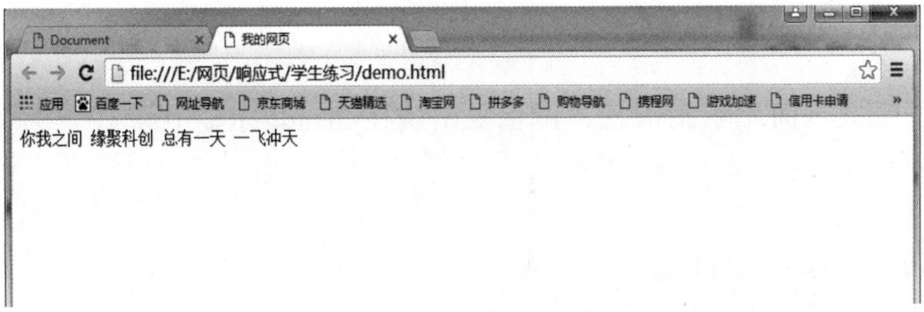

图 4.1　记事本编写网页

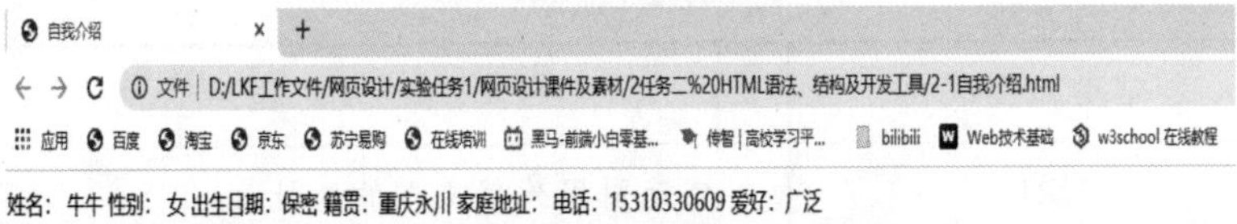

图 4.2　记事本编写个人简历

教学内容

1. HTML5 文档格式

日常生活的书信，我们要遵循共同的约定。同理，HTML 也有自己的语法格式，如图 4.3 所示。

结构

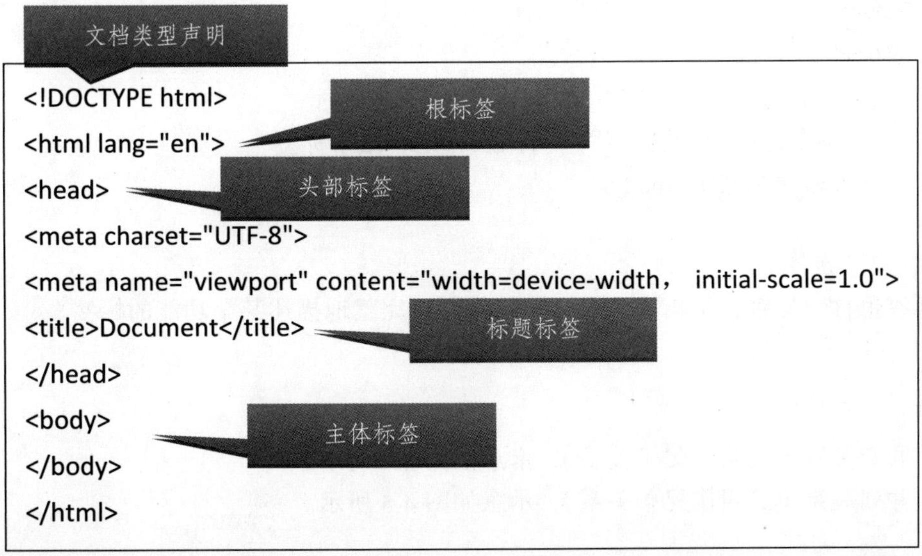

图 4.3　HTML 语法格式

2. HTML5 文档头部常见标签

（1）title 标签。

作用：给页面定义一个标题，即给网页取一个名字，如网站名（产品名）——网站介绍（建议不多于 30 个字）。

格式：<title>文字</title>

（2）meta 标签。

作用：用于定义页面元素的信息，可重复出现在<head>标签中。

格式：<meta name=" " content="值">

如：设置字符集

格式：<meta charset="UTF-8">

（3）link 引用外部文件标签，如表 4.1 所示。

表 4.1　link

属性名	常用属性值	描述
href	URL	指定引用外部文档的地址
rel	stylesheet	指定当前文档与引用外部文档的关系，该属性值通常为 stylesheet，表示定义一个外部样式表
type	text/css	引用外部文档的类型为 css 样式表
	text/javascript	引用外部文档的类型为 javaScript 脚本

（4）style 内嵌样式标签。

格式：<style 属性="属性值">样式内容</style>

3. 标签分类

（1）双标签。

格式：<标签名>内容</标签名>

这里，<标签名>是“开始标签”，</标签名>是“结束标签”。

比如：<body>我是文字</body>

（2）单标签。

格式：<标签名/>

单标签也称空标签，是指用一个标签符号即可完整地描述某个功能的标签。

比如：

4. 标签的关系

（1）嵌套关系（又叫作父子关系），示意如图 4.4 所示。

（2）并列关系（又叫作兄弟关系），示意如图 4.5 所示。

<head>
    <title>
    </title>
</head>

图 4.4　嵌套关系

图 4.5　兄弟关系

<head></head>
<body></body>

5. HTML5 语法

（1）标签不区分大小写。

（2）允许属性值不使用引号。

（3）允许部分属性值的属性省略。

标签关系

项目训练

任务一　打开记事本编写 html 文件

任务要求

（1）用记事本书写我们的第一个 HTML 页面！

（2）新建一个 401.TXT 文件。

（3）里面写入刚才的 HTML 骨架。

（4）标题为“我的网页”。

（5）加入文字“你我之间 缘聚科创 总有一天 一飞冲天”。

（6）把后缀名改为“.HTML”。

（7）右击——谷歌浏览器打开。

任务二　使用编辑器编辑 html 文件

任务要求

（1）打开 HBuilder，新建——文件，保存为 402.html。

（2）title 里面内容为“自我介绍”。

（3）在 HBuilder 界面输入如图 4.2.1 所示代码，保存。

```
<!DOCTYPE html>
<html lang="en">

<head>
    <meta charset="UTF-8">
    <meta http-equiv="X-UA-Compatible" content="IE=edge">
    <meta name="viewport" content="width=device-width, initial-scale=1.0">
    <title>自我介绍</title>
</head>

<body>
    姓名：小伟
    性别：男
    出生日期：保密
    籍贯：重庆永川
    家庭地址：保密
    电话：13527345240
    爱好：广泛
</body>

</html>
```

图 4.2.1　文本排版代码（参考）

项目总结

本项目主要学习了 html 基本框架。通过练习，读者能掌握 html 框架结构，并熟练写出来。

项目五　文字排版标签

项目要求

<table>
<tr><td>一、目的要求</td><td colspan="4">在了解和掌握了 html 基本结构后，这里利用常用标签对新闻实现简单的格式排版</td></tr>
<tr><td rowspan="4">二、工具、器材</td><td>实验设备</td><td>数量</td><td colspan="2">备注</td></tr>
<tr><td rowspan="2">PC</td><td rowspan="2">1</td><td colspan="2">1. 有谷歌浏览器</td></tr>
<tr><td colspan="2">2. 安装有 VSCode/HBuilder 等开发工具</td></tr>
<tr><td>有无线网卡/有线网卡</td><td>1</td><td colspan="2">无线接入/有线接入</td></tr>
<tr><td>三、重难点分析</td><td colspan="4">✧ 文字常见标签的特点；
✧ 正确运用文本格式化标签进行文字排版</td></tr>
<tr><td colspan="5">四、教学过程</td></tr>
<tr><td>教学步骤/知识或单元结构</td><td>教学方法/策略</td><td colspan="3">学生课堂安排/过程</td></tr>
<tr><td>1. 开发工具 VSCode</td><td>演示开发工具的安装和插件的安装及作用，并教授如何利用开发工具快速进行编辑</td><td colspan="3">学习使用 VSCode 开发工具</td></tr>
<tr><td>2. 常见排版标签的使用</td><td>演示讲解</td><td colspan="3">学会常见标签的语法和用法</td></tr>
<tr><td>3. 布置任务</td><td>实操练习</td><td colspan="3">强化课堂认知技能</td></tr>
<tr><td colspan="5">五、成绩评定</td></tr>
<tr><td>评定等级</td><td></td><td colspan="2">教师签名</td><td></td></tr>
<tr><td colspan="5">六、反思和总结</td></tr>
<tr><td colspan="5"></td></tr>
</table>

项目展示

文本排版作品展示如图 5.1 所示。

VS Code 安装

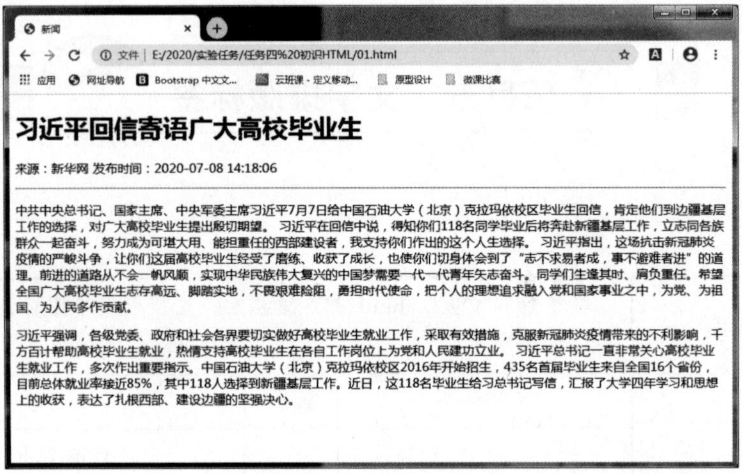

图 5.1 文本排版作品展示

教学内容

常用标签

1. 标题标签

HTML 提供了 6 个等级的标题，即 <h1>、<h2>、<h3>、<h4>、<h5> 和<h6>。

作为标题使用，其重要性递减。

格式：<hn> 标题文本 </hn>

注意：<h1> 标签常用作网站的 logo 部分，一个页面只能用一个<h1>。

2. 段落标签

HTML 文档中最常见的标签，如同平常写文章一样，整个网页也可分若干段落。

格式：<p>文本文本</p>

<p align="对齐方式">段落文本</p>

对齐方式：left / center / right

3. 水平线标签

它是一个单标签。

格式：<hr/>

水平线标签属性如表 5.1 所示。

表 5.1 水平线标签属性

属性名	含义	属性值
align	设置水平线的对齐方式	可选择 left，right，center 三种值，默认为 center
size	设置水平线的粗细	以像素 px 为单位，默认 2px
color	设置水平线的颜色	可以用颜色名，或 16 进制#rgb 表示
width	设置水平线的宽度	可以为像素值，也可以是百分比

4. 换行标签

它是一个单标签。

格式：

注意：在网页中直接敲回车键，换行是不起作用的。

文本格式化标签

5. 文本格式化标签

在网页中，有时需要为文字设置粗体、斜体或下划线效果，这时就需要用到 HTML 中的文本格式化标签，如表 5.2 所示，使文字以特殊的方式显示。

表 5.2　文本格式化标签

标签名	显示效果
<b></b>和<strong></strong>	文字以粗体方式显示（推荐使用 strong）
<i></i>和<em></em>	文字以斜体方式显示（推荐使用 em）
<s></s>和<del></del>	文字以加删除线方式显示（推荐使用 del）
<u></u>和<ins></ins>	文字以加下划线方式显示（推荐使用 ins）

项目训练

任务一　使用常见标签进行文字排版

任务要求

（1）新建 501.html 文件。

（2）运用常见标签<p>、<h>、<hr>对文字进行排版，如图 5.1.1 所示。

（3）保存并预览效果。

任务讲解 501

```
<body>
    <h1>习近平回信寄语广大高校毕业生</h1>
    <p>来源：新华网 发布时间：2020-07-08 14:18:06</p>
    <hr>
    <p>中共中央总书记、国家主席、中央军委主席习近平7月7日给中国石油大学（北京）克拉玛依校区毕业生回信，肯定他们到边
    疆基层工作的选择，对广大高校毕业生提出殷切期望。 习近平在回信中说，得知你们118名同学毕业后将奔赴新疆基层工作，
    立志同各族群众一起奋斗，努力成为可堪大用、能担重任的西部建设者，我支持你们作出的这个人生选择。 习近平指出，这场
    抗击新冠肺炎疫情的严峻斗争，让你们这届高校毕业生经受了磨练、收获了成长，也使你们切身体会到了“志不求易者成，事不
    避难者进”的道理。前进的道路从不会一帆风顺，实现中华民族伟大复兴的中国梦需要一代一代青年矢志奋斗。同学们生逢其
    时、肩负重任。希望全国广大高校毕业生志存高远、脚踏实地，不畏艰难险阻，勇担时代使命，把个人的理想追求融入党和国家
    事业之中，为党、为祖国、为人民多作贡献。</p>
    <p>习近平强调，各级党委、政府和社会各界要切实做好高校毕业生就业工作，采取有效措施，克服新冠肺炎疫情带来的不利影
    响，千方百计帮助高校毕业生就业，热情支持高校毕业生在各自工作岗位上为党和人民建功立业。 习近平总书记一直非常关心
    高校毕业生就业工作，多次作出重要指示。中国石油大学（北京）克拉玛依校区2016年开始招生，435名首届毕业生来自全国16
    个省份，目前总体就业率接近85%，其中118人选择到新疆基层工作。近日，这118名毕业生给习总书记写信，汇报了大学四年学
    习和思想上的收获，表达了扎根西部、建设边疆的坚强决心。</p>
</body>
```

图 5.1.1　文字排版标签图

任务二　运用文本格式化标签进行文字排版

任务要求

（1）打开 501.html 制作的网页文件，另存为 502.html。

（2）运用 <strong></strong><b></b><del></del><s></s><em></em><i></i><ins></ins><u> </u>等标签对页面文本进行格式化，如图 5.2.1 所示。

任务讲解 502

```
<body>
    <h1>习近平回信寄语广大高校毕业生</h1>
    <p>来源：新华网 <em>发布时间：2020-07-08 14:18:06</em></p>
    <hr>
    <p>中共中央总书记、国家主席、中央军委主席习近平7月7日给中国石油大学（北京）克拉玛依校区毕业生回信，肯定他们到边
    疆基层工作的选择，对广大高校毕业生提出殷切期望。 习近平在回信中说，得知你们118名同学毕业后将奔赴新疆基层工作，
    立志同各族群众一起奋斗，努力成为可堪大用、能担重任的西部建设者，我支持你们作出的这个人生选择。 习近平指出，这场
    抗击新冠肺炎疫情的严峻斗争，让你们这届高校毕业生经受了磨练、收获了成长，也使你们切身体会到了“志不求易者成，事不
    避难者进”的道理。前进的道路从不会一帆风顺，实现中华民族伟大复兴的中国梦需要一代一代青年矢志奋斗。同学们生逢其
    时、肩负重任。<ins>希望全国广大高校毕业生志存高远、脚踏实地，不畏艰难险阻，勇担时代使命，把个人的理想追求融入党
    和国家事业之中，为党、为祖国、为人民多作贡献。</ins></p>
    <p><strong>习近平强调，各级党委、政府和社会各界要切实做好高校毕业生就业工作，采取有效措施，克服新冠肺炎疫情带来
    的不利影响，千方百计帮助高校毕业生就业，热情支持高校毕业生在各自工作岗位上为党和人民建功立业。</strong> 习近平
    总书记一直非常关心高校毕业生就业工作，多次作出重要指示。<del>中国石油大学（北京）克拉玛依校区2016年开始招生，
    435名首届毕业生来自全国16个省份，目前总体就业率接近85%，其中118人选择到新疆基层工作。</del>近日，这118名毕业生
    给习总书记写信，汇报了大学四年学习和思想上的收获，表达了扎根西部、建设边疆的坚强决心。</p>
</body>
```

图 5.2.1　新闻文本格式化标签排版解析

项目总结

通过任务，读者学会部分文字常用标签，熟练掌握了标签标题标签 h、段落标签 p、横线标签 hr、换行标签 br、文字样式标签 strong、em、ins、del 等的使用。

项目六　图像标签和路径

项目要求

<table>
<tr><td>一、目的要求</td><td colspan="3">浏览网页时我们常常会被网页中的图像所吸引，巧妙地在网页中穿插图像可以让网页内容变得更加丰富。而我们在计算机中查找图片或其他文件时，需要明确图片或其他文件的位置。
本次项目就通过在网页中插入图片来让读者学会综合使用<img/>图像标签和路径</td></tr>
<tr><td rowspan="4">二、工具、器材</td><td>实验设备</td><td>数量</td><td>备注</td></tr>
<tr><td rowspan="2">PC</td><td rowspan="2">1</td><td>1. 有谷歌浏览器</td></tr>
<tr><td>2. 安装有 VSCode/HBuilder 等开发工具</td></tr>
<tr><td>有无线网卡/有线网卡</td><td>1</td><td>无线接入/有线接入</td></tr>
<tr><td>三、重难点分析</td><td colspan="3">✧ 掌握图像标签语法格式和相关属性；
✧ 熟练使用相对路径，明白为什么网页中习惯使用相对路径；
✧ 了解绝对路径的用法</td></tr>
<tr><td colspan="4">四、教学过程</td></tr>
<tr><td>教学步骤/知识或单元结构</td><td colspan="2">教学方法/策略</td><td>学生课堂安排/过程</td></tr>
<tr><td>1. 常见图像的三种格式</td><td colspan="2">提问—分析—总结 JPG、PNG、GIF 三种常见图片格式</td><td>学生回答 JPG、PNG、GIF 三种格式有什么不同，听取老师总结</td></tr>
<tr><td>2. 图像标签<img></td><td colspan="2">演示讲解</td><td>学会常见图像标签的语法和用法</td></tr>
<tr><td>3. 相对路径</td><td colspan="2">讲授为什么要使用相对路径；演示适用相对路径的三种情况</td><td>学习并掌握</td></tr>
<tr><td>4. 绝对路径</td><td colspan="2">讲授绝对路径的使用场景和方法</td><td>学习并掌握</td></tr>
<tr><td>5. 布置任务</td><td colspan="2">实操练习</td><td>强化课堂认知技能</td></tr>
<tr><td colspan="4">五、成绩评定</td></tr>
<tr><td>评定等级</td><td></td><td>教师签名</td><td></td></tr>
<tr><td colspan="4">六、反思和总结</td></tr>
<tr><td colspan="4"></td></tr>
</table>

项目展示

作品展示如图 6.1、6.2 所示。

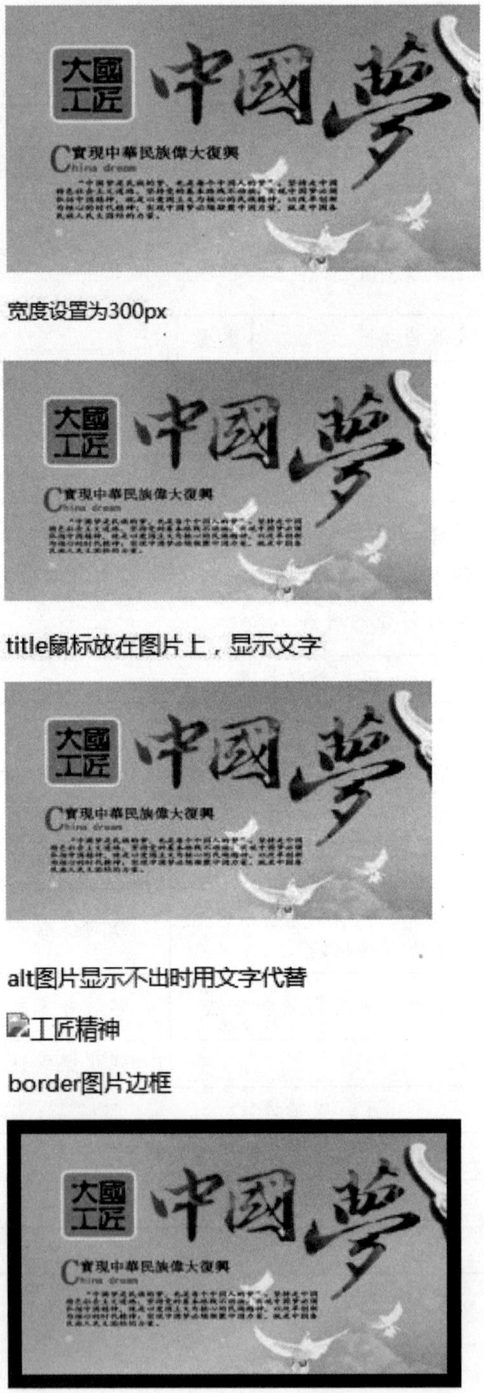

图 6.1　作品展示一

图 6.2 作品展示 二

教学内容

1. 常用图像格式

（1）GIF 格式。GIF 最突出的之处就是它支持动画，同时 GIF 也是一种无损的图像格式，也就是说修改图片之后，图片质量几乎没有损失。再加上 GIF 支持透明（全透明或全不透明），因此很适合在互联网上使用。

（2）PNG 格式。PNG 包括 PNG-8 和真色彩 PNG（PNG-24 和 PNG-32）。相对于 GIF，PNG 最大的优势是体积更小，支持 alpha 透明（全透明，半透明，全不透明），并且颜色过渡更平滑，但 PNG 不支持动画。

（3）JPG 格式。JPG 所能显示的颜色比 GIF 和 PNG 要多得多，可以用来保存超过 256 种颜色的图像，但是 JPG 是一种有损压缩的图像格式，这就意味着每修改一次图片都会造成一些图像数据的丢失。

2. 图像标签

在网页中要想显示图像就需要使用图像标签以及它的相关属性。图像标签的基本语法格式如下：

<img src= “图像 URL” >

图像标签的属性如表 6.1 所示。

图像标签

表 6.1　图像标签

属性	属性值	描述
src	URL	图像的路径
alt	文本	图像不能显示时的替换文本
title	文本	鼠标悬停时显示的内容
width	像素	设置图像的宽度
height	像素	设置图像的高度
border	数字	设置图像边框的宽度

3. 相对路径和绝对路径

（1）相对路径。相对路径不带有盘符，通常是以 HTML 网页文件为起点，通过层级关系描述目标图像的位置。

路径

相对路径的三种情况：

① 图像文件和 html 文件位于同一文件夹：

只需输入图像文件的名字即可，如<img src=” logo.gif” />

② 图像文件位于 html 文件的下一级文件夹：

输入文件夹名和文件名，之间用“/”隔开，如：<img src=” imgs/logo.gif” />

③ 图像文件位于 html 文件的上一级文件夹：

在文件名之前加入“../”，如果是上两级，则需要使用“../../”，以此类推，如：

<img src=” ../imgs/logo.gif” />

（2）绝对路径。绝对路径一般是指带有盘符的路径，例如完整的网络地址“http://www.itcast.cn/images/logo.gif”。

项目训练

任务一　图像标签及属性练习

任务要求

（1）新建 601.html 文件。

（2）根据提供的图片素材，制作成品，如图 6.1.1 所示。

（3）在页面中插入指定图片。

（4）设置图片的宽度为 300。

（5）鼠标滑过图片时，显示文字对图片进行说明。

（6）当图片无法显示时，显示文字进行说明。

（7）给图片加上边框。插入图像标签及其属性代码如图 6.1.2 所示。

任务二　相对路径练习

任务要求

（1）新建文件 602.html。
（2）图片和 HTML 为同级目录时插入图像。
（3）图片为 HTML 下一级文件夹内时插入图像。
（4）图片为 HTML 上一级文件夹内时插入图像。
相关练习如图 6.2.1 ~ 6.2.3 所示。

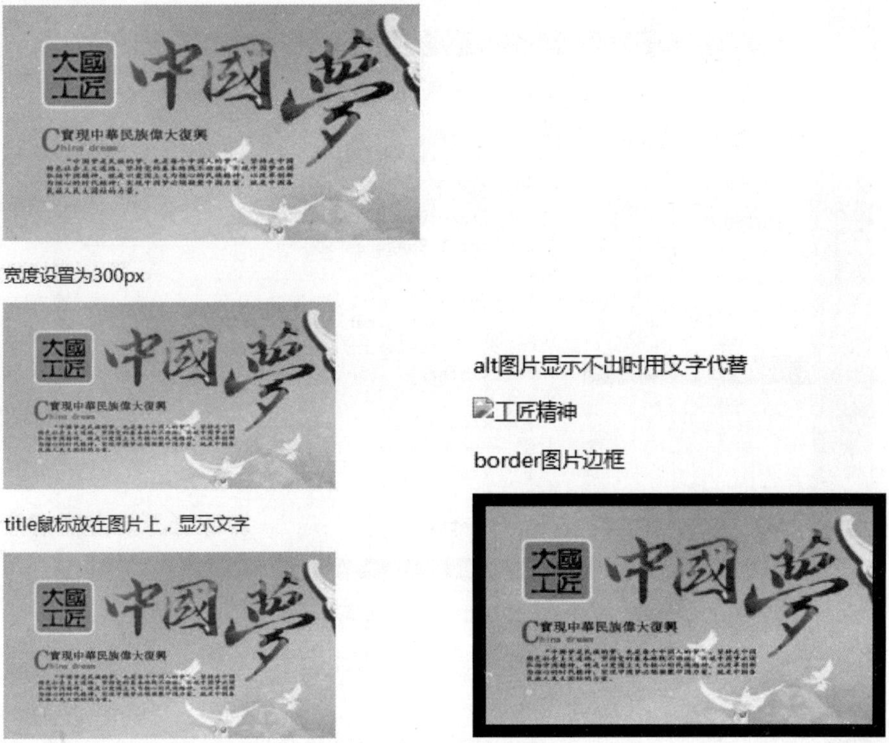

图 6.1.1　任务一效果

```
<body>
    <img src="gj.jpg" alt="">
    <p>宽度设置为300px</p>
    <img src="gj.jpg" alt="" width="300">
    <p>title鼠标放在图片上，显示文字</p>
    <img src="gj.jpg" alt="" width="300" title="大国工匠">
    <p>alt图片显示不出时用文字代替</p>
    <img src="../gj.jpg" alt="工匠精神" width="300">
    <p>border图片边框</p>
    <img src="gj.jpg" border="10" alt="" width="300">
</body>
```

图 6.1.2　插入图像标签及其属性代码

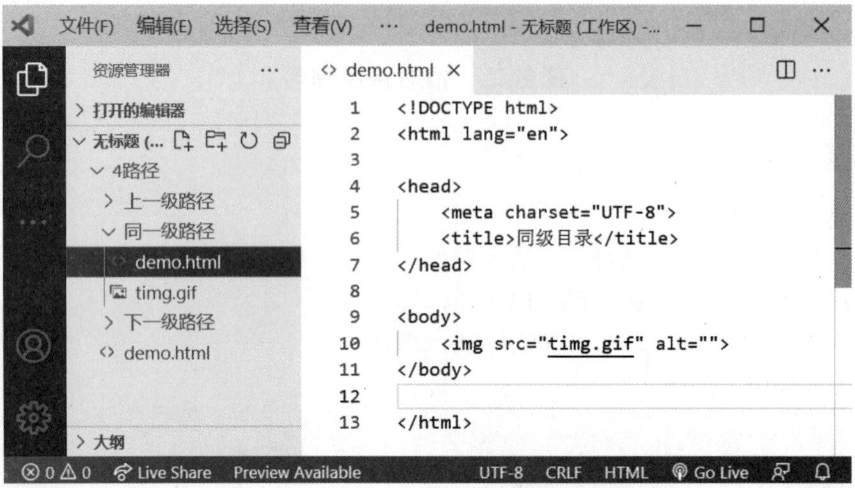

图 6.2.1　同级目录下练习

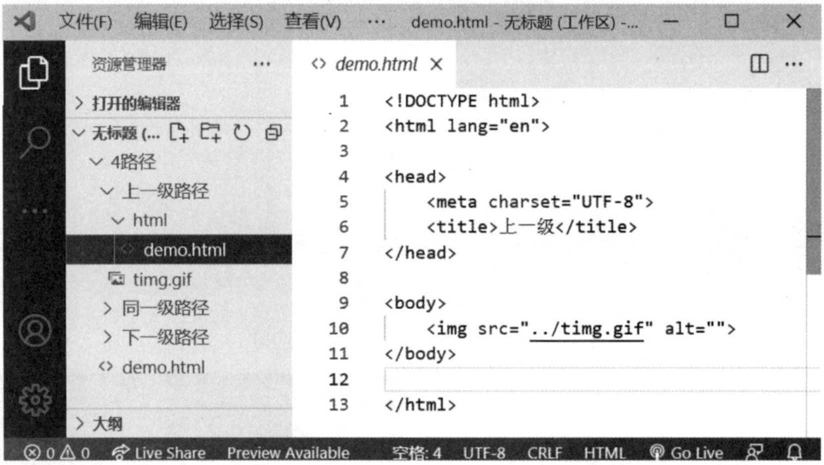

图 6.2.2　上级目录练习

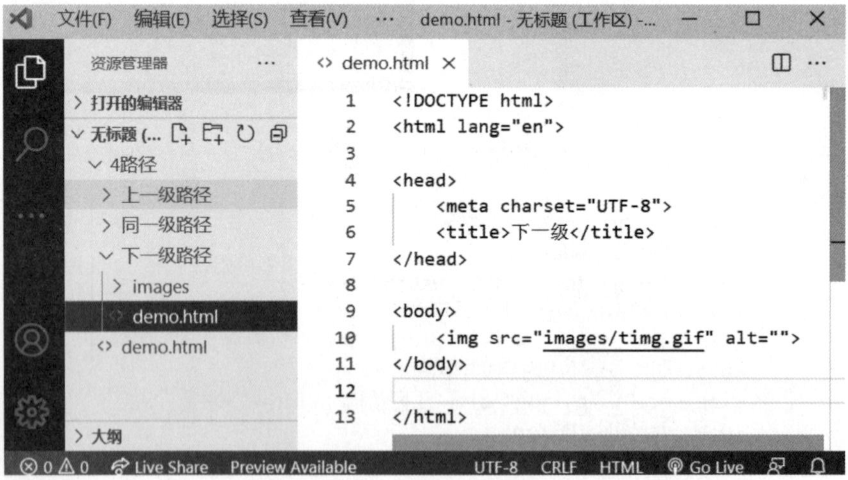

图 6.2.3　下级目录练习

任务三 绝对路径练习

任务要求

（1）使用绝对路径定位链接目标。

（2）学会在网上找到喜欢的图片的链接地址。

方法：

（1）打开百度网站，搜索“中国国产党建党 100 周年”。

（2）找一张图片点开——右键“检查”——找到图片链接并复制，如图 6.3.1 所示。

（3）在 603.html 中插入图片，如图 6.3.2 所示。

（4）保存后在浏览器中的预览效果如图 6.3.3 所示。

图 6.3.1　选择并复制图片地址

图 6.3.2　在 HTML 中插入该图片

图 6.3.3　保存后在浏览器中预览效果

项目总结

本任务要求我们掌握图像标签和路径的综合使用，学会运用图像标签以及相关属性在网页中插入图片。同时要理解路径并在将来的网页设计中灵活运用。

项目七　链接标签

项目要求

<table>
<tr><td>一、目的要求</td><td colspan="3">超链接主要用于在HTML页面上进行页面与页面之间的跳转。锚点链接就是为了提高检索效率，用户可以快速定位到目标内容。
本任务详细讲述了如何建立超链接和锚点链接，并设置超链接和锚点链接属性</td></tr>
<tr><td rowspan="4">二、工具、器材</td><td>实验设备</td><td>数量</td><td>备注</td></tr>
<tr><td rowspan="2">PC</td><td rowspan="2">1</td><td>1. 有谷歌浏览器</td></tr>
<tr><td>2. 安装有VSCode/HBuilder等开发工具</td></tr>
<tr><td>有无线网卡/有线网卡</td><td>1</td><td>无线接入/有线接入</td></tr>
<tr><td>三、重难点分析</td><td colspan="3">✧ 学会不同类型超链接的使用；
✧ 继续巩固插入图片以及路径的运用；
✧ 链接标签不同属性和属性值的使用；
✧ 通过学习超链接的使用方法，达到在网页中能正确使用链接标签，灵活运用提高网页浏览效率</td></tr>
<tr><td colspan="4">四、教学过程</td></tr>
<tr><td>教学步骤/知识或单元结构</td><td>教学方法/策略</td><td colspan="2">学生课堂安排/过程</td></tr>
<tr><td>1. 超链接的概念</td><td>提问—总结</td><td colspan="2">学习什么是超链接，听取老师总结</td></tr>
<tr><td>2. 超链接标签</td><td>演示讲解链接标签的属性和属性值，链接的分类</td><td colspan="2">根据老师对<a>标签演示，学会在页面中对文字和图片创建超链接（内部链接和外部链接）</td></tr>
<tr><td>3. 布置任务</td><td>实操练习</td><td colspan="2">强化课堂认知技能</td></tr>
<tr><td colspan="4">五、成绩评定</td></tr>
<tr><td>评定等级</td><td></td><td>教师签名</td><td></td></tr>
<tr><td colspan="4">六、反思和总结</td></tr>
<tr><td colspan="4"></td></tr>
</table>

项目展示

部分作品展示如图7.1、7.2所示。

图 7.1　部分作品展示一

图 7.2　部分作品展示二

教学内容

链接标签

1. 超链接的概念

一个网站由多个网页构成，每个网页上都有大量的信息，要想使网页中的信息排列有序，条理清晰，并且网页与网页之间有一定的联系，就需要使用超链接。

2. 超链接标签

超链接用<a></a>标记环绕需要被链接的对象即可。

语法格式如下：

<a href=“跳转目标”　target=“目标窗口的打开方式">文本或图像</a>

属性：

href：指定链接目标的 URL，即要跳转的页面 URL 为必要属性。

title：悬停文字，即鼠标放置上面的描述。

target：告诉浏览器用什么方式打开目标页面，target 属性如下：

_self：在同一个页面中显示为默认值。

_blank：在新的窗口中打开页面。

提示：如果要想在网页中所有链接都使用新窗口打开，可以在 head 标签内添加<base target="_blank" />动手试一试。

链接分类

3. 链接分类

链接分类如图 7.3 所示。

1.外部链接：
如:<a href=” http://www.baidu.com” >百度</a>
2.内部链接:网站内部页面之间的相互链接，直接链接内部页面名称即可。
如:<a href=” index.html>首页</a>
3.空链接：当没有确定链接目标时。
如：<a href=” #” >跳转</a>
4.下载链接：如果herf里面地址是一个文件(.doc、.exe等）或压缩包（.zip），会下载这个文件。
如：<a href=” helloWord.doc” >下载</a>
5.网页中各网页元素（文本、图像、表格、音频、视频等）都可以添加超链接。
如：<a href=” http://www.cqie.cn><img src=” kc.jpg” ></a>
6.锚点链接：点击链接，可以快速定位到页面中的某个位置

图 7.3　链接分类

项目训练

任务一　链接标签及属性练习

任务要求

（1）新建文件 701.html。

（2）输入文字：“百度一下（外部链接地址：http://www.baidu.com）搜狐新浪（外部链接地址：http://www.sina.com）”。

（3）输入文字“新闻：点击（内部链接，文件 502.html）”。

（4）输入“空链接：空（插入空链接“#”）产品 销售 首页 公司地址”。
（5）给百度图片创建一个外部链接 http://www.baidu.com。
其效果及部分代码如图 7.1.1、7.1.2 所示。

图 7.1.1 链接效果图

```
<!DOCTYPE html>
<html lang="zh-CN">

<head>
    <meta charset="UTF-8">
    <meta name="viewport" content="width=device-width, initial-scale=1.0">
    <title>链接</title>
</head>

<body>
    <a href="http://www.baidu.com" target="_blank">百度一下</a> 搜狐
    <!--外部链接 -->
    <a href="http://www.sina.com">新浪</a>
    <hr> 新闻：
    <a href="news.html">点击</a>
    <!-- 内部链接 -->
    <hr> 空链接：
    <a href="#">空</a>
    <hr> 产品 销售 首页 公司地址
    <hr>
    <a href="http://www.baidu.com"><img src="imgs/bd.jpg" alt="" width="200"></a>
</body>
</html>
```

图 7.1.2 代码部分

任务二 制作“永川周末好去处”页面

任务要求

（1）新建文件 702.html，复制素材。

（2）运用图片相对地址进行插图，要求图 02、图 002、图 06 ~ 09 设置宽度 500px、高度 280px。

（3）在文中“永川区”建立超链接到“http://yc.cq.gov.cn/”。

（4）文件底部插入图片“arr.gif”并创建百度链接，并要求在新窗口打开。

其效果及部分代码如图 7.2.1、7.2.2 所示。

永川周末好去处

永川区隶属于重庆市，位于长江上游地区、重庆市西部，因“城区三河汇碧、形如篆文‘永’字”而得名，公元776年置县。东距重庆55千米，西距四川成都276千米。
永川区东连江津区、璧山区，西接荣昌区、大足区，北界铜梁区，南临四川泸州市合江县、四川泸州市泸县。至2017年，永川区下辖16个镇、7个街道，幅员面积为1576平方千米。
常住人口112.0万人，户籍人口114.0万人。2017年，永川区实现地区生产总值704.5亿元，其中第一产业实现增加值57.1亿元，第二产业实现增加值397.7亿元，第三产业实现增加值249.7亿元。
三次产业结构调整为8.1:56.5:35.4。永川区获得过国家森林城市、全国粮食生产先进单位、全国节水型社会建设示范区等荣誉称号。

主要景点

1.茶山竹海
2.神女湖
3.永川博物馆
4.乐和乐都野生动物世界
5.兴龙湖夜景
6.十里荷香

景点介绍

茶山竹海

竹海它是永川的一个代表是国家森林公园，是国家一级环境空气质量，是理想的氧吧，景区的覆盖面积达到了97%。
也由于茶和竹的交融相互缠绕，交错相应，因其独特的茶竹文化特色旅游，成为了长江三峡—重庆市区—大足石刻国际黄金旅游线上的一颗璀璨明珠。竹海苍茫，碧浪万顷，山峦如锯齿，岭脊似薄刀。
中华茶艺山庄、陈子庄艺术陈列馆、西部第一迷宫——竹海迷宫、渝西第一峰——薄刀岭、棠城第一殿——天子殿、西部名寨——天保寨、天下名士观——芸薹观等景点名观古寺点缀其间，山体景观、人文景观、自然生态景观融为一体。
朱德、邓小平、胡耀邦、彭德怀等党和国家领导人曾到此视察，是影视名导张艺谋拍摄电影《十面埋伏》国内唯一外景地、公安部拍摄电视连续剧《第五个空弹壳》外景地、重庆电视台拍摄连续剧《女儿街》外景地。
景区先后承办了新丝路杯模特大赛（重庆赛区）、中国重庆（永川）国际茶文化旅游节、中国茶山竹海形象大使赛、国际象棋棋王挑战赛和选拔赛，是中国国际象棋队集训基地、中国美术家协会创作基地、国家级茶叶科技示范观光基地。
登千重茶山，游万顷竹海，可畅游竹海迷宫，欣赏竹歌竹舞；可游览竹海的浩瀚，享受采茶的乐趣，可欣赏民族茶俗，茶艺表演，领略浓郁的茶竹文化风情，饱览历史文化古迹等，是旅游、度假、疗养、避暑、赏雪的理想胜地

神女湖

神女湖集山、水、林、石、亭、廊等园林元素于一园，融清新雅致的自然景观与古典浪漫的人文大观于一体，该湖属于永川“三湖”工程之一。
该公园总投入2.5亿元人民币，于2010年3月破土动工，占地面积约1200亩，其中，水体约200亩、绿化景观约1000亩。环绕神女湖水体，和谐组合16万平方米的湖滨公园、3万平方米的茶山公园、5万平方米的竹山公园和14万平方米的神女公园。

永川博物馆

永川博物馆位于重庆市永川区文昌路801号（神女湖东侧），背靠着茶山竹海，西侧神女湖公园，东侧为昌州古城。2009年开工建设，2018年建成开馆。
博物馆主体建筑为仿古式框架结构，建筑面积约9000㎡，配建有长约600米的景观河道以及三座跨河拱桥。
总装修面积约18000平方米，包含博物馆、图书馆、棋院、地下停车库等设施。其中博物馆建筑面积7423.34 平方米，展馆共分三层，涵盖了自然、历史和人文领域，地域特色鲜明。

乐和乐都主题公园

重庆市乐和乐都旅游有限公司是重庆旅投集团旗下的全资子公司。由旅投集团投资重庆市乐和乐都旅游有限公司打造的乐和乐都休闲度假主题公园，是全球首家第三代主题公园。
是重庆市政府唯一公认的主题公园项目。位于重庆市永川区卫星湖街道（原重庆野生动物世界），占地面积5000亩，总投资30亿，是重庆市政府公认的主题公园项目。
在原重庆野生动物世界的基础上，历时4年打造的休闲度假主题公园。分为地球村、欢乐世界（娱乐天堂）、重庆野生动物世界、野生世界两江假日酒店四大版块。是西部首屈一指，国内领先的现代主题公园休闲度假群。
乐和乐都主题公园是西南地区首家国家级主题公园，也是国内最大的野生动物生态旅游园区之一。
园内有来自五大洲14个国家的430余种珍稀野生动物，其中的金虎、银虎、白虎等都极为珍贵。公园内还有大量的游乐设施、高档酒店、美食区等，是一个融吃喝玩乐为一体的大型主题公园。

石笋山度假区

石笋山旅游景区，素有"小九寨沟"之称的石笋山，山中有男石笋山和女石笋山，分别为两座最高峰，海拔约700米，也很适合男女朋友的人。
石笋山雄奇险峻，山峦叠嶂，起伏边绵；石笋山峰青岭翠，绿树成荫，苍松翠柏，古朴苍劲。寂静的山谷白云缭绕，雾霭袅袅；山间紫烟笼罩，缥缥缈缈，若隐若现。
登峰极远，观日出、赏云海、"天光云影"、"旭日东升"、"晚霞夕照"，奇异的景象美不胜收。这里也不失为休闲旅游的地方。现在的人也很喜欢探险，这也是一个好的去处。石笋山是自然景观与人文景观的完美统一体。

兴龙湖夜景

兴龙湖夜景,酷炫的楼体彩灯搭配皎洁的湖面倒影,唯美惬意，令人如痴如醉~引得很多人前去打卡

十里荷香

十里荷香景区位于重庆永川黄瓜山下，景区集荷莲文化、佛禅文化、休闲养生、乡村民俗风情体验、农业产业观光、现代农业科普示范教育、农业综合商贸等多功能于一体。
游客可亲身前往八角寺十里荷香园区观荷赏花，采摘绿色蔬菜、生态瓜果。
除观赏荷花、睡莲，体会丰富的荷文化底蕴外，还可身临其间，畅游四季花海，漫步瓜果长廊，观夏日荷莲，赏格桑梅朵，体验采莲蓬、捉泥鳅，
采摘西瓜、葡萄等生态水果和番茄、黄瓜等绿色蔬菜的乐趣，同时还可骑行观光自行车，在水上划船、垂钓，在农家乐吃荷香豆花

了解更多，百度一下

图 7.2.1 "永川周末好去处"效果

```html
<!DOCTYPE html>
<html lang="zh-CN">
<head>
    <meta charset="UTF-8">
    <title>Document</title>
</head>
<body>
    <h1>永川周末好去处</h1>
    <p><a href="http://yc.cq.gov.cn/">永川区</a>隶属于重庆市，位于长江上游地区、重庆市西部，因“城区三河汇碧、形如篆文‘永’字”而得名，公元776年置县。东距重庆55千米，西距四川成都276千米。<br />永川区东连江津区、璧山区，西接荣昌区、大足区，北界铜梁区，南临四川泸州市合江县、四川泸州市泸县。至2017年，永川区下辖16个镇、7个街道，幅员面积为1576平方千米。<br />常住人口112.0万人，户籍人口114.0万人。2017年，永川区实现地区生产总值704.5亿元，其中第一产业实现增加值57.1亿元，第二产业实现增加值397.7亿元，第三产业实现增加值249.7亿元。<br />三次产业结构调整为8.1:56.5:35.4。永川区获得过国家森林城市、全国粮食生产先进单位、全国节水型社会建设示范区等荣誉称号。</p>
    <h2>主要景点</h2>
    1.茶山竹海<br />
    2.神女湖<br />
    3.永川博物馆<br />
    4.乐和乐都野生动物世界<br />
    5.兴龙湖夜景<br />
    6.十里荷香<br />
    <hr />
    <h2>景点介绍</h2>
    <h3>茶山竹海</h3>
    <img src="images/01.jpg" alt="">
    <p>竹海它是永川的一个代表是国家森林公园，是国家一级环境空气质量，是理想的氧吧，景区的覆盖面积达到了97%。<br />也由于茶和竹的交融相互缠绕，交错相应，因其独特的茶竹文化特色旅游，成为了长江三峡–重庆市区–大足石刻国际黄金旅游线上的一颗催擦明珠。竹海苍茫，碧浪万顷，山峦如锯齿，岭脊似薄刀。<br />中华茶艺山庄、陈子庄艺术陈列馆、西部第一迷宫—竹海迷宫、渝西第一峰—薄刀岭、棠城第一殿—天子殿、西部名寨—天保寨、天下名士观—芸薹观等景点名观古寺点缀其间，山体景观、人文景观、自然生态景观融为一体。<br />朱德、邓小平、胡耀邦、彭德怀等党和国家领导人曾到此视察，是影视名导张艺谋拍摄电影《十面埋伏》国内唯一外景地、公安部拍摄电视连续剧《第五个空弹壳》外景地、重庆电视台拍摄连续剧《女儿街》外景地。<br />景区先后承办了新丝路杯模特大赛（重庆赛区）、中国重庆（永川）国际茶文化旅游节、中国茶山竹海形象大使赛、国际象棋棋王挑战赛和选拔赛，是中国国际象棋队集训基地、中国美术家协会创作基地、国家级茶叶科技示范观光基地。<br />登千重茶山，游万顷竹海，可畅游竹海迷宫，欣赏竹歌竹舞；可游览竹海的浩瀚，享受采茶的乐趣，可欣赏民族茶俗，茶艺表演，领略浓郁的茶竹文化风情，饱览历史文化古迹等，是旅游、度假、疗养、避暑、赏雪的理想胜地</p>
    <h3>神女湖</h3>
    <img src="images/02.jpg" alt="" width="500px" height="280px">
    <img src="images/002.jpg" alt="" width="500px" height="280px">
    <p>神女湖集山、水、林、石、亭、廊等园林元素于一园，融清新雅致的自然景观与古典浪漫的人文大观于一体，该湖属于永川“三湖”工程之一。<br />该公园总投入2.5亿元人民币，于2010年3月破土动工，占地面积约1200亩，其中，水体约200亩、绿化景观约1000亩。环绕神女湖水体，和谐组合16万平方米的湖滨公园、3万平方米的茶山公园、5万平方米的竹山公园和14万平方米的神女公园。</p>
    <h3>永川博物馆</h3>
    <img src="images/03.jpg" alt="">
    <p>永川博物馆位于重庆市永川区文昌路801号（神女湖东侧），背靠着茶山竹海，西侧神女湖公园，东侧为昌州古城。2009年开工建设，2018年建成开馆。<br />博物馆主体建筑为仿古式框架结构，建筑面积约9000m²，配建有长约600米的景观河道以及三座跨河拱桥。<br />总装修面积约18000平方米，包含博物馆、图书馆、棋院、地下停车库等设施。其中博物馆建筑面积7423.34 平方米，展馆共分三层，涵盖了自然、历史和人文领域，地域特色鲜明。</p>

    <h3>乐和乐都主题公园</h3>
    <img src="images/04.jpg" alt="">
    <p>重庆市乐和乐都旅游有限公司是重庆旅投集团旗下的全资子公司。由旅投集团投资重庆市乐和乐都旅游有限公司打造的乐和乐都休闲度假主题公园，是全球首家第三代主题公园。<br />是重庆市政府唯一公认的主题公园项目。位于重庆市永川区卫星湖街道（原重庆野生动物世界），占地面积5000亩，总投资30亿，是重庆市政府公认的主题公园项目。<br />在原重庆野生动物世界的基础上，历时4年打造的休闲度假主题公园。分为地球村、欢乐世界（娱乐天堂）、重庆野生动物世界、野生世界两江假日酒店四大版块。是西部首屈一指，国内领先的现代主题公园休闲度假群。<br />乐和乐都主题公园是西南地区首家国家级主题公园，也是国内最大的野生动物生态旅游园区之一。<br />
    园内有来自五大洲14个国家的430余种珍稀野生动物，其中的金虎、银虎、白虎等都极为珍贵。公园内还有大量的游乐设施、高档酒店、美食区等，是一个融吃喝玩乐为一体的大型主题公园。</p>

    <h3>石笋山度假区</h3>
    <img src="images/05.jpg" alt="">
    <p>石笋山旅游景区，素有“小九寨沟”之称的石笋山，山中有男石笋山和女石笋山，分别为两座最高峰，海拔约700米，也很适合男女朋友的人。<br />石笋山雄奇险峻，山峦叠嶂，起伏边绵；石笋山峰青岭翠，绿树成荫，苍松翠柏，古朴苍劲。寂静的山谷白云缭绕，雾霭袅袅；山间紫烟笼罩，缥缥缈缈，若隐若现。<br />登峰极远，观日出、赏云海、“天光云影”、“旭日东升”、“晚霞夕照”，奇异的景象美不胜收。这里也不失为休闲旅游的地方。现在的人也很喜欢探险，这也是一个好的去处。石笋山是自然景观与人文景观的完美统一体。</p>

    <h3>兴龙湖夜景</h3>
    <img src="images/06.jpeg" alt="" width="500px" height="280px">
    <img src="images/07.jpg" alt=""  width="500px" height="280px"><br />
    <img src="images/08.jpg" alt="" width="500px" height="280px">
    <img src="images/09.jpg" alt="" width="500px" height="280px">
    <p>兴龙湖夜景,酷炫的楼体彩灯搭配皎洁的湖面倒影,唯美惬意，令人如痴如醉~引得很多人前去打卡</p>

    <h3>十里荷香</h3>
    <img src="images/10.jpg" alt="">
    <p>十里荷香景区位于重庆永川黄瓜山下，景区集荷莲文化、佛禅文化、休闲养生、乡村民俗风情体验、农业产业观光、现代农业科普示范教育、农业综合商贸等多功能于一体。<br />
    游客可亲身前往八角寺十里荷香园区观荷赏花，采摘绿色蔬菜、生态瓜果。<br />除观赏荷花、睡莲，体会丰富的荷文化底蕴外，还可身临其间，畅游四季花海，漫步瓜果长廊，观夏日荷莲，赏格桑梅朵，体验采莲蓬、捉泥鳅，<br />采摘西瓜、葡萄等生态水果和番茄、黄瓜等绿色蔬菜的乐趣，同时还可骑行观光自行车，在水上划船、垂钓，在农家乐吃荷香豆花</p>
了解更多，百度一下<a href="http://wwww.baidu.com"><img src="images/arr.gif" alt=""></a>
</body>
</html>
```

图 7.2.2 “永川周末好去处”部分代码

任务三 制作工匠人物介绍页面

任务要求

（1）新建 703.html 文档。

（2）输入<h1>标签文字“致敬，大国工匠！”。

（3）用链接标签分别插入文字“高凤林”“李万君”“夏立”“王进”。

（4）插入图片 gfl.jpg（要求主页图片宽度为 600px）。

（5）用同样的方式分别另存为 gfl.html、lwj.html、xl.html、wj.html。

（6）“高凤林”链接 gfl.html，“李万君”链接 lwj.html，“夏立”链接 xl.html，“王进”链接 wj.html，并修改每个页面对应人物图片。

大国工匠案例

其效果如图 7.3.1、7.3.2 所示，部分代码如图 7.3.3 所示。

图 7.3.1　高凤林页面效果展示

图 7.3.2　夏立页面效果展示

```
<body>
    <h1>致敬，大国工匠！</h1>
    <p>人物介绍</p>
    <hr>
    <a href="gfl.html">高凤林</a>
    <a href="lwj.html">李万君</a>
    <a href="xl.html">夏立</a>
    <a href="wj.html">王进</a><br><br>
    <img src="imgs/gfl.jpg" alt="" width="600">
</body>
```

图 7.3.3　部分代码

任务四　扩展练习——东京奥运会冠军介绍

任务要求

（1）参考任务三完成下列东京奥运会冠军介绍案例。
（2）首页结构如图 7.4.1 所示。
（3）链接子页面，要求当前页人物名字体加粗，对应人物小图片加上像素为 5 的边框。
（4）大图宽度固定为 800px，小图宽度为 100px，其分页介绍及效果如图 7.4.2、7.4.3 所示。

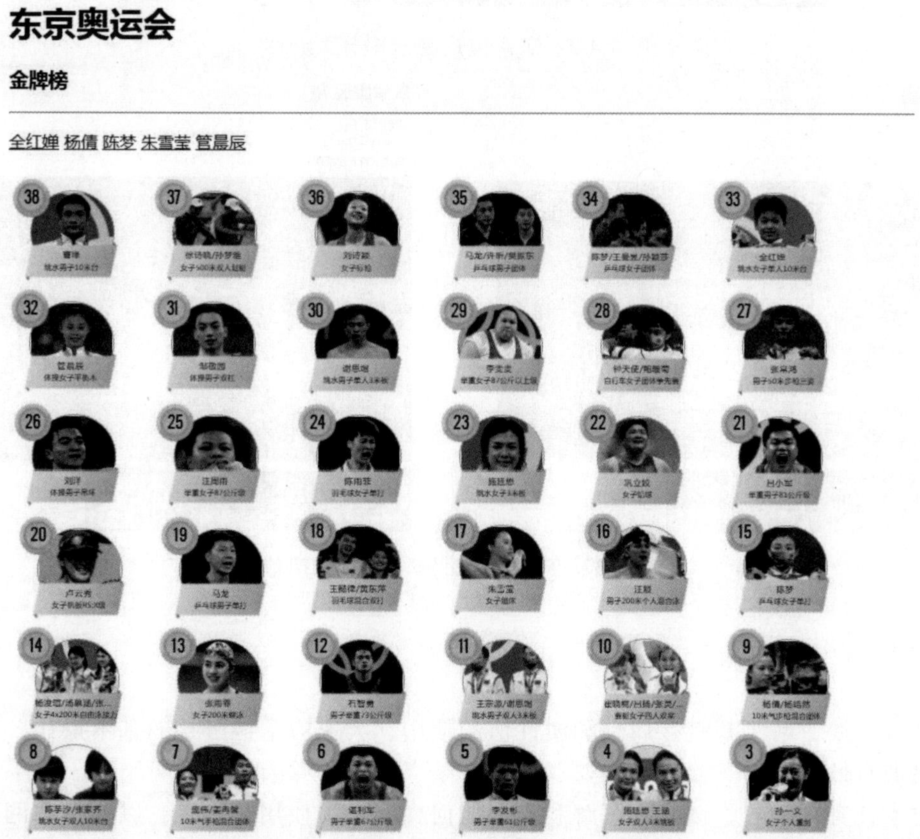

图 7.4.1　东京奥运会冠军介绍首页

图 7.4.2　东京奥运会冠军分页介绍

图 7.4.3　东京奥运会冠军分页介绍效果

项目总结

本任务主要讲解了超链接属性和属性值的使用，大家应掌握链接的基本操作，对网页内容进行更加有效的布局。

通过本任务的学习，读者要了解和掌握如何在网页中使用超链接，以便提高网页浏览的效率。

项目八　锚点链接

项目要求

<table>
<tr><td>一、目的要求</td><td colspan="3">网页页面较长，内容较多时，为了提高选择性浏览的效率，HTML 语言提供了一种特殊的链接——锚点链接。通过创建锚点链接，用户可以快速定位到目标位置。
本次项目通过网页常见锚点运用的案例进行分析练习</td></tr>
<tr><td rowspan="4">二、工具、器材</td><td>实验设备</td><td>数量</td><td>备注</td></tr>
<tr><td rowspan="2">PC 机/笔记本</td><td rowspan="2">1</td><td>1. 有谷歌浏览器</td></tr>
<tr><td>2. 安装有 VSCode/HBuilder 等开发工具</td></tr>
<tr><td>有无线网卡/有线网卡</td><td>1</td><td>无线接入/有线接入</td></tr>
<tr><td>三、重难点分析</td><td colspan="3">✧ 掌握锚点链接的使用方法，即创建锚点的两个步骤；
✧ 运用锚点链接实现当前页面的快速定位和跨页面的定位</td></tr>
<tr><td colspan="4">四、教学过程</td></tr>
<tr><td>教学步骤/知识或单元结构</td><td>教学方法/策略</td><td colspan="2">学生课堂安排/过程</td></tr>
<tr><td>1. 锚点的概念</td><td>根据书签引导什么是锚点</td><td colspan="2">打开百度百科，告知学生锚点的运用</td></tr>
<tr><td>2. 锚点的创建</td><td>演示讲解锚点标签的用法</td><td colspan="2">学会锚点标签用法，并思考锚点可以运用到哪些场景</td></tr>
<tr><td>3. 布置任务</td><td>实操练习</td><td colspan="2">强化课堂认知技能</td></tr>
<tr><td colspan="4">五、成绩评定</td></tr>
<tr><td>评定等级</td><td></td><td>教师签名</td><td></td></tr>
<tr><td colspan="4">六、反思和总结</td></tr>
<tr><td colspan="4"></td></tr>
</table>

项目展示

页面展示如图 8.1、8.2 所示。

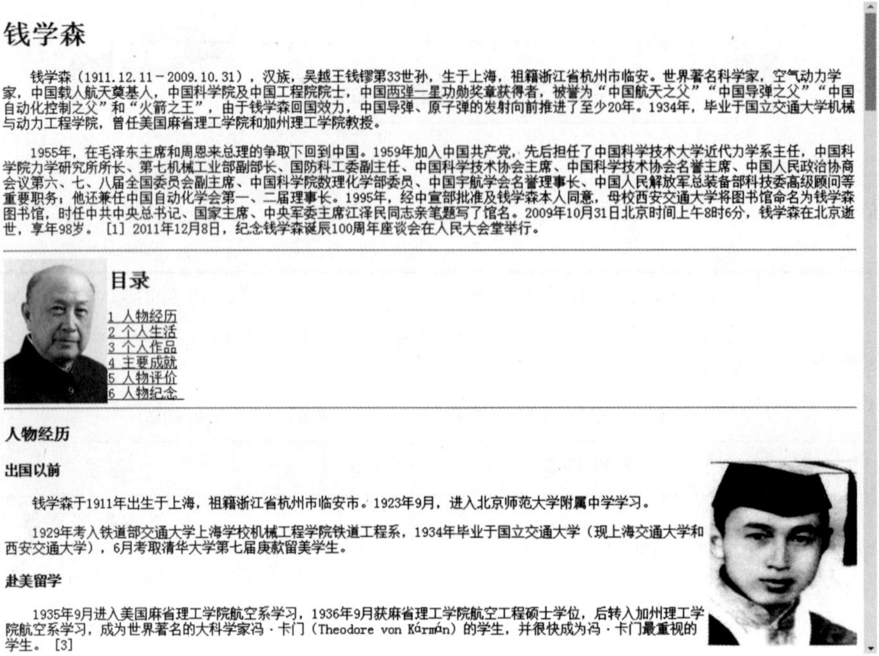

钱学森

钱学森（1911.12.11－2009.10.31），汉族，吴越王钱镠第33世孙，生于上海，祖籍浙江省杭州市临安。世界著名科学家，空气动力学家，中国载人航天奠基人，中国科学院及中国工程院院士，中国两弹一星功勋奖章获得者，被誉为“中国航天之父”“中国导弹之父”“中国自动化控制之父”和“火箭之王”，由于钱学森回国效力，中国导弹、原子弹的发射向前推进了至少20年。1934年，毕业于国立交通大学机械与动力工程学院，曾任美国麻省理工学院和加州理工学院教授。

1955年，在毛泽东主席和周恩来总理的争取下回到中国。1959年加入中国共产党，先后担任了中国科学技术大学近代力学系主任，中国科学院力学研究所所长、第七机械工业部副部长、国防科工委副主任、中国科学技术协会主席、中国科学技术协会名誉主席、中国人民政治协商会议第六、七、八届全国委员会副主席、中国科学院数理化学部委员、中国宇航学会名誉理事长、中国人民解放军总装备部科技委高级顾问等重要职务；他还兼任中国自动化学会第一、二届理事长。1995年，经中宣部批准及钱学森本人同意，母校西安交通大学将图书馆命名为钱学森图书馆，时任中共中央总书记、国家主席、中央军委主席江泽民同志亲笔题写了馆名。2009年10月31日北京时间上午8时6分，钱学森在北京逝世，享年98岁。［1］2011年12月8日，纪念钱学森诞辰100周年座谈会在人民大会堂举行。

目录

1 人物经历
2 个人生活
3 个人作品
4 主要成就
5 人物评价
6 人物纪念

人物经历

出国以前

钱学森于1911年出生于上海，祖籍浙江省杭州市临安市。1923年9月，进入北京师范大学附属中学学习。

1929年考入铁道部交通大学上海学校机械工程学院铁道工程系，1934年毕业于国立交通大学（现上海交通大学和西安交通大学），6月考取清华大学第七届庚款留美学生。

赴美留学

1935年9月进入美国麻省理工学院航空系学习，1936年9月获麻省理工学院航空工程硕士学位，后转入加州理工学院航空系学习，成为世界著名的大科学家冯·卡门（Theodore von Kármán）的学生，并很快成为冯·卡门最重视的学生。［3］

图 8.1　仿百度百科钱学森页面

亮剑

剧情简介

该剧讲述了革命军人李云龙历经抗日战争、解放战争、抗美援朝等历史时期，军人本色始终不改的故事。

选集

第一集 第二集 第三集 第四集 第五集
第六集 第七集 第八集 第九集 第十集

分集剧情

第1集

1937年7月7日，抗日战争爆发。129师386旅新1团团长李云龙，率部凭借过硬的战术战法，越战越勇，让敌人闻风丧胆。在与日本坂田联队的交战中，成功从正面突围并干掉了坂田。同时国民党晋绥军358团团长楚云飞，也注意到了这个非同凡响的李云龙。因李云龙抗命，上级决定让准备去延安学习的28团团长丁伟代替李云龙的原职。而调李云龙去后方做被服厂厂长。日军派出战斗小分队突袭了独立团，因团长孔捷指挥不利致使全团损失惨重，总部首长不得不再次抽调还背着处分的李云龙去独立团任职。

返回选集

第2集

李云龙接到命令，带着被服厂的200套棉服来到386旅独立团。在路上原团长孔捷向李云龙介绍战情，并指出这次鬼子的打法较以往有所不同，他们三人一组弹无虚发，还专门照人头上打。李云龙了解情况后，任命其为副团长。在两人的努力下，旅长喝下孔捷奉上的酒。败军而后勇，全团将士士气大振。日军利用中国俘虏进行训练，在少林寺练过功夫的魏大勇请战，出手不凡，徒手干掉鬼子军官，夺枪并带领众俘虏逃离。组织上派了赵刚做独立团政委，赵刚在归团路上搭救了刚刚逃出虎口的魏和尚魏大勇。魏大勇向李云龙提供了鬼子利用战俘进行徒手杀人训练的情报后，受李云龙邀请留在军中。

返回选集

第3集

根据丁伟的暗示，李云龙找到了国民军骑兵营，并派孔捷带领一营去万家镇偷袭。赵政委也慢慢开始理解李云龙的行为。随着骑兵精锐连长孙得胜的到来，骑兵连开始训练并初见规模。1940年日军增援部队挺进晋察冀，抗日开始了第二阶段的作战。日军华北派遣区大队长山崎冶平在一次部队行进中偏离了预定行进方向，偶然发现了我军兵工厂。我军损失惨重，总部发出命令包围消灭长崎大队。并最终派出了386旅独立团。

图 8.2　影视剧剧情介绍

教学内容

1. 锚点的概念

锚点是文档中某行的一个记号，类似于书签，用于链接到文档中的某个位置。当定义了锚点后，我们可以创建直接跳至该锚点（比如页面中某个小节）的链接，这样使用者就无需不停地滚动页面来寻找他们需要的信息了。

锚点链接

2. 锚点链接的创建方法

锚点链接的创建分为两步：

（1）第一步使用<a href=”#id 名”>“链接的文本”</a>创建链接文本，href 指定链接目标的 id。

（2）给标注跳转定位的目标创建 id

示例如图 8.3 所示。

1.使用<a href=“#id名”>“链接文本”</a>创建链接文本（被点击的）

<a href="#chashanzhuhai">1.茶山竹海</a>

2.使用相应的id名标注跳转目标的位置。

<h3 id="chashanzhuhai">茶山竹海</h3>

图 8.3　锚点的使用

项目训练

任务一　制作锚点链接

任务要求

（1）打开 702.html，另存为 801.html。

（2）对主要景点与景点介绍创建锚点链接。

设置锚点链接后的效果及部分代码如图 8.1.1、8.1.2 所示。

任务二　制作仿百度百科，钱学森专栏

任务要求

（1）新建文件 802.html。

（2）运用素材进行文字语义化排版。

（3）插入图片“qxs.jpg”，设置图片“水平左对齐”、高度为“170 像素”。

（4）对 6 个目录创建锚点链接。

（5）在下面 6 个对应标题标签中定位。

主要景点

1.茶山竹海
2.神女湖
3.永川博物馆
4.乐和乐都野生动物世界
5.石笋山
6.兴龙湖夜景
7.十里荷香

景点介绍

茶山竹海

竹海它是永川的一个代表是国家森林公园，是国家一级环境空气质量，是理想的氧吧，景区的覆盖面积达到了97%。
也由于茶和竹的交融相互缠绕，交错相应，因其独特的茶竹文化特色旅游，成为了长江三峡－重庆市区－大足石刻国际黄金旅游线上的一颗催擦明珠。竹海苍茫，碧浪万顷，山峦如锯齿，岭脊似薄刀。
中华茶艺山庄、陈子庄艺术陈列馆、西部第一迷宫－－竹海迷宫、渝西第一峰－－薄刀岭、棠城第一殿－－天子殿、西部名寨－－天保寨、天下名士观－－芸薹观等景点名观古寺点缀其间，山体景观、人文景观、自然生态景观融为一体。
朱德、邓小平、胡耀邦、彭德怀等党和国家领导人曾到此视察，是影视名导张艺谋拍摄电影《十面埋伏》国内唯一外景地、公安部拍摄电视连续剧《第五个空弹壳》外景地、重庆电视台拍摄连续剧《女儿街》外景地。
景区先后承办了新丝路杯模特大赛（重庆赛区）、中国重庆（永川）国际茶文化旅游节、中国茶山竹海形象大使赛、国际象棋棋王挑战赛和选拔赛，是中国国际象棋队集训基地、中国美术家协会创作基地、国家级茶叶科技示范观光基地。
登千重茶山，游万顷竹海，可畅游竹海迷宫，欣赏竹歌竹舞；可游览竹海的浩翰，享受采茶的乐趣，可欣赏民族茶俗，茶艺表演，领略浓郁的茶竹文化风情，饱览历史文化古迹等，是旅游、度假、疗养、避暑、赏雪的理想胜地

图 8.1.1　设置锚点链接后的效果

```html
<h1>永川周末好去处</h1>
<p><a href="http://yc.cq.gov.cn/">永川区</a>隶属于重庆市，位于长江上游地区、重庆市西部，因"城区三河汇碧、形如篆文'永'字"而得名，公元776年置县。东距重庆55千米，西距四川成都276千米。<br />永川区东连江津区、璧山区，西接荣昌区、大足区，北界铜梁区，南临四川泸州市合江县、四川泸州市泸县。至2017年，永川区下辖16个镇、7个街道，幅员面积为1576平方千米。<br />常住人口112.0万人，户籍人口114.0万人。2017年，永川区实现地区生产总值704.5亿元，其中第一产业实现增加值57.1亿元，第二产业实现增加值397.7亿元，第三产业实现增加值249.7亿元。<br />三次产业结构调整为8.1:56.5:35.4。永川区获得过国家森林城市、全国粮食生产先进单位、全国节水型社会建设示范区等荣誉称号。</p>
<h2>主要景点</h2>
<a href="#chas">1.茶山竹海</a><br />
<a href="#shenn">2.神女湖</a><br />
<a href="#bwg">3.永川博物馆</a><br />
<a href="#dwy">4.乐和乐都野生动物世界</a><br />
<a href="#sss">5.石笋山</a><br />
<a href="#xlh">6.兴龙湖夜景</a><br />
<a href="#hex">7.十里荷香</a><br />
<hr />
<h2>景点介绍</h2>
<h3 id="chas">茶山竹海</h3>
<img src="images/01.jpg" alt="">
<p>竹海它是永川的一个代表是国家森林公园，是国家一级环境空气质量，是理想的氧吧，景区的覆盖面积达到了97%。<br />也由于茶和竹的交融相互缠绕，交错相应，因其独特的茶竹文化特色旅游，成为了长江三峡—重庆市区—大足石刻国际黄金旅游线上的一颗催擦明珠。竹海苍茫，碧浪万顷，山峦如锯齿，岭脊似薄刀。<br />中华茶艺山庄、陈子庄艺术陈列馆、西部第一迷宫—竹海迷宫、渝西第一峰—薄刀岭、棠城第一殿—天子殿、西部名寨—天保寨、天下名士观—芸薹观等景点名观古寺点缀其间，山体景观、人文景观、自然生态景观融为一体。<br />朱德、邓小平、胡耀邦、彭德怀等党和国家领导人曾到此视察，是影视名导张艺谋拍摄电影《十面埋伏》国内唯一外景地、公安部拍摄电视连续剧《第五个空弹壳》外景地、重庆电视台拍摄连续剧《女儿街》外景地。<br />景区先后承办了新丝路杯模特大赛（重庆赛区）、中国重庆（永川）国际茶文化旅游节、中国茶山竹海形象大使赛、国际象棋棋王挑战赛和选拔赛，是中国国际象棋队集训基地、中国美术家协会创作基地、国家级茶叶科技示范观光基地。<br />登千重茶山，游万顷竹海，可畅游竹海迷宫，欣赏竹歌竹舞；可游览竹海的浩瀚，享受采茶的乐趣，可欣赏民族茶俗，茶艺表演，领略浓郁的茶竹文化风情，饱览历史文化古迹等，是旅游、度假、疗养、避暑、赏雪的理想胜地</p>
```

图 8.1.2　任务二代码部分

（6）思考怎样操作，可以在小标题阅读后快速回到主目录。

钱学森百度百科效果如图 8.2.1 所示，部分实现代码如图 8.2.2 所示。

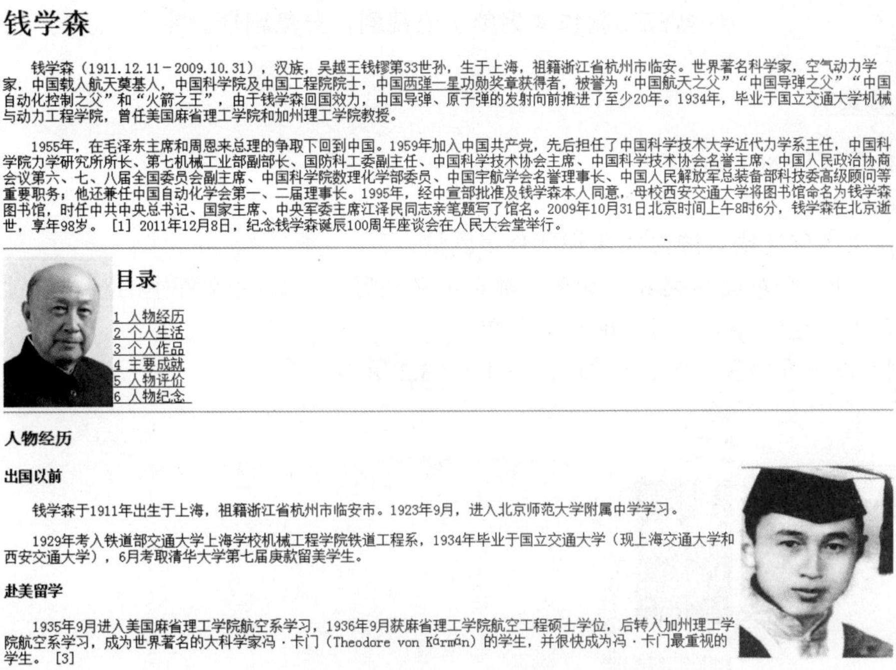

钱学森

钱学森（1911.12.11－2009.10.31），汉族，吴越王钱镠第33世孙，生于上海，祖籍浙江省杭州市临安。世界著名科学家，空气动力学家，中国载人航天奠基人，中国科学院及中国工程院院士，中国两弹一星功勋奖章获得者，被誉为“中国航天之父”“中国导弹之父”“中国自动化控制之父”和“火箭之王”，由于钱学森回国效力，中国导弹、原子弹的发射向前推进了至少20年。1934年，毕业于国立交通大学机械与动力工程学院，曾任美国麻省理工学院和加州理工学院教授。

1955年，在毛泽东主席和周恩来总理的争取下回到中国。1959年加入中国共产党，先后担任了中国科学技术大学近代力学系主任，中国科学院力学研究所所长、第七机械工业部副部长、国防科工委副主任、中国科学技术协会主席、中国科学技术协会名誉主席、中国人民政治协商会议第六、七、八届全国委员会副主席、中国科学院数理化学部委员、中国宇航学会名誉理事长、中国人民解放军总装备部科技委高级顾问等重要职务；他还兼任中国自动化学会第一、二届理事长。1995年，经中宣部批准及钱学森本人同意，母校西安交通大学将图书馆命名为钱学森图书馆，时任中共中央总书记、国家主席、中央军委主席江泽民同志亲笔题写了馆名。2009年10月31日北京时间上午8时6分，钱学森在北京逝世，享年98岁。[1] 2011年12月8日，纪念钱学森诞辰100周年座谈会在人民大会堂举行。

目录

1 人物经历
2 个人生活
3 个人作品
4 主要成就
5 人物评价
6 人物纪念

人物经历

出国以前

钱学森于1911年出生于上海，祖籍浙江省杭州市临安市。1923年9月，进入北京师范大学附属中学学习。

1929年考入铁道部交通大学上海学校机械工程学院铁道工程系，1934年毕业于国立交通大学（现上海交通大学和西安交通大学），6月考取清华大学第七届庚款留美学生。

赴美留学

1935年9月进入美国麻省理工学院航空系学习，1936年9月获麻省理工学院航空工程硕士学位，后转入加州理工学院航空系学习，成为世界著名的大科学家冯·卡门（Theodore von Kármán）的学生，并很快成为冯·卡门最重视的学生。[3]

图 8.2.1　钱学森百度百科效果显示

```
<h1>钱学森</h1>
<p>钱学森（1911.12.11－2009.10.31），汉族，吴越王钱镠第33世孙，生于上海，祖籍浙江省杭州市临安。世界著名科学家，空气动力学家，中国载人航天奠基人，中国科学院及中国工程院院士，中国<a href="liangdan.html">两弹一星</a>功勋奖章获得者，被誉为“中国航天之父”“中国导弹之父”“中国自动化控制之父”和“火箭之王”，由于钱学森回国效力，中国导弹、原子弹的发射向前推进了至少20年。1934年，毕业于国立交通大学机械与动力工程学院，曾任美国麻省理工学院和加州理工学院教授。</p>
<p>1955年，在毛泽东主席和周恩来总理的争取下回到中国。1959年加入中国共产党，先后担任了中国科学技术大学近代力学系主任，中国科学院力学研究所所长、第七机械工业部副部长、国防科工委副主任、中国科学技术协会主席、中国科学技术协会名誉主席、中国人民政治协商会议第六、七、八届全国委员会副主席、中国科学院数理化学部委员、中国宇航学会名誉理事长、中国人民解放军总装备部科技委高级顾问等重要职务；他还兼任中国自动化学会第一、二届理事长。1995年，经中宣部批准及钱学森本人同意，母校西安交通大学将图书馆命名为钱学森图书馆，时任中共中央总书记、国家主席、中央军委主席江泽民同志亲笔题写了馆名。2009年10月31日北京时间上午8时6分，钱学森在北京逝世，享年98岁。 [1]  2011年12月8日，纪念钱学森诞辰100周年座谈会在人民大会堂举行。</p><hr />
<img src="images/qxs.jpg" alt="" align="left" height="170px">
<h2 id="mul">目录</h2>
<a href="#jingl">1 人物经历</a><br />
<a href="#live">2 个人生活</a><br />
<a href="#zuop">3 个人作品</a><br />
<a href="#chengj">4 主要成就</a><br />
<a href="#pingj">5 人物评价</a><br />
<a href="#jin">6 人物纪念 </a><br /><hr />
<h3 id="jingl">人物经历</h3>
<img src="images/1.jpg" alt="" align="right">
<h4>出国以前</h4>
<p>钱学森于1911年出生于上海，祖籍浙江省杭州市临安市。1923年9月，进入北京师范大学附属中学学习。</p>
<p>1929年考入铁道部交通大学上海学校机械工程学院铁道工程系，1934年毕业于国立交通大学（现上海交通大学和西安交通大学），6月考取清华大学第七届庚款留美学生。</p>

<h4>赴美留学</h4>
<p>1935年9月进入美国麻省理工学院航空系学习，1936年9月获麻省理工学院航空工程硕士学位，后转入加州理工学院航空系学习，成为世界著名的大科学家冯·卡门（Theodore von Kármán）的学生，并很快成为冯·卡门最重视的学生。 [3] </p>
<p>他先后获航空工程硕士学位和航空、数学博士学位。1938年7月至1955年8月，钱学森在美国从事空气动力学、固体力学和火箭、导弹等领域研究，并与导师共同完成高速空气动力学问题研究课题和建立“卡门-钱学森”公式，在二十八岁时就成为世界知名的空气动力学家。 [2] </p>
<p>1939年，获美国加州理工学院航空、数学博士学位。1943年，任加州理工学院助理教授。1945年，任加州理工学院副教授。1947年，任麻省理工学院教授。</p>

<a href="#mul">返回目录</a>
<h3 id="zuop">个人作品</h3>
<p>《工程控制论》、《物理力学讲义》、《星际航行概论》、《论系统工程》、《关于思维科学》、《论地理科学》、《科学的艺术与艺术的科学》、《论人体科学与现代科技》、《创建系统学》、《论宏观建筑与微观建筑》、《钱学森论火箭导弹和航空航天》等。</p>
<hr /> <a href="#mul">返回目录</a>
<h3 id="chengj">主要成就</h3>

<h4>两弹一星</h4>
<p>1956年初，钱学森向中共中央、国务院提出《建立我国国防航空工业的意见书》。同时，钱学森组建中国第一个火箭、导弹研究所—国防部第五研究院并担任首任院长。他主持完成了“喷气和火箭技术的建立”规划，参与了近程导弹、中近程导弹和中国第一颗人造地球卫星的研制，直接领导了用中近程导弹运载原子弹“两弹结合”试验，参与制定了中国近程导弹运载原子弹“两弹结合”试验，参与制定了中国第一个星际航空的发展规划，发展建立了工程控制论和系统学等。在钱学森的努力带领下，1964年10月16日中国第一颗原子弹爆炸成功，1967年6月17日中国第一颗氢弹空爆试验成功，1970年4月24日中国第一颗人造卫星发射成功。</p>
```

图 8.2.2　部分实现代码

任务三　制作《亮剑》电视剧，分集剧情介绍

任务要求

（1）新建文件 803.html。
（2）语义格式化文本，图文排版。
（3）在文中创建锚点链接快速到达分集剧情。
（4）“另外一个页面的第 6 ~ 10 集”锚点定义到另一个 html 文件中的对应位置。
（5）点击“返回选集”可以回到主菜单。
《亮剑》剧情介绍及部分代码如图 8.3.1、8.3.2 所示。

图 8.3.1　《亮剑》剧情介绍

```
<h1>亮剑</h1>
<h3>剧情简介</h3>
<p>该剧讲述了革命军人李云龙历经抗日战争、解放战争、抗美援朝等历史时期，军人本色始终不改的故事。</p>
<hr />
<img src="images/01.jpg" alt="" align="center" height="300px">
<h3 id="xj">选集</h3>
<a href="#01">第一集</a>
<a href="#02">第二集</a>
<a href="#03">第三集</a>
<a href="#04">第四集</a>
<a href="#05">第五集</a> <br />
<a href="06.html#06">第六集</a>
<a href="06.html#07">第七集</a>
<a href="06.html#08">第八集</a>
<a href="06.html#09">第九集</a>
<a href="06.html#10">第十集</a>
<br />
<h3>分集剧情</h3>
<h3 id="01">第1集</h3>

<p>1937年7月7日，抗日战争爆发。129师386旅新1团团长李云龙，率部凭借过硬的战术战法，越战越勇，让敌人闻风丧胆。在与日本坂田联队的交战中，成功从正面突围并干掉了坂田。同时国民党晋绥军358团团长楚云飞，也注意到了这个非同凡响的李云龙。因李云龙抗命，上级决定让准备去延安学习的28团团长丁伟代替李云龙的原职。而调李云龙去后方做被服厂厂长。日军派出战斗小分队突袭了独立团，因团长孔捷指挥不利致使全团损失惨重，总部首长不得不再次抽调还背着处分的李云龙去独立团任职。</p>
<a href="#xj">返回选集</a>
<h3 id="02">第2集</h3>
```

图 8.3.2　分集剧情实现部分代码

项目总结

本项目主要学习了锚点链接的使用方法，通过项目练习，掌握了同一页面定位跳转和跨页面的定位跳转。

第三章 列表和表格

项目九 列表

项目要求

<table>
<tr><td>一、目的要求</td><td colspan="3">在当前流行的采用“DIV+CSS”模式的网页制作中，列表元素处于非常重要的地位。常见的菜单导航、图文混排、新闻列表布局等，都是采用列表元素作为基础结构创建的。
本项目主要从列表的基本概念着手，向读者介绍列表的常见使用方法，以及列表元素的相关属性设置方法。读者通过学习能灵活运用列表元素，实现各种网页的页面布局</td></tr>
<tr><td rowspan="4">二、工具、器材</td><td>实验设备</td><td>数量</td><td>备注</td></tr>
<tr><td rowspan="2">PC 机/笔记本</td><td rowspan="2">1</td><td>1. 有谷歌浏览器</td></tr>
<tr><td>2. 安装有 VSCode/HBuilder 等开发工具</td></tr>
<tr><td>有无线网卡/有线网卡</td><td>1</td><td>无线接入/有线接入</td></tr>
<tr><td>三、重难点分析</td><td colspan="3">✧ 无序列表之间没有顺序级别；
✧ 有序列表有顺序排列；
✧ <ul>、<ol>里面只能包含<li>；
✧ 熟悉列表的嵌套</td></tr>
<tr><td colspan="4">四、教学过程</td></tr>
<tr><td>教学步骤/知识或单元结构</td><td colspan="2">教学方法/策略</td><td>学生课堂安排/过程</td></tr>
<tr><td>1. 无序列表</td><td colspan="2">演示讲解无序列表的语法、用法及特点和运用领域</td><td>重点掌握无序列表，清楚<ul>里面只能包含<li></td></tr>
<tr><td>2. 有序列表</td><td colspan="2">演示讲解有序列表的语法、用法及特点和运用领域</td><td>区分有序列表和无序列表</td></tr>
<tr><td>3. 定义列表</td><td colspan="2">演示讲解定义列表的语法、用法及特点和运用领域</td><td>掌握列表的特点</td></tr>
<tr><td>4. 列表的嵌套</td><td colspan="2">演示</td><td>掌握嵌套的语法，记住<ul>、<ol>里面只能包含<li></td></tr>
<tr><td>5. 布置任务</td><td colspan="2">实操练习</td><td>强化课堂认知技能</td></tr>
<tr><td colspan="4">五、成绩评定</td></tr>
<tr><td>评定等级</td><td></td><td>教师签名</td><td></td></tr>
<tr><td colspan="4">六、反思和总结</td></tr>
<tr><td colspan="4"></td></tr>
</table>

项目展示

新闻列表示例如图 9.1 所示。

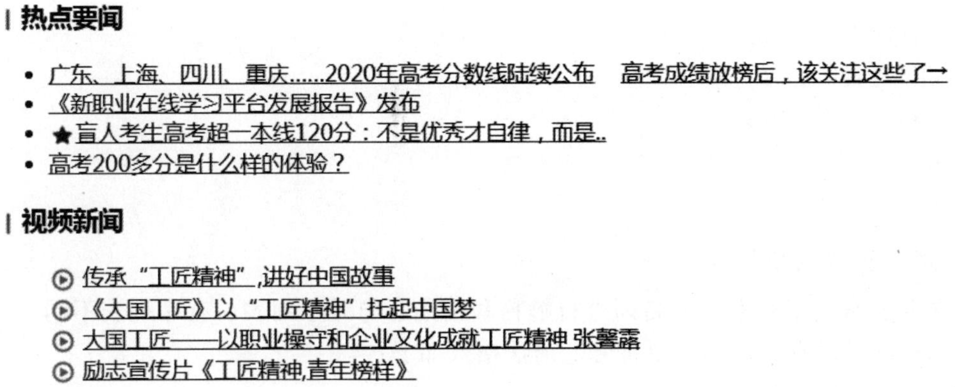

图 9.1　新闻列表

教学内容

1. 无序列表<ul>标签

无序列表是指在列表中各个元素在逻辑上没有先后顺序的列表形式。大部分页面中的信息均可以使用无序列表来实现和描述。无序列表中的列表项用<li>标签进行表示，后期通过改变<ul>和<li>的样式外观即可设计出变化多端的导航。

基本语法：

```
<ul>
    <li>列表项 1</li>
    <li>列表项 2</li>
    <li>列表项 3</li>
    …
</ul>
```

无序列表

注意：

（1）无序列表拥有 type 属性，用于指定不同的列表项目符号，但是建议后期用 CSS 设置属性代替。

（2）在<ul></ul>中只能嵌套<li></li>，<li></li>里面可以嵌套其他的元素。

2. 有序列表<ol>标签

有序列表即为有排列顺序的列表，其各个列表项按照一定的顺序排列，从上至下可以由编号 1、2、3、4、5 或 a、b、c、d、e 等形式进行排列。如名次排行、游戏排行、热搜排行等都可以用有序列表来定义。

对于有序列表元素来说，浏览器会从 1 开始自动对有序条目进行编号，如果需要使用其他类型的编号或从指定的编号上累计编号，可运用<ol>标签的 type 和 start 两个属性。type 属性值 A 代表用大写字母进行编号，1 代表使用大写罗马数字编号，默认为罗马数字编号，i 表示用小字罗马数字编号；start 属性值用于指定有序列表开始点。

有序列表用法与无序列表大致相同，其基本语法如下：

```
<ol>
    <li>列表项 1</li>
    <li>列表项 2</li>
    <li>列表项 3</li>
    ...
</ol>
```

3. 定义列表<dl>标签

定义列表常用于对术语或名词进行解释和描述，与无序列表、有序列表不同。定义列表的列表项前面，没有任何的项目符号。语法格式如下：

```
<dl>
    <dt>名词 1</dt>
    <dd>名词 1 解释 1</dd>
    <dd>名词 1 解释 2</dd>
    <dd>名词 1 解释 3</dd>
     ...
</dl>
```

注意：

<dl></dl>用于自定义列表，<dt></dt>和<dd></dd>并列嵌套在<dl></dl>中。<dt></dt>用于指定名词，<dd></dd>用于对名词进行说明和描述。一对<dt></dt>可对应多个<dd></dd>。

4. 列表的嵌套

在使用列表时，列表项中也有可能包含若干子列表项，想要在列表项中定义子列表项就要用到列表嵌套。

项目训练

任务一　无序列表练习

任务要求

无序列表案例

（1）新建文件 901.html。

（2）根据提供的新闻列表素材，制作成品，如图 9.1.1 所示。

（3）练习<ul>的<li>中的插入图片和文字等其他标签。

（4）运用 style="list-style：none；"可以去掉 Li 前面的小圆点。

（5）设置图片和文字对齐，可以在图片标签里设置对齐方式，style="vertical-align：middle"。

新闻列表练习代码如图 9.1.2 所示。

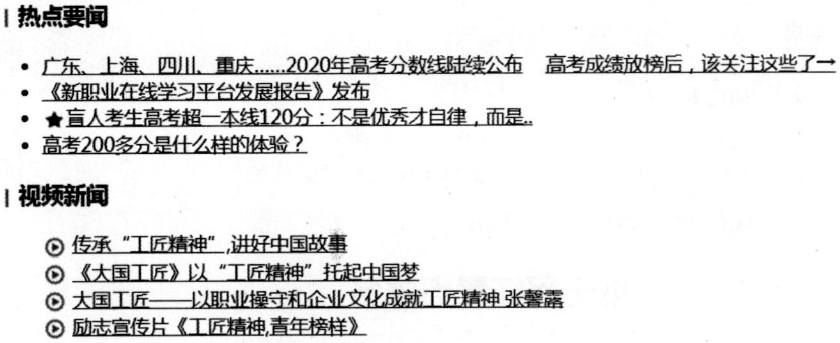

图 9.1.1 新闻列表练习

```
<h3>
    <img src="col.png"  height="20"  style="vertical-align: middle;">热点要闻</h3>
<ul>
    <li>
        <a href="#">广东、上海、四川、重庆……2020年高考分数线陆续公布</a>   
            <a href="#"> 高考成绩放榜后，该关注这些了→</a>
    </li>
    <li>
        <a href="#">《新职业在线学习平台发展报告》发布</a>
    </li>
    <li>
        <img src="star.png"  width="20"  style="vertical-align:middle"  alt="">
            <a href="#">盲人考生高考超一本线120分：不是优秀才自律，而是..</a>
    </li>
    <li>
        <a href="#">高考200多分是什么样的体验？</a>
    </li>
</ul>
```

```
<h3>
    <img src="col.png"  height="20"  style="vertical-align: middle;">视频新闻
</h3>
<ul style="list-style: none;">
    <li>
        <a href="#">
            <img src="play.png"  width="20"  style="vertical-align:middle"  alt="">传承“工匠精神”,讲好中国故事
        </a>
    </li>
    <li>
        <a href="#">
            <img src="play.png"  width="20"  style="vertical-align:middle"  alt="">《大国工匠》以“工匠精神”托起中国梦
        </a>
    </li>
    <li>
        <a href="#">
            <img src="play.png"  width="20"  style="vertical-align:middle"  alt="">大国工匠—以职业操守和企业文化成就工匠精神 张馨露
        </a>
    </li>
    <li>
        <a href="#">
            <img src="play.png"  width="20"  style="vertical-align:middle"  alt="">励志宣传片《工匠精神,青年榜样》
        </a>
    </li>
</ul>
```

图 9.1.2 新闻列表练习代码

任务二　有序列表练习

任务要求

（1）新建文件 902.html。

（2）根据提供的素材，制作成品，如图 9.2.1 所示。

（3）运用 type 属性改变列表项序号编号和样式。

有序列表练习代码部分如图 9.2.2 所示。

有序列表

重庆网红景点排名

1. 洪崖洞：现实版千与千寻
2. 李子坝轻轨站：从房子中间直接穿过
3. 皇冠大扶梯：亚洲第一长扶梯
4. 来福士：80多层高，还是斜的

i. 长江索道
ii. 慈溪口
iii. 轻轨红土地站
iv. 民国街

h. 龙湖重庆时代天街
i. 朝天门大融汇
j. WFC-会仙楼观景台
k. 南坪龙门浩老街

图 9.2.1　有序列表练习

```
<body>
    <h2>重庆网红景点排名</h2>
    <ol>
        <li>洪崖洞：现实版千与千寻</li>
        <li>李子坝轻轨站：从房子中间直接穿过</li>
        <li>皇冠大扶梯：亚洲第一长扶梯</li>
        <li>来福士：80多层高，还是斜的</li>
    </ol>
    <ol type="i">
        <li>长江索道</li>
        <li>慈溪口</li>
        <li>轻轨红土地站</li>
        <li>民国街</li>
    </ol>
    <ol type="a" start="8">
        <li>龙湖重庆时代天街</li>
        <li>朝天门大融汇</li>
        <li>WFC-会仙楼观景台</li>
        <li>南坪龙门浩老街</li>
    </ol>
</body>
```

图 9.2.2　有序列表练习代码部分

任务三　定义列表练习

任务要求

（1）新建文件 903.html。

（2）根据提供的素材，制作的成品及代码部分如图 9.3.1 所示。

定义列表和
列表嵌套

```
<body>
    <h2>重庆科创职业学院</h2>
    <dl>
        <dt>人工智能学院</dt>
        <dd>计算机应用技术</dd>
        <dd>电子信息工程技术</dd>
        <dd>大数据技术与应用</dd>
        <dd>智能产品开发</dd>
        <dd>物联网应用技术</dd>
        <dd>...</dd>
    </dl>
    <dl>
        <dt>智能制造学院</dt>
        <dd>电气自动化技术</dd>
        <dd>无人机应用技术</dd>
        <dd>智能控制技术</dd>
        <dd>机电一体化技术</dd>
        <dd>...</dd>
    </dl>
    <dl>
        <dt>艺术与教育学院</dt>
        <dd>学前教育</dd>
        <dd>动漫设计与制作</dd>
        <dd>社区康复</dd>
        <dd>...</dd>
    </dl>
    ...
</body>
```

```
重庆科创职业学院

人工智能学院
        计算机应用技术
        电子信息工程技术
        大数据技术与应用
        智能产品开发
        物联网应用技术
        ...

智能制造学院
        电气自动化技术
        无人机应用技术
        智能控制技术
        机电一体化技术
        ...

艺术与教育学院
        学前教育
        动漫设计与制作
        社区康复
        ...

...
```

图 9.3.1　自定义列表练习及代码部分

任务四　列嵌套练习

任务要求

（1）新建文件 904.html。

（2）列嵌套效果如图 9.4.1 所示，列嵌套代码如图 9.4.2 所示。

重庆科创职业学院专业分类

- 人工智能学院
    1. 计算机应用技术
        - 五年一贯制大专
        - 高职
        - 专本贯通
    2. 大数据应用技术
    3. 软件技术
    4. 电子信息技术
    5. 电子竞技运动与管理
        - 五年一贯制大专
        - 高职
        - 专本贯通
- 智能制造学院
    1. 工业机器人技术
        - 五年一贯制大专
        - 高职
        - 专本贯通
    2. 3D打印技术
    3. 无人机应用技术
- 汽车学院

    新能源汽车

    汽车营销与维修
    - 五年一贯制大专
    - 高职
    - 专本贯通
- ...

图 9.4.1　列嵌套效果

```
<h3>重庆科创职业学院专业分类</h3>
    <ul>
        <li>人工智能学院
            <ol>
                <li>计算机应用技术
                    <ul>
                        <li>五年一贯制大专</li>
                        <li>高职</li>
                        <li>专本贯通</li>
                    </ul>
                </li>
                <li>大数据应用技术</li>
                <li>软件技术</li>
```

```
            <li>电子信息技术</li>
            <li>电子竞技运动与管理
                <ul>
                    <li>五年一贯制大专</li>
                    <li>高职</li>
                    <li>专本贯通</li>
                </ul>
            </li>
        </ol>
    </li>
    <li>智能制造学院
        <ol>
            <li>工业机器人技术
                <ul>
                    <li>五年一贯制大专</li>
                    <li>高职</li>
                    <li>专本贯通</li>
                </ul>
            </li>
            <li>3D 打印技术</li>
            <li>无人机应用技术</li>
        </ol>
    </li>
    <li>汽车学院
        <ol>新能源汽车</ol>
        <ol>汽车营销与维修
            <ul>
                <li>五年一贯制大专</li>
                <li>高职</li>
                <li>专本贯通</li>
            </ul>
        </ol>
    </li>
    <li>...</li>
</ul>
```

图 9.4.2　列嵌套代码

项目总结

本任务要求读者掌握无序和有序列表的创建方法，能运用列表制作网页中的导航、列表内容等。同时要理解并灵活运用无序列表和有序列表，掌握它们之间的区别，并灵活运用到将来的网页设计中。

项目十　表格

项目要求

<table>
<tr><td>一、目的要求</td><td colspan="3">表格主要用于在 HTML 页面上显示表格式数据以及对文本和图形进行布局。本项目详细讲述了如何建立表格，设置表格属性，在表格中添加数据内容，修改并调整单元格，如何合并、拆分单元格，添加和删除行、列，以及插入其他源的表格等。
通过本项目的学习，读者能学会创建表格，设置表格及单元格的属性值，在表格中添加数据，插入其他源的表格等</td></tr>
<tr><td rowspan="4">二、工具、器材</td><td>实验设备</td><td>数量</td><td>备注</td></tr>
<tr><td rowspan="2">PC 机/笔记本</td><td rowspan="2">1</td><td>1. 有谷歌浏览器</td></tr>
<tr><td>2. 安装有 VSCode/HBuilder 等开发工具</td></tr>
<tr><td>有无线网卡/有线网卡</td><td>1</td><td>无线接入/有线接入</td></tr>
<tr><td>三、重难点分析</td><td colspan="3">✧ 学会表格的创建（语法和属性）;
✧ 运用格式的设置（边框、单元格的内外边距设置）;
✧ 会使用表格的合并单元格，知道什么是跨行合并什么是跨列合并;
✧ 能够对表格结构进行划分;
✧ 继续巩固链接标签、插入图片以及文本对齐属性的运用</td></tr>
<tr><td colspan="4">四、教学过程</td></tr>
<tr><td>教学步骤/知识或单元结构</td><td colspan="2">教学方法/策略</td><td>学生课堂安排/过程</td></tr>
<tr><td>1. 认识表格</td><td colspan="2">演示说明，HTML 结构中的表格<table>由<tr>、<td>构成</td><td>理解表格结构各部分所指的范围</td></tr>
<tr><td>2. 创建表格</td><td colspan="2">演示创建表格的方法及表格的基本属性的使用</td><td>学习并掌握</td></tr>
<tr><td>3. 合并表格</td><td colspan="2">演示讲解跨行合并和跨列合并的思路及方法</td><td>掌握合并单元格的三个步骤</td></tr>
<tr><td>4. 结构化表格</td><td colspan="2">先看新浪网财经板块表格结构的划分，分析结构化的优点；然后进行演示表头、表体的划分</td><td>能对表格进行格式化</td></tr>
<tr><td>5. 布置任务</td><td colspan="2">实操练习</td><td>强化课堂认知技能</td></tr>
<tr><td colspan="4">五、成绩评定</td></tr>
<tr><td>评定等级</td><td></td><td>教师签名</td><td></td></tr>
<tr><td colspan="4">六、反思和总结</td></tr>
<tr><td colspan="4"></td></tr>
</table>

项目展示

个人简历项目展示如图 10.1 所示，表格嵌套项目展示如图 10.2 所示。

基本信息				
姓　名		性　别		照　片
出生年月		民　族		
籍　贯		政治面貌		
身　高		体　重		
婚姻状况		专　业		
E_mail		联系电话		
求职意向及获得奖项				
获得证书				
应聘岗位				
求职类型		月薪要求		
教育背景				
毕业院校				
最高学历				

图 10.1　个人简历项目展示

图 10.2　表格嵌套项目展示

教学内容

表格 1

1. 认识表格

在网页设计中，表格可以用来布局排版，进行网页的整体布局。在开始使用表格之前，本节首先对表格的各部分的名称进行介绍，如图 10.3 所示。正如 Word 中所讲述的表格一样，一张表格横向叫行，纵向叫列。行列交叉的部分就称为单元格。单元格是网页布局的最小单位。有时为了布局需要，可以在单元格内插入新的表格，有时可能需要在表格中反复插入新表格，以实现更复杂的布局。单元格中的内容和边框之间的距离称为边距。单元格和单元格之间的距离称为间距。整张表格的边缘称为边框。

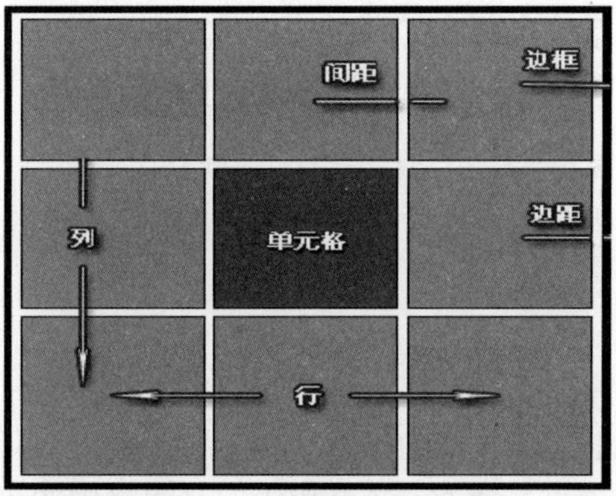

图 10.3　表格各部位名称

利用<table>标记来告诉计算机定义一个表格，border=1 是设定表格的框线粗细。一级<tr>…</tr>是设定一个行，一级<td>…</td>则是设定一个列，文字就写在这里面。另外，用户还可以自己设定表格的“宽”及“高”，如<table width="400px" border="1" height="100px">表示表格的宽为 400 像素，高为 100 像素；利用 align="center"可以让表格对象居中对齐；利用 bgcolor="pink"将表格的背景颜色设为粉红色。表格的一些常用属性如图 10.4 所示。

属性名	含义	常用属性值
border	设置表格的边框（默认border="0"无边框）	像素值
cellspacing	设置单元格与单元格边框之间的空白间距	像素值（默认为2像素）
cellpadding	设置单元格内容与单元格边框之间的空白间距	像素值（默认为1像素）
width	设置表格的宽度	像素值
height	设置表格的高度	像素值
align	设置表格在网页中的水平对齐方式	left、center、right

图 10.4　表格基础属性

2. 创建表格

表格是用于在页面上显示表格式数据以及对文本、图形进行布局的工具，可以控制文本和图形在页面上出现的位置。

创建一个表格并对表格设置基本参数，具体操作过程如下：

步骤 1：创建一个表格代码结构如下：

```
<table>
 <tr>
      <td>单元格内的文字</td>
 <td>单元格内的文字</td>
     ...
 </tr>
...
<tr>
       <td>单元格内的文字</td>
 <td>单元格内的文字</td>
     ...
 </tr>
</table>
```

<table>用于定义一个表格。<tr>用于定义表格中的一行，必须嵌套在<table>标签中，在<table>中包含几对<tr>，就有几行表格。<td>用于定义表格中的单元格，必须嵌套在<tr></tr>标签中，一对<tr></tr>中包含几对<td></td>，就表示该行中有多少列（或多少个单元格）。

注意：

① <tr></tr>中只能嵌套<td></td>。

② <td></td>标签，就像一个容器，可以容纳所有的元素。

步骤 2：创建表格行列数。

按步骤 1 输入想要创建表格的行列数、表格宽度、边框粗细值、单元格边距和单元格间距的值，书写完各项属性值后，可编辑一个表格。如编辑一个 9 行 5 列的表格，可以在<table>标签里输入 tr*9>td*5，加 TAB 键快速生成。

步骤 3：设置表格基本参数。

表格创建后，可以设置表格的宽度（width），高度（height），外边框（border）以及单元格和单元格之间的距离（cellspacing），内容与单元格之间的内边距（cellpadding）值。也可以用 CSS 元素进行编辑。

步骤 4：输入内容。

可以在单元格内插入文本或者图片的元素。

3. 表格合并单元格

进行合并单元格，跨行合并是 rowspan，跨列合并是 colspan。合并单元格的思想是：将多个内容合并的时候，就会有多余的单元格，正确选择并把它删除。

例如：把 3 个 td 合并成一个，那就多余了 2 个，需要删除。

公式：删除的个数 = 合并的个数 -1

合并的顺序： 先上后下 先左后右

4. 表格结构划分

表格划分为表头<thead></thead>、表主体部分<tbody></tbody>以及表脚注部分。<caption></caption>为表格标题。这些标签使表格结构更加清晰。

任务训练

任务一 创建表格

任务要求

表格 2

（1）新建一个名为 1001.html 文档。

（2）如图 10.1.1 所示创建一个 7 行 5 列的表格。

（3）录入文字。

（4）性别插入图片“boy.png”和“gril.png”，操作创建“空链接”。

姓名	性别	年龄	职业	操作
赵四	♂	25	前端工程师	修改 删除
钱三一	♂	35	大数据工程师	修改 删除
孙二娘	♀	45	酒店经理	修改 删除
李玉刚	♂	35	演员	修改 删除
周伯通	♂	85	无业	修改 删除
武媚娘	♀	25	公务员	修改 删除

图 10.1.1 表格效果图

代码部分如图 10.1.2 所示。

```
<table>
        <tr>
            <td>姓名</td>
            <td>性别</td>
            <td>年龄</td>
            <td>职业</td>
            <td>操作</td>
        </tr>
        <tr>
            <td>赵四</td>
            <td><img src="imgs/boy.png" width="20" alt=""></td>
            <td>25</td>
```

```
            <td>前端工程师</td>
            <td>
                <a href="#">修改</a>
                <a href="#">删除</a>
            </td>
        </tr>
        <tr>
            <td>钱三一</td>
            <td><img src="imgs/boy.png" width="20" alt=""></td>
            <td>35</td>
            <td>大数据工程师</td>
            <td>
                <a href="#">修改</a>
                <a href="#">删除</a>
            </td>
        </tr>
        <tr>
            <td>孙二娘</td>
                    <td><img src="imgs/gril.png" width="20" alt=""></td>
<td>45</td>
            <td>酒店经理</td>
            <td>
                <a href="#">修改</a>
                <a href="#">删除</a>
            </td>
        </tr>
        <tr>
            <td>李玉刚</td>
            <td><img src="imgs/boy.png" width="20" alt=""></td>
            <td>35</td>
            <td>演员</td>
            <td>
                <a href="#">修改</a>
                <a href="#">删除</a>
            </td>
        </tr>
        <tr>
            <td>周伯通</td>
            <td><img src="imgs/boy.png" width="20" alt=""></td>
```

```
            <td>85</td>
            <td>无业</td>
            <td>
                <a href="#">修改</a>
                <a href="#">删除</a>
            </td>
        </tr>
        <tr>
            <td>武媚娘</td>
            <td><img src="imgs/gril.png" width="20" alt=""></td>
            <td>25</td>
            <td>公务员</td>
            <td>
                <a href="#">修改</a>
                <a href="#">删除</a>
            </td>
        </tr>
    </table>
```

图 10.1.2　代码部分

任务二　对任务一表格进行样式格式化

任务要求

（1）打开 1001.html，另存为 1002.html。

（2）添加表头标签<thead>。

（3）对表格添加边框。

（4）用 cellspacing 设置单元格外边距为 0，cellpadding 设置单元格内边距为 0。

表格结构化

（5）表格宽度 width 设置为 700 像素。

（6）对<table>使用 align=” center”让表格在页面居中，对<tr>使用 align=” center”让单元格的内容居中对齐。

设置样式后效果如图 10.2.1 所示。

姓名	性别	年龄	职业	操作
赵四	♂	25	前端工程师	修改 删除
钱三一	♂	35	大数据工程师	修改 删除
孙二娘	♀	45	酒店经理	修改 删除
李玉刚	♂	35	演员	修改 删除
周伯通	♂	85	无业	修改 删除
武媚娘	♀	25	公务员	修改 删除

图 10.2.1　设置样式后效果

任务二代码部分如图 10.2.2 所示。

```
<table border="1px" cellspacing="0" cellpadding="0" width="700" align="center">
    <thead>
        <tr align="center">
            <th>姓名</th>
            <th>性别</th>
            <th>年龄</th>
            <th>职业</th>
            <th>操作</th>
        </tr>
    </thead>
    <tbody>
        <tr align="center">
            <td>赵四</td>
            <td><img src="imgs/boy.png" width="20" alt=""></td>
            <td>25</td>
            <td>前端工程师</td>
            <td>
                <a href="#">修改</a>
                <a href="#">删除</a>
            </td>
        </tr>
```

图 10.2.2　任务二代码部分

任务三　对任务二表格细化结构

任务要求

（1）打开 1002.html，另存为 1003.html。

（2）用 caption 给任务二表格添加标题“来访人员登记表”，其效果如图 10.3.1 所示。

（3）给表格划分头部部分<thead>和主体部分<tbody>，其实现代码如图 10.3.2 所示。

来访人员登记表

姓名	性别	年龄	职业	操作
赵四	♂	25	前端工程师	修改 删除
钱三一	♂	35	大数据工程师	修改 删除
孙二娘	♀	45	酒店经理	修改 删除
李玉刚	♂	35	演员	修改 删除
周伯通	♂	85	无业	修改 删除
武媚娘	♀	25	公务员	修改 删除

图 10.3.1　1003.html 效果

```
<table border="1px" cellspacing="0" cellpadding="0" width="700" align="center">
    <caption>
        <h2>来访人员登记表</h2>
    </caption>
    <thead>
        <tr align="center">…
        </tr>
    </thead>
    <tbody>
        <tr align="center">…
        </tr>
        <tr align="center">…
        </tr>
        <tr align="center">…
        </tr>
        <tr align="center">…
        </tr>
        <tr align="center">…
        </tr>
        <tr align="center">…
        </tr>
    </tbody>
</table>
```

图 10.3.2　实现代码

任务四　个人简历表的制作

任务要求

（1）新建 1004.html。

（2）创建一个 14 行 5 列的宽度为 700 的表格，如图 10.4.1 所示。

（3）按如图 10.4.2 所示进行跨列合并 colspan 和跨行合并 rowspan。

（4）设置边框和表格在页面水平居中。

表格合并

个人简历列表制作实现代码如图 10.4.3 所示。

基本信息				
姓　名		性　别		照　片
出生年月		民　族		
籍　贯		政治面貌		
身　高		体　重		
婚姻状况		专　业		
E_mail		联系电话		
求职意向及获得奖项				
获得证书				
应聘岗位				
求职类型		月薪要求		
教育背景				
毕业院校				
最高学历				

图 10.4.1　个人简历合并单元格前效果图

<table>
<tr><td colspan="5">基本信息</td></tr>
<tr><td>姓　名</td><td></td><td>性　别</td><td></td><td rowspan="4">照　片</td></tr>
<tr><td>出生年月</td><td></td><td>民　族</td><td></td></tr>
<tr><td>籍　贯</td><td></td><td>政治面貌</td><td></td></tr>
<tr><td>身　高</td><td></td><td>体　重</td><td></td></tr>
<tr><td>婚姻状况</td><td></td><td>专　业</td><td colspan="2"></td></tr>
<tr><td>E_mail</td><td></td><td>联系电话</td><td colspan="2"></td></tr>
<tr><td colspan="5">求职意向及获得奖项</td></tr>
<tr><td>获得证书</td><td colspan="4"></td></tr>
<tr><td>应聘岗位</td><td colspan="4"></td></tr>
<tr><td>求职类型</td><td></td><td>月薪要求</td><td colspan="2"></td></tr>
<tr><td colspan="5">教育背景</td></tr>
<tr><td>毕业院校</td><td colspan="4"></td></tr>
<tr><td>最高学历</td><td colspan="4"></td></tr>
</table>

图 10.4.2　个人简历合并单元格后效果图

```
<table border="1px" cellspacing="0" cellpadding="0" width="700" align="center">
        <tr>
            <td colspan="5" height="40">基本信息</td>
```

```
        </tr>
        <tr>
            <td>姓  名</td>
            <td width="100"></td>
            <td>性  别</td>
            <td width="100"></td>
            <td rowspan="4" align="center">照  片</td>
        </tr>
        <tr>
            <td>出生年月</td>
            <td></td>
            <td>民  族</td>
            <td></td>
        </tr>
        <tr>
            <td>籍  贯</td>
            <td></td>
            <td>政治面貌</td>
            <td></td>
        </tr>
        <tr>
            <td>身  高</td>
            <td></td>
            <td>体  重</td>
            <td></td>
        </tr>
    <tr>
            <td>婚姻状况</td>
            <td></td>
            <td>专  业</td>
            <td colspan="2"></td>
        </tr>
        <tr>
            <td>E_mail</td>
            <td></td>
            <td>联系电话</td>
            <td colspan="2"></td>
        </tr>
```

```
    <tr>
        <td colspan="5" height="40">求职意向及获得奖项</td>
    </tr>
    <tr>
        <td>获得证书</td>
        <td colspan="4"></td>
    </tr>
    <tr>
        <td>应聘岗位</td>
        <td colspan="4"></td>
    </tr>
    <tr>
        <td>求职类型</td>
        <td></td>
        <td>月薪要求</td>
        <td colspan="2"></td>
    </tr>
    <tr>
        <td colspan="5" height="40">教育背景</td>
    </tr>
    <tr>
        <td>毕业院校</td>
        <td colspan="4"></td>
    </tr>
    <tr>
        <td>最高学历</td>
        <td colspan="4"></td>
    </tr>
</table>
```

图 10.4.3　个人简历实现代码

任务五　表格嵌套练习

任务要求

（1）新建文件 1005.html。
（2）创建一个 6 行 2 列的宽为 800 的表格，进行边框基础样式设置。
（3）按照如图 10.5.1 所示对 1、2 行进行跨列合并 colspan。
（4）第 2 行嵌套表格 1*4 表格并设置文字居中。

表格嵌套

（5）3 ~ 6 行根据素材设置图片（宽度为 240）和文字。

图 10.5.1 对应实现代码如图 10.5.2 所示。

图 10.5.1　效果图

```
<table border="1" cellspacing="0" cellpadding="5" width="800" align="center">
    <tr>
        <td colspan="2"><img src="imgs/905-2.jpg" alt="" width="800"></td>
```

```
</tr>
        <tr>
            <td colspan="2">
                <table border="1" cellspacing="3" width="800">
                    <tr align="center">
                        <td>旅游须知</td>
                        <td>旅游景点</td>
                        <td>旅行图库</td>
                        <td>特色美食</td>
                    </tr>
                </table>
            </td>
        </tr>
        <tr>
            <td><img src="imgs/905-3.jpg" alt="" width="240" style="display:
block;"></td>
            <td>     亚龙湾为一个月牙湾，拥有7千米长的银白色海滩，沙质相当细腻。而这里的南海没有受到污染，海水洁净透明，远望呈现几种不同的蓝色，而水面下珊瑚种类丰富，可清楚观赏珊瑚，适合多种水面下活动包括潜水等，令海底成为当地的旅游的核心。岸上林木郁郁葱葱。冬季这里的气温27摄氏度，水温20摄氏度，是一处理想的冬季避寒和休闲度假胜地。号称“东方夏威夷”。沿海岸一带布满多座高级酒店，包括国际五星级的假日酒店。</td>
        </tr>
        <tr>
            <td><img src="imgs/905-4.jpg" alt="" width="240" style="display:
block;"></td>
            <td>     天涯海角游览区位于海南省三亚市西南方向23千米处，位于三亚湾和红塘湾之间的岬角上。总面积为16.4平方千米，其中陆域面积10.4平方千米，海域面积为6平方千米。[1-3]因景区两块巨石分别刻有“天涯”、“海角”及郭沫若先生题写的“天涯海角游览区”而得名。</td>
        </tr>
        <tr>
            <td><img src="imgs/905-5.jpg" alt="" width="240" style="display:
block;"></td>
            <td>     大小洞天风景区以其秀丽的海景、山景和石景号称琼崖第一山水名胜。风景区内仍有“小洞天”、“钓台”、“海山奇观”、“仙人足”、“试剑峰”等历代诗文摩崖石刻。山、海、林泉是构成一个旅游名胜必不可少的条件。这里，崖州湾弧弦百里，碧波万顷；鳌山云深林翠，岩奇洞幽；海岸遍布神工鬼斧，肖形状物之大小磊群；山海之间宛如一幅古朴雄壮的长卷画图。</td>
```

```
        </tr>
    <tr>
            <td><img src="imgs/905-6.jpg" alt="" width="240" style="display:
block;"></td>
            <td>
                <p>     南山位于海南省三亚市西南 40 公里处，
是中国最南端的山，属热带海洋季风性气候，其空气质量和海水质量居全国首位，森林覆盖率为
97%，是一座展示中国佛教传统文化的大型园区。</p>
                <p>     南山主要景点有南山寺、海上观音、不二
法门、观音文化苑、天竺圣迹、佛名胜景观苑、十方塔林与归根园、佛教文化交流中心、素斋购
物一条街等。其中，108 米海上观音是当之无愧的亮点之一，世界首尊金玉观世音菩萨塑像，是
闻名全海南的镇岛之宝。</p>
            </td>
        </tr>
    </table>
```

图 10.5.2　实现代码

项目总结

本项目主要讲解了表格使用以及如何使用表格进行网页布局，大家应掌握表格的基本操作，如何选择、合并表格以及向表格添加内容。

通过本项目的学习，读者要了解和掌握表格创建和表格基本结构；能运用表格进行一般网页的页面布局、排版；能在表格插入图像和文字元素；完成网页中的一些常规布局工作等。同时在将来的网页设计中灵活运用表格的合并、对齐方式等。

第四章

CSS 3 基础篇

项目十一　CSS 基础选择器和文字样式属性

项目要求

一、目的要求	要想熟练使用 CSS 对网页进行修饰，首先要了解 CSS 样式规则以及设置 CSS 样式的语法规则。HTML 需要遵循一定的规范，CSS 亦是如此。 通过对本项目的学习，读者可以了解什么是 CSS 样式规则，如何引用 CSS 样式列表以及使用基础选择器的方法，能运用 CSS 基础选择器设置文本样式		
二、工具、器材	实验设备	数量	备注
	PC 机/笔记本	1	1. 有谷歌浏览器
			2. 安装有 VSCode/HBuilder 等开发工具
	有无线网卡/有线网卡	1	无线接入/有线接入
三、重难点分析	✧ 掌握 CSS 书写位置； ✧ 了解 CSS 样式规范； ✧ 学会使用基础选择器； ✧ 熟悉字体样式属性和文本外观属性的使用		
四、教学过程			
教学步骤/知识或单元结构	教学方法/策略	学生课堂安排/过程	
1. CSS 概述	举例说明 CSS 的作用	明白学习 CSS 的重要性	
2. CSS 书写位置	演示 CSS 书写常见的三种位置，分析三种位置的优缺点	在实际运用过程中，能选择最适合的方式进行书写	
3. CSS 的样式规则	演示样式规则的组成部分	运用时遵从一定的规范	
4. CSS 的书写风格	讲解专业的代码风格	养成良好的书写代码习惯	
5. 基础选择器	讲解分析、举例	掌握基础选择器，正确使用，准确选择	
6. 文本样式属性	举例、演示讲解常用文本样式属性书写格式	重点掌握	
7. Emmet 代码的快捷方式	演示快速生成结构的方法，以 VSCode 软件为例	掌握常用快捷方式	
8. 布置任务	实操练习	强化课堂认知技能	
五、成绩评定			
评定等级		教师签名	
六、反思和总结			

项目展示

CSS 样式下的网页如图 11.1 所示。

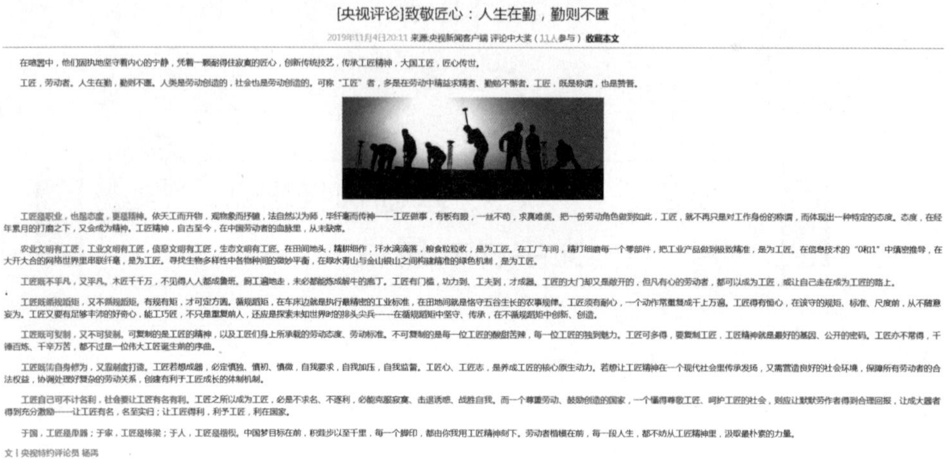

[央视评论]致敬匠心：人生在勤，勤则不匮

2019年11月4日20:11 来源:央视新闻客户端 评论中大奖（11人参与） 收藏本文

在喧嚣中，他们固执地坚守着内心的宁静，凭着一颗耐得住寂寞的匠心，创新传统技艺，传承工匠精神，大国工匠，匠心传世。

工匠，劳动者。人生在勤，勤则不匮。人类是劳动创造的，社会也是劳动创造的。可称“工匠”者，多是在劳动中精益求精者、勤勉不懈者。工匠，既是称谓，也是赞誉。

工匠是职业，也是态度，更是精神。依天工而开物，观物象而抒臆，法自然以为师，毕纤毫而传神——工匠做事，有板有眼，一丝不苟，求真唯美。把一份劳动角色做到如此，工匠，就不再只是对工作身份的称谓，而体现出一种特定的态度。态度，在经年累月的打磨之下，又会成为精神。工匠精神，自古至今，在中国劳动者的血脉里，从未缺席。

农业文明有工匠，工业文明有工匠，信息文明有工匠，生态文明有工匠。在田间地头，精耕细作，汗水滴滴落，粮食粒粒收，是为工匠。在工厂车间，精打细磨每一个零部件，把工业产品做到极致精准，是为工匠。在信息技术的“0和1”中缜密推导，在大开大合的网络世界里串联纤毫，是为工匠。寻找生物多样性中各物种间的微妙平衡，在绿水青山与金山银山之间构建精准的绿色机制，是为工匠。

工匠既不平凡，又平凡。木匠千千万，不见得人人都成鲁班。厨工遍地走，未必都能炼成解牛的庖丁。工匠有门槛，功力到、工夫到，才成器。工匠的大门却又是敞开的，但凡有心的劳动者，都可以成为工匠，或让自己走在成为工匠的路上。

工匠既循规蹈矩，又不循规蹈矩。有规有矩，才可定方圆。循规蹈矩，在车床边就是执行最精密的工业标准，在田地间就是恪守五谷生长的农事规律。工匠须有耐心，一个动作常重复成千上万遍。工匠得有恒心，在该守的规矩、标准、尺度前，从不随意妄为。工匠又要有足够丰沛的好奇心，能工巧匠，不只是重复前人，还应是探索未知世界时的排头尖兵——在循规蹈矩中坚守、传承，在不循规蹈矩中创新、创造。

工匠既可复制，又不可复制。可复制的是工匠的精神，以及工匠们身上所承载的劳动态度、劳动标准。不可复制的是每一位工匠的酸甜苦辣，每一位工匠的独到魅力。工匠可多得，要复制工匠，工匠精神就是最好的基因、公开的密码。工匠亦不常得，千锤百炼、千辛万苦，都不过是一位伟大工匠诞生前的序曲。

工匠既靠自身修为，又靠制度打造。工匠若想成器，必定慎独、慎初、慎微，自我要求，自我加压，自我监督。工匠心、工匠志，是养成工匠的核心原生动力。若想让工匠精神在一个现代社会里传承发扬，又需营造良好的社会环境，保障所有劳动者的合法权益，协调处理好复杂的劳动关系，创建有利于工匠成长的体制机制。

工匠自己可不计名利，社会要让工匠有名有利。工匠之所以成为工匠，必是不求名、不逐利，必能克服寂寞、击退诱惑、战胜自我。而一个尊重劳动、鼓励创造的国家，一个懂得尊敬工匠、呵护工匠的社会，则应让默默劳作者得到合理回报，让成大器者得到充分激励——让工匠有名，名至实归；让工匠得利，利予工匠，利在国家。

于国，工匠是席器；于家，工匠是栋梁；于人，工匠是楷模。中国梦目标在前，积跬步以至千里，每一个脚印，都由你我用工匠精神刻下。劳动者楷模在前，每一段人生，都不妨从工匠精神里，汲取最朴素的力量。

文丨央视特约评论员 杨禹

图 11.1　CSS 样式下的网页

教学内容

1. CSS 概述

初识 CSS

CSS 通常称为 CSS 样式表或层叠样式表（级联样式表），主要用于设置 HTML 页面中的文本内容（字体、大小、对齐方式等）、图片的外形（宽高、边框样式、边距等）以及版面的布局等外观显示样式。分为行内样式（内联样式）、内部样式表、外部样式表（外链式）。

CSS 以 HTML 为基础，提供了丰富的功能，如字体、颜色、背景的控制及整体排版等，而且还可以针对不同的浏览器设置不同的样式。

2. CSS 书写位置

CSS 书写位置

（1）内联样式，又有人称行内样式、行间样式、内嵌样式。是通过标签的 style 属性来设置元素的样式，其基本语法格式如下：

```
<标签名 style="属性1: 属性值1;  属性2: 属性值2; > 内容 </标签名>
```

语法中<style>是标签的属性，实际上任何 HTML 标签都拥有 style 属性，用来设置行内样式。其中属性和值的书写规范与 CSS 样式规则相同，行内式只对其所在的标签及嵌套在其中的子标签起作用。

（2）内嵌式，是将 CSS 代码集中写在 HTML 文档的<head>头部标签中，并且用 style 标签定义，其基本语法格式如下：

```
<head>
 <style >
        选择器 {
               属性 1: 属性值 1;
               属性 2: 属性值 2;
               ...
               }
 </style>
</head>
```

（3）外部样式，即链入式，是将所有的样式放在一个或多个以.CSS 为扩展名的外部样式表文件中，通过<link>标签将外部样式表文件链接到 HTML 文档中，其基本语法格式如下：

```
<head>
  <link href="CSS 文件的路径"  rel="stylesheet" />
</head>
```

注意：

该语法中，link 标签为单标签，需要放在 head 头部标签中，并且必须指定 link 标签的三个属性，具体如下：

href：定义所链接外部样式表文件的 URL，可以是相对路径，也可以是绝对路径。

type：定义所链接文档的类型，在这里需要指定为“text/CSS”，表示链接的外部文件为 CSS 样式表。

rel：定义当前文档与被链接文档之间的关系，在这里需要指定为“stylesheet”，表示被链接的文档是一个样式表文件。

CSS 三种样式表区别如图 11.2 所示。

样式表	优点	缺点	使用情况	控制范围
行内样式表	书写方便，权重高	没有实现样式和结构相分离	较少	控制一个标签（少）
内部样式表	部分结构和样式相分离	没有彻底分离	较多	控制一个页面（中）
外部样式表	完全实现结构和样式相分离	需要引入	最多，推荐	控制整个站点（多）

图 11.2　CSS 样式表区别

3. CSS 样式规则

使用 HTML 时，需要遵从一定的规范。CSS 亦如此，要想熟练地使用 CSS 对网页进行修饰，首先需要了解 CSS 样式规则，具体格式如下：

CSS 书写规范

① 选择器用于指定 CSS 样式作用的 HTML 对象，大括号内是对该对象设置的具体样式。

② 属性是对指定的对象设置的样式属性，例如字体大小、文本颜色等。

③ 属性和属性值之间用英文“:”连接。

④ 多个属性之间用英文“;”进行分开。

CSS 样式规则说明如图 11.3 所示。

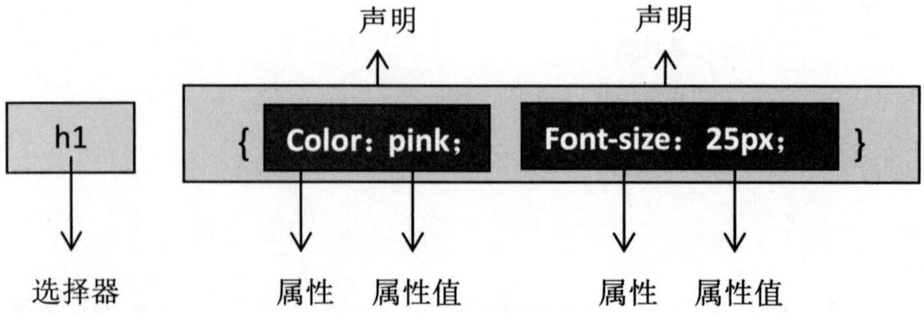

图 11.3　CSS 样式规则

4. CSS 代码风格

（1）样式书写。

① 紧凑格式。如：

```
h3 { color: deepskyblue; font-size; 20px; }
```

② 展开格式。如：

```
h3 {
    color: deepskyblue;
    font-size: 20px;
    }
```

（2）空格规范。如：

```
h3 {
    color: deepskyblue;
    font-size: 20px;
  }
```

① 属性值前面，冒号后面，保留一个空格。

② 选择器（标签）和大括号中间保留一个空格。

（3）样式大小写。如：

```
h3 {
    color: deepskyblue;
    font-size: 20px;
  }
H3 {
    COLOR: DEEPSKYBLUE;
    FONT-SIZE: 20PX;
  }
```

一般情况下，选择器、属性名、属性值全部都用小写字母，特殊情况除外。

5. CSS 基础选择器

选择器的作用：根据不同需求把不同标签选出来，CSS 只有选对了标签才可以设置标签的样式。

CSS 基础选择器-标签选择器

（1）标签选择器（元素选择器）。

标签选择器是指用 HTML 标签名称作为选择器，按标签名称分类，为页面中某一类标签指定统一的 CSS 样式。其基本语法格式如下：

标签名 {属性 1：属性值 1； 属性 2：属性值 2； 属性 3：属性值 3； }

标签选择器最大的优点是能快速为页面中同类型的标签统一样式，缺点是不能设计差异化样式。

（2）类名选择器。

类选择器使用“.”（英文点号）进行标识，后面紧跟类名，其基本语法格式如下：

• 类名 {属性 1：属性值 1； 属性 2：属性值 2； 属性 3：属性值 3；}

标签调用的时候用 class=“类名”即可。类选择器最大的优势是可以为元素对象定义单独或相同的样式，可以设置一个或者多个标签。

CSS 基础选择器-类名选择器

命名规则：

① 长名称或词组可以使用中横线“-”来为选择器命名。

② 不建议使用“_”下划线来命名 CSS 选择器。

③ 不要纯数字、中文等命名，尽量使用英文字母来表示。

④ 命名一定要有意义，尽量让别人能知道类名的目的。

具体可以参考网友们整理的“web 前端命名规范”，如：https://www.jianshu.com/p/ 6417143c4b18

多类名选择器：

我们可以给标签指定多个类名，从而达到更多的选择目的。

实际开发使用场景（图 11.4）：

① 把标签元素相同的样式放在一个类里面。

② 调用公共类，再调用单个标签独有样式类名。

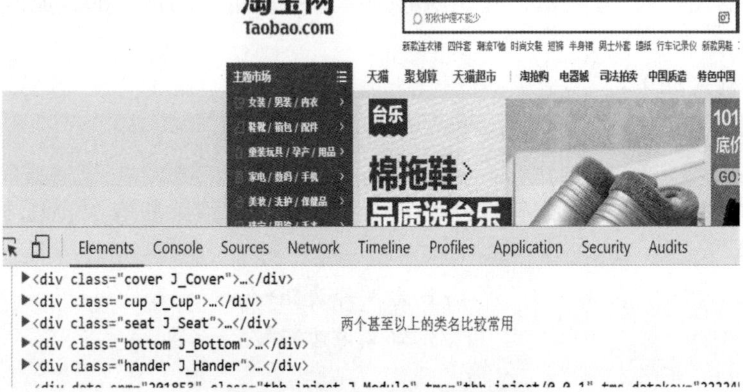

图 11.4 淘宝网多类名的调用

提示：

① 样式显示效果跟 HTML 元素中的类名先后顺序没有关系，跟 CSS 样式书写的上下顺序有关。

② 各个类名中间用空格隔开。

③ 优点：节省代码，修改方便。

（3）ID 名选择器。

CSS 基础选择器-ID 选择器和通配符选择器

类选择器（class），好比人的名字，是可以多次重复使用的，比如“张伟”。

id 选择器，好比人的身份证号码，是唯一的，不得重复，只能使用一次。

其唯一性是与类选择器最大的区别，如图 11.5 所示。

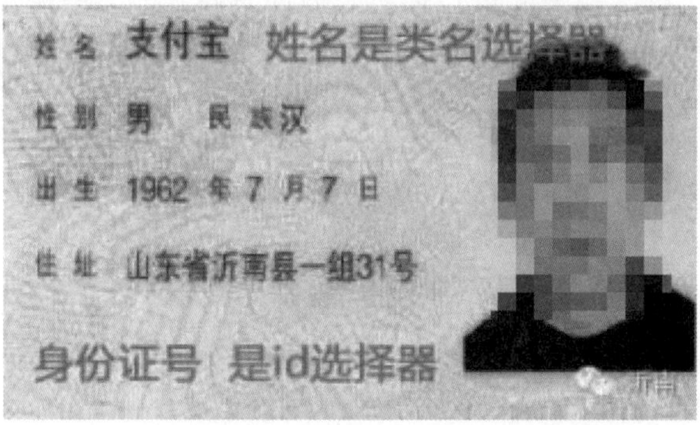

图 11.5　类名选择器与 id 选择器

id 选择器使用“#”进行标识，后面紧跟 id 名，其基本语法格式如下：

```
#id 名  {属性 1：属性值 1；  属性 2：属性值 2；  属性 3：属性值 3；  }
```

该语法中，id 名即为 HTML 元素的 id 属性值，大多数 HTML 元素都可以定义 id 属性，元素的 id 值是唯一的，只能对应于文档中某一个具体的元素。

id 选择器用法基本与类选择器相同，id 选择器用于页面唯一属性，常与 JS 搭配使用。

（4）通配符选择器。

通配符选择器用“*”号表示，它是所有选择器中作用范围最广的，能匹配页面中所有的元素。

其基本语法格式如下：

```
* { 属性 1：  属性值 1；   属性 2：  属性值 2；  属性 3：  属性值 3；  }
```

例如：下面的代码，使用通配符选择器定义 CSS 样式，清除所有 HTML 标记的默认边距。

```
* {
  margin: 0;                  /* 定义外边距*/
  padding: 0;                 /* 定义内边距*/
}
```

6. 文本样式属性

（1）字体样式属性。

① font-size：字号大小。font-size 属性用于设置字号，该属性的值可以使用相对长度单位，也可以使用绝对长度单位。其中，相对长度单位比较常用，推荐使用像素单位 px，绝对长度单位使用较少。具体如图 11.6 所示。

绝对单位	说 明
cm	厘米
mm	毫米
in	英寸
pt	磅，印刷的点数
pc	pica, 1pc=12pt

图 11.6 绝对单位

文字属性-字体大小

绝对长度单位定义的大小是固定的，使用的是物理度量单位，显示效果不会受到外界因素影响，一般用于传统的平面印刷，在前端开发中使用极少。

相对单位定义的大小不是固定的，一般相对其他长度而言，CSS 中常用的相对单位如图 11.7 所示。

相对单位	说 明
px	像素
%	百分百
em	1em =“当前元素”字体大小
rem	1rem =“根元素（html）”字体大小

图 11.7 相对单位

px 像素是指一张图片中最小的点，或者计算机显示屏中最小的点，如计算机分辨率为 800px*600px，就是指计算机显示屏宽由 800 个小方点，高由 600 个小方点组成。

%：在 CSS 中，支持百分比做单位的属性一般分为三种，分别如下：

· width、height、font-size 的百分比是相对于父元素“相同属性”的值来计算的。

· line-height 的百分比是相对于父元素 font-size 的值来计算的。

· vertical-align 的百分比是相对于当前元素的 line-height 值来计算的。

在 CSS 中 em 相对于“当前元素”的字体大小而言，这里的字体大小就是指以 px 为单位的 font-size 的值。如当前元素 font-size：20px；则 1em = 20px；2em = 40px；

rem 指相对于根元素的 font-size 字体大小。

文字属性-字体

② font-family：字体。

font-family 属性用于设置字体。网页中常用的字体有宋体、微软雅黑、黑体等。例如：将网页中所有段落文本的字体设置为微软雅黑，可以使用如下 CSS 样式代码：

```
p  { font-family: "微软雅黑"; }
```

可以同时指定多个字体，各字体之间以英文逗号隔开，表示如果浏览器不支持第一个字体，则会尝试下一个，直到找到合适的字体。

```
div {font-family: Arial,"Microsoft Yahei", "微软雅黑";}
```

```
body{font-family: 'Microsoft YaHei',tahoma,arial,'Hiragino Sans GB'; }
```

③ font-weight：字体粗细。font-weight 属性用于定义字体的粗细，其可用属性值：normal（默认值）、bold（定义粗体）、bolder（更粗）、lighter（更细）、100 ~ 900（100 的整数倍）。

数字 400 等价于 normal　font-weight：400；

数字 700 等价于 bold　font-weight：700；　　（千万别加单位）

在实际运用中，我们更喜欢用数字来表示。

文字属性-字体粗细

④ font-style：字体风格。

字体倾斜除了用 i 和 em 标签之外，可以使用 CSS 来实现，但是 CSS 是没有语义的。

font-style 属性用于定义字体风格，如设置斜体、倾斜或正常字体，其可用属性值如下：

normal：默认值，浏览器会显示标准的字体样式。

italic：浏览器会显示斜体的字体样式。Italic 是使用了文字本身的斜体属性。

oblique：浏览器会显示倾斜的字体样式。oblique 是让没有斜体属性的文字做倾斜处理。

字体属性-字体风格和字体连写

因为有少量的不常用字体没有斜体属性，若使用 Italic 则会没有效果。

平时我们很少给文字加斜体，反而喜欢将斜体标签（em，i）改为普通模式不倾斜。

⑤ font：综合设置字体样式。

font 属性用于对字体样式进行综合设置，其基本语法格式如下：

```
选择器  {font:  font-style  font-weight  font-size/line-height  font-family; }
```

使用 font 属性时，必须按上面语法格式中的顺序书写，不能更换顺序，各个属性以空格隔开。

注意：其中不需要设置的属性可以省略（取默认值），但必须保留 font-size 和 font-family 属性，否则 font 属性将不起作用，如图 11.8 所示。

静夜思

床前明月光，疑似地上霜。举头望明月，低头思故乡。

```
    <style>
        h2 {
            font: 700 24px "微软雅黑"; color: ■pink;
        }
        p {
            font: italic 700 16px/30px "隶书"; color: ■orange;
        }
    </style>
</head>
<body>
    <h2>静夜思</h2>
    <p>床前明月光，疑是地上霜。举头望明月，低头思故乡。 </p>
</body>
```

图 11.8　字体样式的设置

（2）文本外观属性。

① color：文本颜色。color 属性用于定义文本的颜色，其取值方式有 3 种：

- 预定义的颜色值，如 red、green、blue 等。
- 十六进制，如#FF0000（#F00）、#FF6600（#F60）、#29D794 等。实际工作中，十六进制是最常用的定义颜色的方式。
- RGB 代码，如红色表示为 rgb（255，0，0）或 rgb（100%，0%，0%）。

需要注意的是，如果使用 RGB 代码的百分比颜色值，取值为 0 时也不能省略百分号，必须写为 0%。

文本外观属性-颜色

② letter-spacing（字符间距）/word-spacing（单词间距）。

letter-spacing 用于定义字间距，属性值可以为不同单位数值，允许为负，默认 normal。

word-spacing 用于定义英文单词之间的间距，对中文字符无效。

示例如下：

l e t t e r   s p a c i n g (字 符 间 距)

two   word   spacing(单词间距)

```
<style>
        p {
            color: skyblue;
            font-size: 20px;
            font-weight: 700;
        }
        .one {
            letter-spacing: 20px;
        }
        .two {
```

```
            word-spacing: 20px;
        }
    </style>
</head>
<body>
 <p class="one">letter spacing(字符间距)</p>
    <p class="two">two word spacing(单词间距) </p>
</body>
```

③ line-height：行间距。line-height 属性用于设置行间距，就是行与行之间的距离，即字符的垂直间距，一般称为行高。示意如图 11.9 所示。

line-height 常用的属性值单位有三种：分别为像素 px，相对值 em 和百分比%，实际工作中使用最多的是像素 px，一般情况下，行距比字号大 7.8 像素左右就可以了。

文本外观属性-间距和行高

④ text-align：水平对齐方式。text-align 属性用于设置文本内容的水平对齐，相当于 html 中的 align 对齐属性。其可用属性值如下：

图 11.9　line-height

left：左对齐（默认值）。

right：右对齐。

center：居中对齐。

⑤ text-indent：首行缩进。text-indent 属性用于设置首行文本的缩进，其属性值可为不同单位的数值、em 字符宽度的倍数或相对于浏览器窗口宽度的百分比%，允许使用负值，建议使用 em 作为设置单位。1em 就是一个字的宽度。

文本外观属性-水平对齐、首行缩进、文本装饰

如果是汉字的段落，1em 就是一个汉字的宽度。

⑥ text-shadow：文本阴影。text-shadow 给文字添加阴影效果，其属性如图 11.10 所示，其案例如图 11.11 所示。

参数值	说明
h-shadow	表示元素水平阴影的位置，可以为负值。(必选属性）
v-shadow	表示元素垂直阴影的位置，可以为负值。(必选属性）
blur	阴影模糊半径（可选属性）,数值越大越模糊
color	阴影颜色（可选属性）

图 11.10　阴影属性

图 11.11 阴影属性设置案例

⑦ text-decoration：文本的装饰。通常我们用于给链接修改装饰效果，其值如图 11.12 所示。最常用的就是给链接 a 取消自带的下划线 text-decoration：none；

```
值            | 描述
------------ | -----------------------
none         | 默认。定义标准的文本。
underline    | 定义文本下的一条线。下划线 也是我们链接自带的
overline     | 定义文本上的一条线。
line-through | 定义穿过文本下的一条线。
```

图 11.12 文本装饰属性

如：

em 和 i 取消倾斜：font-style：normal；

添加倾斜：font-style：italic；

strong 和 b 取消加粗：font-weight：normal /400；

添加加粗：font-weight：bold /700；

u 和 ins 删除下划线：text-decoration：none；

添加下划线：text-decoration：underline；

s 和 del 删除删除线：text-decoration：none；

添加删除线：text-decoration：line-through；

7. Emmet 代码的快捷方式

（1）生成标签，直接输入标签名，按 tab 键即可。如：div 后按下 Tab 键，就可以生成 <div></div>。

（2）如果想要生成多个相同标签，加上 * 就可以了。如：div*3 可快速生成 3 个 div。

（3）如果有父子级关系的标签，可用 > 。如：ul > li 就可以了。

（4）如果有兄弟关系的标签，可用 + 。如：div+p。

（5）如果生成带有类名或者 id 名字的，直接写 .demo 或者#two tab 键就可以了。

项目训练

任务一 运用标签选择器进行文字排版

任务要求

（1）新建文件 1101.html。

（2）把素材内的 h1 标题文字颜色设为蓝色。

（3）设置列表 ol 颜色为橘红色。

（4）小标题 h3 字体不加粗（font-weight：400；）。

（5）把文中段落部分文字设置：字号 16px，颜色为 deepskyblue，首行缩进 2 个字（text-indent：2em；）。效果如图 11.1.1 所示。

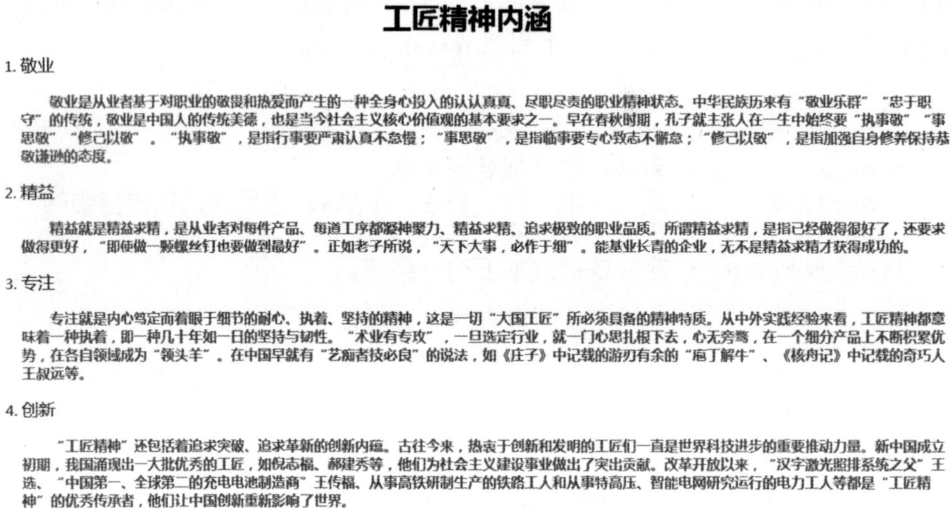

工匠精神内涵

1. 敬业

敬业是从业者基于对职业的敬畏和热爱而产生的一种全身心投入的认认真真、尽职尽责的职业精神状态。中华民族历来有“敬业乐群”“忠于职守”的传统，敬业是中国人的传统美德，也是当今社会主义核心价值观的基本要求之一。早在春秋时期，孔子就主张人在一生中始终要“执事敬”“事思敬”“修己以敬”。“执事敬”，是指行事要严肃认真不怠慢；“事思敬”，是指临事要专心致志不懈怠；“修己以敬”，是指加强自身修养保持恭敬谦逊的态度。

2. 精益

精益就是精益求精，是从业者对每件产品、每道工序都凝神聚力、精益求精、追求极致的职业品质。所谓精益求精，是指已经做得很好了，还要求做得更好，“即使做一颗螺丝钉也要做到最好”。正如老子所说，“天下大事，必作于细”。能基业长青的企业，无不是精益求精才获得成功的。

3. 专注

专注就是内心笃定而着眼于细节的耐心、执着、坚持的精神，这是一切“大国工匠”所必须具备的精神特质。从中外实践经验来看，工匠精神都意味着一种执着，即一种几十年如一日的坚持与韧性。“术业有专攻”，一旦选定行业，就一门心思扎根下去，心无旁骛，在一个细分产品上不断积累优势，在各自领域成为“领头羊”。在中国早就有“艺痴者技必良”的说法，如《庄子》中记载的游刃有余的“庖丁解牛”、《核舟记》中记载的奇巧人王叔远等。

4. 创新

“工匠精神”还包括着追求突破、追求革新的创新内蕴。古往今来，热衷于创新和发明的工匠们一直是世界科技进步的重要推动力量。新中国成立初期，我国涌现出一大批优秀的工匠，如倪志福、郝建秀等，他们为社会主义建设事业做出了突出贡献。改革开放以来，“汉字激光照排系统之父”王选、“中国第一、全球第二的充电电池制造商”王传福、从事高铁研制生产的铁路工人和从事特高压、智能电网研究运行的电力工人等都是“工匠精神”的优秀传承者，他们让中国创新重新影响了世界。

图 11.1.1　效果图

内部样式 CSS 部分如图 11.1.2 所示，HTML 结构部分如图 11.1.3 所示。

```
<style>
    h1 {
        text-align: center;              /* 文本设置居中 */
        color: #00f;
    }
    ol {
        color: orangered;
    }
    h3 {
        font-weight: 400;                /* 文字不加粗 */
    }
    p {
        font-size: 16px;                 /* 字体大小 */
        color: deepskyblue;
        font-weight: 700;                /* 文字加粗 */
        text-indent: 2em;                /* 首行缩进 2 个字 */
    }
</style>
```

图 11.1.2　内部样式 CSS 部分

```
<h1>工匠精神内涵</h1>
<ol>
    <li>
        <h3>敬业</h3>
        <p>敬业是从业者基于对职业的敬畏和热爱而产生的一种全身心投入的认认真真、尽职尽责的职业精神状态。
        中华民族历来有“敬业乐群”“忠于职守”的传统，敬业是中国人的传统美德，也是当今社会主义核心价值观的
        基本要求之一。早在春秋时期，孔子就主张人在一生中始终要“执事敬”“事思敬”“修己以敬” 。“执事敬”，是
        指行事要严肃认真不怠慢；“事思敬”，是指临事要专心致志不懈怠；“修己以敬”，是指加强自身修养保持恭
        敬谦逊的态度。</p>
    </li>
    <li>
        <h3>精益</h3>
        <p>精益就是精益求精，是从业者对每件产品、每道工序都凝神聚力、精益求精、追求极致的职业品质。所谓
        精益求精，是指已经做得很好了，还要求做得更好，“即使做一颗螺丝钉也要做到最好”。正如老子所说，“天
        下大事，必作于细”。能基业长青的企业，无不是精益求精才获得成功的。</p>
    </li>
    <li>
        <h3>专注</h3>
        <p>专注就是内心笃定而着眼于细节的耐心、执着、坚持的精神，这是一切“大国工匠”所必须具备的精神特
        质。从中外实践经验来看，工匠精神都意味着一种执着，即一种几十年如一日的坚持与韧性。“术业有专攻”
        ，一旦选定行业，就一门心思扎根下去，心无旁骛，在一个细分产品上不断积累优势，在各自领域成为“领头
        羊”。在中国早就有“艺痴者技必良”的说法，如《庄子》中记载的游刃有余的“庖丁解牛”、《核舟记》中记载
        的奇巧人王叔远等。</p>
    </li>
    <li>
        <h3>创新</h3>
        <p>“工匠精神”还包括着追求突破、追求革新的创新内蕴。古往今来，热衷于创新和发明的工匠们一直是世界
        科技进步的重要推动力量。新中国成立初期，我国涌现出一大批优秀的工匠，如倪志福、郝建秀等，他们为
        社会主义建设事业做出了突出贡献。改革开放以来，“汉字激光照排系统之父”王选、“中国第一、全球第二的
        充电电池制造商”王传福、从事高铁研制生产的铁路工人和从事特高压、智能电网研究运行的电力工人等都是
        “工匠精神”的优秀传承者，他们让中国创新重新影响了世界。</p>
    </li>
</ol>
```

图 11.1.3　HTML 结构部分

任务二　谷歌图标案例

任务要求

（1）新建文件 1102.html。

（2）设置文字大小为 100px，字体加粗。

（3）效果如图 11.2.1 所示。

图 11.2.1　效果图

样式代码如图 11.2.2 所示，结构代码如图 11.2.3 所示。

```
<style>
    span {
        font-size: 100px;
        font-weight: 900;
```

```
            }
        span:nth-of-type(4) {
            font-style: oblique; /*第 4 个 span 倾斜*/
        }
        .blue {
            color: blue;
        }
             .red {
 color: red;
        }
        .orange {
            color: orange;
        }
        .green {
            color: green;
        }
</style>
```

图 11.2.2　实现样式代码

```
<body>
    <span class="blue">G</span>
    <span class="red">o</span>
    <span class="orange">o</span>
    <span class="blue">g</span>
    <span class="green">l</span>
     <span class="red">e</span>
</body>
```

图 11.2.3　实现结构代码

任务三　彩色盒子

任务要求

（1）新建文件 1103.html。

（2）放入 7 个 p 标签，设置 p 标签宽度为 300px，高度为 30px。

（3）p 标签的颜色依次是：蓝（blue）、深天蓝色（deepskyblue）、天蓝色（skyblue）、浅绿（aqua）、天蓝色、深天蓝色、蓝（要求蓝色系用作类选择器、浅绿色用 id 选择器设置）。

（4）利用通配符选择器，清除页面自带内外边距。

效果如图 11.3.1 所示，样式代码如图 11.3.2 所示，结构代码如图 11.3.3 所示。

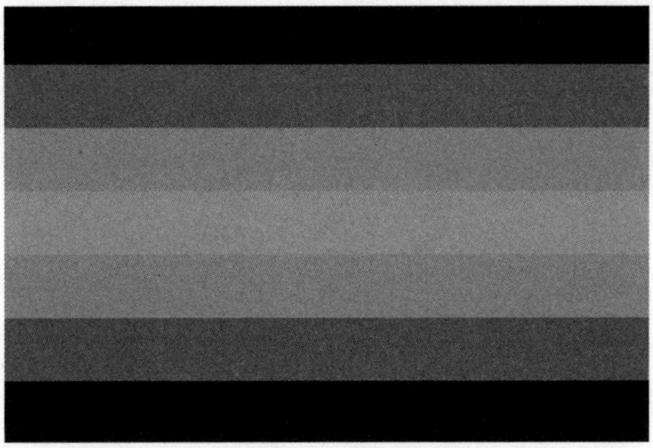

图 11.3.1　效果图

```
<style>
        * {
            padding: 0;
            margin: 0;
             }
  p {
            width: 300px;
            height: 50px;
        }

        .one {
            background-color: blue;
        }

        .two {
            background-color: deepskyblue;
        }

        .three {
            background-color: skyblue;
        }

        #one {
            background-color: aqua;
        }
    </style>
</head>
```

图 11.3.2　实现样式代码

```
<body>
    <p class="one"></p>
    <p class="two"></p>
    <p class="three"></p>
    <p id="one"></p>
    <p class="three"></p>
    <p class="two"></p>
    <p class="one"></p>
</body>
```

图 11.3.3　实现结构代码

任务四　综合新闻样式排版

任务要求

（1）新建文件 1104.html。

（2）设置标题为：28px，“微软雅黑”，水平居中，颜色为红色，不加粗。

（3）副标题：居中显示，其他颜色如图 11.4.1 所示，链接“11 人”橙色不加粗，“收藏本文”蓝色加粗。

（4）正文文本：颜色#666，行高 24px，首行缩进 2 个字。

（5）3 ~ 10 自然段第一句话，加粗，蓝色。

（6）文中作者：用<em>标签表示强调，并设置颜色 orange，不倾斜，加粗。作品如图 11.4.1 所示。

[央视评论]致敬匠心：人生在勤，勤则不匮

2019年11月4日20:11 来源:央视新闻客户端 评论中大奖（11人参与）收藏本文

在喧嚣中，他们固执地坚守着内心的宁静，凭着一颗耐得住寂寞的匠心，创新传统技艺，传承工匠精神，大国工匠，匠心传世。

工匠，劳动者。人生在勤，勤则不匮。人类是劳动创造的，社会也是劳动创造的。可称“工匠”者，多是在劳动中精益求精者、勤勉不懈者。工匠，既是称谓，也是赞誉。

工匠是职业，也是态度，更是精神。依天工而开物，观物象而抒臆，法自然以为师，毕纤毫而传神——工匠做事，有板有眼，一丝不苟，求真唯美。把一份劳动角色做到如此，工匠，就不再只是对工作身份的称谓，而体现出一种特定的态度。态度，在经年累月的打磨之下，又会成为精神。工匠精神，自古至今，在中国劳动者的血脉里，从未缺席。

农业文明有工匠，工业文明有工匠，信息文明有工匠，生态文明有工匠。在田间地头，精耕细作，汗水滴滴落，粮食粒粒收，是为工匠。在工厂车间，精打细磨每一个零部件，把工业产品做到极致精准，是为工匠。在信息技术的“0和1”中缜密推导，在大开大合的网络世界里串联纤毫，是为工匠。寻找生物多样性中各物种间的微妙平衡，在绿水青山与金山银山之间构建精准的绿色机制，是为工匠。

工匠既不平凡，又平凡。木匠千千万，不见得人人都成鲁班。厨工遍地走，未必都能炼成解牛的庖丁。工匠有门槛，功力到、工夫到，才成器。工匠的大门却又是敞开的，但凡有心的劳动者，都可以成为工匠，或让自己走在成为工匠的路上。

工匠既循规蹈矩，又不循规蹈矩。有规有矩，才可定方圆。循规蹈矩，在车床边就是执行最精密的工业标准，在田地间就是恪守五谷生长的农事规律。工匠须有耐心，一个动作常重复成千上万遍。工匠得有恒心，在该守的规矩、标准、尺度前，从不随意妄为。工匠又要有足够丰沛的好奇心，能工巧匠，不只是重复前人，还应是探索未知世界时的排头尖兵——在循规蹈矩中坚守、传承，在不循规蹈矩中创新、创造。

工匠既可复制，又不可复制。可复制的是工匠的精神，以及工匠们身上所承载的劳动态度、劳动标准。不可复制的是每一位工匠的酸甜苦辣，每一位工匠的独到魅力。工匠可多得，要复制工匠，工匠精神就是最好的基因、公开的密码。工匠亦不常得，千锤百炼、千辛万苦，都不过是一位伟大工匠诞生前的序曲。

工匠既需自身修为，又需制度打造。工匠若想成器，必定慎独、慎初、慎微，自我要求，自我加压，自我监督。工匠心、工匠志，是养成工匠的核心原生动力。若想让工匠精神在一个现代社会里传承发扬，又需营造良好的社会环境，保障所有劳动者的合法权益，协调处理好复杂的劳动关系，创建有利于工匠成长的体制机制。

工匠自己可不计名利，社会要让工匠有名有利。工匠之所以成为工匠，必是不求名、不逐利，必能克服寂寞、击退诱惑、战胜自我。而一个尊重劳动、鼓励创造的国家，一个懂得尊敬工匠、呵护工匠的社会，则应让默默劳作者得到合理回报，让成大器者得到充分激励——让工匠有名，名至实归；让工匠得利，利予工匠，利在国家。

于国，工匠是重器；于家，工匠是栋梁；于人，工匠是楷模。中国梦目标在前，积跬步以至千里，每一个脚印，都由你我用工匠精神刻下。劳动者楷模在前，每一段人生，都不妨从工匠精神里，汲取最朴素的力量。

文丨央视特约评论员 杨禹

图 11.4.1　综合排版效果图

CSS 样式代码如图 11.4.2 所示，HTML 结构代码如图 11.4.3 所示。

```
<style>
        h1 {
            font: normal 28px "微软雅黑";
```

```
        text-align: center;
        color: red;
        font-weight: 400;
    }
    header {
        text-align: center;
    }
    .date {
        color: skyblue;
    }
    .purple {
        color: purple;
    }
    a {
        font-weight: 700;
    }
    .num {
        font-weight: 400;
        color: orange;
    }
    p {
        text-indent: 2em;
        color: #333;
        line-height: 24px;
    }
         strong {
        color: deepskyblue;
    }
    .imgs {
        text-align: center;
    }
    em {
        font-style: normal;
        /*让倾斜的文字不倾斜*/
        color: orange;
        font-weight: 700;
    }
</style>
```

图 11.4.2　CSS 样式代码

```
<body>
        <h1>[央视评论]致敬匠心：人生在勤，勤则不匮</h1>
        <header>
                <span  class="date">2019 年 11 月 4 日 20:11</span>
                <span  class="purple">来源:央视新闻客户端
                评论中大奖（<a  href="#"  class="num">11 人</a>参与）
                </span>
                <a  href="#">收藏本文</a>
        </header>
        <hr  />
        <article>
                <p>在喧嚣中，他们固执地坚守着内心的宁静，凭着一颗耐得住寂寞的匠心，创新传统技艺，传承工匠精神，大国工匠，匠心传世。</p>
                <p>工匠，劳动者。人生在勤，勤则不匮。人类是劳动创造的，社会也是劳动创造的。可称“工匠”者，多是在劳动中精益求精者、勤勉不懈者。工匠，既是称谓，也是赞誉。</p>
                <div
class="imgs"><img  src="imgs/01.jpg"  alt=""  width="500"></div>
                <p><strong>工匠是职业，也是态度，更是精神。</strong>依天工而开物，观物象而抒臆，法自然以为师，毕纤毫而传神——工匠做事，有板有眼，一丝不苟，求真唯美。把一份劳动角色做到如此，工匠，就不再只是对工作身份的称谓，而体现出一种特定的态度。态度，在经年累月的打磨之下，又会成为精神。工匠精神，自古至今，在中国劳动者的血脉里，从未缺席。</p>
                <p><strong>农业文明有工匠，工业文明有工匠，信息文明有工匠，生态文明有工匠。</strong>在田间地头，精耕细作，汗水滴滴落，粮食粒粒收，是为工匠。在工厂车间，精打细磨每一个零部件，把工业产品做到极致精准，是为工匠。在信息技术的“0 和 1”中缜密推导，在大开大合的网络世界里串联纤毫，是为工匠。寻找生物多样性中各物种间的微妙平衡，在绿水青山与金山银山之间构建精准的绿色机制，是为工匠。</p>
                <p><strong>工匠既不平凡，又平凡。</strong>木匠千千万，不见得人人都成鲁班。厨工遍地走，未必都能炼成解牛的庖丁。工匠有门槛，功力到、工夫到，才成器。工匠的大门却又是敞开的，但凡有心的劳动者，都可以成为工匠，或让自己走在成为工匠的路上。</p>
                <p><strong>工匠既循规蹈矩，又不循规蹈矩。</strong>有规有矩，才可定方圆。循规蹈矩，在车床边就是执行最精密的工业标准，在田地间就是恪守五谷生长的农事规律。工匠须有耐心，一个动作常重复成千上万遍。工匠得有恒心，在该守的规矩、标准、尺度前，从不随意妄为。工匠又要有足够丰沛的好奇心，能工巧匠，不只是重复前人，还应是探索未知世界时的排头尖兵——在循规蹈矩中坚守、传承，在不循规蹈矩中创新、创造。</p>
                <p><strong>工匠既可复制，又不可复制。</strong>可复制的是工匠的精神，以及工匠们身上所承载的劳动态度、劳动标准。不可复制的是每一位工匠的酸甜苦辣，每一位工匠的独特魅力。工匠可多得，要复制工匠，工匠精神就是最好的基因、公开的密码。工匠亦不常得，千锤百炼、千辛万苦，都不过是一位伟大工匠诞生前的序曲。</p>
```

```
            <p><strong>工匠既需自身修为，又靠制度打造。</strong>工匠若想成器，必
定慎独、慎初、慎微，自我要求，自我加压，自我监督。工匠心、工匠志，是养成工匠的核心原
生动力。若想让工匠精神在一个现代社会里传承发扬，又需营造良好的社会环境，保障所有劳动
者的合法权益，协调处理好复杂的劳动关系，创建有利于工匠成长的体制机制。</p>
            <p><strong>工匠自己可不计名利，社会要让工匠有名有利。</strong>工匠之
所以成为工匠，必是不求名、不逐利，必能克服寂寞、击退诱惑、战胜自我。而一个尊重劳动、
鼓励创造的国家，一个懂得尊敬工匠、呵护工匠的社会，则应让默默劳作者得到合理回报，让成
大器者得到充分激励——让工匠有名，实至名归；让工匠得利，利予工匠，利在国家。</p>
            <p><strong>于国,工匠是重器;于家,工匠是栋梁;于人,工匠是楷模。</strong>
中国梦目标在前，积跬步以至千里，每一个脚印，都由你我用工匠精神刻下。劳动者楷模在前，
每一段人生，都不妨从工匠精神里，汲取最朴素的力量。</p>
        </article>
        <footer><em>文丨央视特约评论员    杨禹</em></footer>
</body>
```

图 11.4.3　HTML 结构代码

项目总结

本项目主要介绍了 CSS 基础选择器和文本样式属性。通过练习，读者能够熟练运用标签选择器和类名选择器对页面文字进行排版设置。

项目十二　复合选择器和 CSS 3 三大特性

项目要求

<table>
<tr><td rowspan="2">一、目的要求</td><td colspan="4">书写 CSS 样式表时，可以用基础选择器进行选择，但在实际开发使用中，仅基础选择器是远远不够的。复合选择器就是基础选择器的组合，以实现更方便、更准确地选择功能。选择器的使用，前提是要了解 CSS 的三大属性，否则即使准确选出标签，样式也未必得以体现。</td></tr>
<tr><td colspan="4">通过本次项目的学习，读者对 CSS 有更进一步的认识和了解</td></tr>
<tr><td rowspan="4">二、工具、器材</td><td>实验设备</td><td>数量</td><td colspan="2">备注</td></tr>
<tr><td rowspan="2">PC 机/笔记本</td><td rowspan="2">1</td><td colspan="2">1. 有谷歌浏览器</td></tr>
<tr><td colspan="2">2. 安装有 VSCode/HBuilder 等开发工具</td></tr>
<tr><td>有无线网卡/有线网卡</td><td>1</td><td colspan="2">无线接入/有线接入</td></tr>
<tr><td>三、重难点分析</td><td colspan="4">✧ 学会复合选择器，熟练运用复合选择器进行选择；
✧ 理解掌握 CSS 的层叠性、继承性、优先性，会提升权重改变优先性</td></tr>
<tr><td colspan="5">四、教学过程</td></tr>
<tr><td>教学步骤/知识或单元结构</td><td>教学方法/策略</td><td colspan="3">学生课堂安排/过程</td></tr>
<tr><td>1. 复合选择器</td><td>讲解分析、举例</td><td colspan="3">掌握复合选择器，正确使用，准确选择</td></tr>
<tr><td>2. CSS 三大特性</td><td>先举例再分析、讲解什么是层叠性、继承性和优先性</td><td colspan="3">让读者先通过特殊案例，观察以下情况下：如 a 标签为什么没有继承性？引入继承性的特点；层叠性为什么会失效？引入权重知识点。要求学生通过学习，知道 CSS 的三大属性，否则即使准确选出标签，样式也未必得以体现</td></tr>
<tr><td>3. 布置任务</td><td>实操练习</td><td colspan="3">强化课堂认知技能</td></tr>
<tr><td colspan="5">五、成绩评定</td></tr>
<tr><td>评定等级</td><td></td><td colspan="2">教师签名</td><td></td></tr>
<tr><td colspan="5">六、反思和总结</td></tr>
<tr><td colspan="5"></td></tr>
</table>

教学内容

1. 复合选择器

复合选择器又叫作组合选择器，是由两个或多个基础选择器通过不同的方式组合而成的，目的是可以选择更准确更精细的目标元素标签。

本项目重点介绍：并集选择器、交集选择器、后代选择器、子代选择器、兄弟选择器。

复合选择器-交集选择器

（1）交集选择器。交集选择器由两个选择器构成，其中第一个为标签选择器，第二个为 class 选择器，两个选择器之间不能有空格。其格式如图 12.1 所示。交集选择器是并且的意思。即…又…的意思。

比如：p.one 选择的是：类名为 .red 的 div 标签。

用的相对来说比较少，知道就可以了。

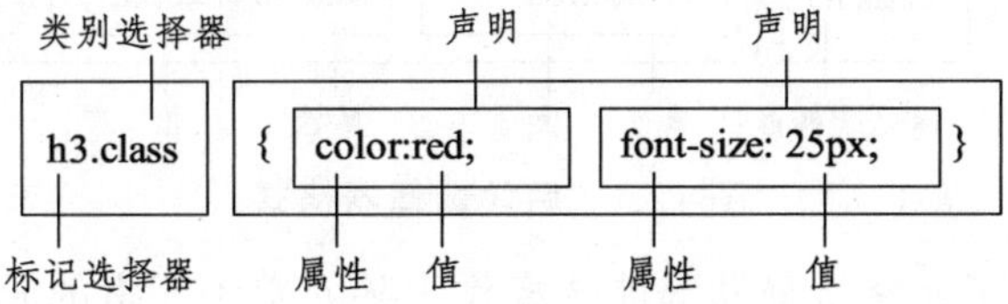

图 12.1　交集选择器格式

```
<!DOCTYPE html>
<html lang="en">
<head>
 <meta charset="UTF-8">
 <title>交集选择器</title>
        <style>
                div.red{
                color: red;                          /*既是div又叫red，满足条件*/

                }
        </style>
</head>
<body>
        <div>交集选择器</div>
        <div>交集选择器</div>
        <div class="red">交集选择器</div>       /*只有这句会变红*/
        <p>交集选择器</p>
        <p>交集选择器</p>
        <p>交集选择器</p>
        <p class="red">交集选择器</p>
</body>
</html>
```

（2）并集选择器。并集选择器（CSS 选择器分组）是各个选择器通过逗号连接而成的，任何形式的选择器（包括标签选择器、class 类选择器、id 选择器等），都可以作为并集选择器的一部分，其格式如图 12.2 所示。如果某些选择器定义的样式完全相同，或部分相同，就可以利用并集选择器为它们定义相同的 CSS 样式。

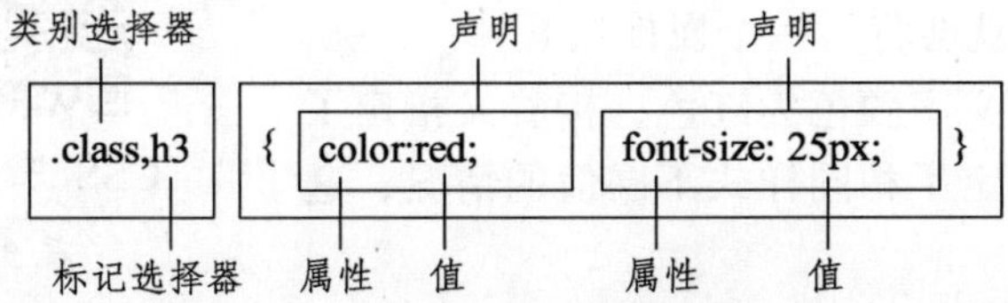

图 12.2　并集选择器格式

复合选择器-并集选择器

并集选择器的意思，就是说只要逗号隔开的，所有选择器都会执行后面的样式。

比如 .one，p，#test {color：#F00；}表示 .one 和 p 和 #test 这三个选择器都会执行颜色为红色，通常用于集体声明。

（3）后代选择器。后代选择器又称为包含选择器，用来选择元素或元素组的后代。其写法就是把外层标签写在前面，内层标签写在后面，中间用空格分隔，其格式如图 12.3 所示。当标签发生嵌套时，内层标签就成为外层标签的后代。

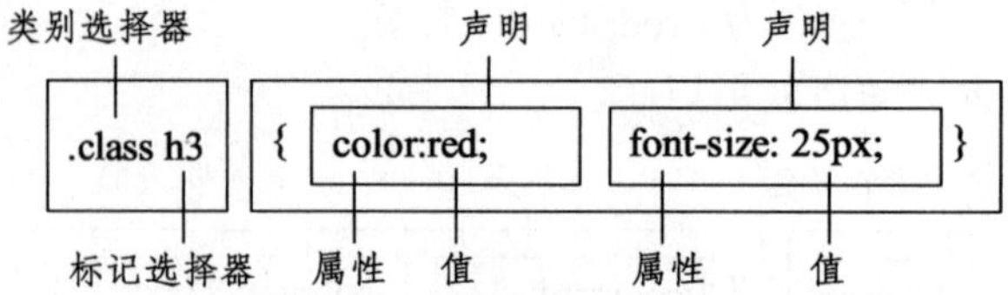

图 12.3　后代选择器格式

（4）子代选择器。子元素选择器只能选择作为某元素子元素的元素。其写法就是把父级标签写在前面，子级标签写在后面，中间跟一个”>”大于符号进行连接。注意符号左右两侧各保留一个空格。

（5）兄弟选择器。

① 临近兄弟选择器。用“+”号来连接前后两个选择器，选择器的两个元素有同一个父元素，而且第二个元素必须紧挨第一个元素。

② 普通兄弟选择器。使用“～”号来连接前后连个元素，两个元素有同一个父元素，第二个元素必须紧挨第一个元素，只要是同级 A 后面的 B 都会被选中。

复合选择器类别如表 12.1 所示。

表 12.1　Web 标准之间的关系

选择器	含义
A·B　交集选择器	一个类名为 B 的 A 标签，两者同时满足
A，#B 并集选择器	一个 A 标签和一个 id 名为 B 的同时选中
A　B　后代选择器	A 标签包含的 B 标签全部选中
A＞B　子代选择器	直属 A 标签下的子元素 B 才被中
A＋B 临近兄弟选择器	紧跟 A 标签的同级 B 标签被选中
A ～ B 普通兄弟选择器	同级 A 标签后面的 B 标签被全部选中

2. CSS 的三大特性

（1）CSS 层叠性。所谓层叠性是指多种 CSS 样式的叠加，是浏览器处理冲突的一个能力，如果一个属性通过两个相同选择器设置到同一个元素上，那么这个时候一个属性就会将另一个属性层叠掉。

比如：先给某个标签指定了内部文字颜色为红色，接着又指定了颜色为蓝色，此时出现了一个标签指定了相同样式不同值的情况，这就是样式冲突。

CSS 三大属性-层叠性

一般情况下，如果出现样式冲突，则会按照 CSS 书写的顺序，以最后的样式为准。

① 样式冲突，遵循的原则是就近原则。 哪个样式离结构近，就执行那个样式。

② 样式不冲突，不会层叠。

如：

```
<head>
<meta charset="UTF-8">
<title>Document</title>
<style>
div {
    color: red;
    font-size: 25px;
}
div {
    color: pink;
}
</style>
</head>
<body>
<div>猜猜我是什么颜色？</div>
</body>
```

最后运行结果为：粉色 pink。

（2）CSS 继承性。

继承性是指书写 CSS 样式表时，子标签会继承父标签的某些样式，如文本颜色和字号。想要设置一个可继承的属性，只需将它应用于父元素即可。可以理解为：子承父业。

CSS 三大属性-继承性

恰当地使用继承可以简化代码，降低 CSS 样式的复杂性。子元素可以继承父元素的文字样式（text-，font-，line-这些元素开头的都可以继承，以及 color 属性），案例如图 12.4 所示。

```
<style>
        /*p {
                color: red;
        }*/
        .father {
                color: pink;
                font-size: 50px;
                height: 100px;
        }
</style>
</head>
<body>
        <div class="father">
        小头爸爸<p>大头儿子</p>
        </div>
```

图 12.4　CSS 继承性

注意：

① a 标签不具备继承性，原因是系统给 a 指定了单独的样式，学了优先性中的继承权重为 0 就可以解释了。

② CSS 继承性--行高的继承性。

```
body{font:12px/1.5 Microsoft Yahei;}
```

- ➢ 行高可以带单位，也可以不带单位。
- ➢ 如果子元素没有设置行高，则会继承父级行高的 1.5 倍。
- ➢ 此时子元素的行高是：当前元素文字大小*1.5。
- ➢ 在 body 里面设置 1.5 子元素就可以根据自身内容的大小调整行高。

案例如图 12.5 所示。

```
<head>
    <meta charset="UTF-8">
    <meta name="viewport"
content="width=device-width, initial-
scale=1.0">
    <title>Document</title>
    <style>
        body {
            font: 12px/1.5 sans-serif;
        }

        div {
            font-size: 20px;
        }
    </style>
</head>
<body>
    <div>我自己有文字大小20px</div>
    <p>我没有指定的文字大小</p>
</body>
```

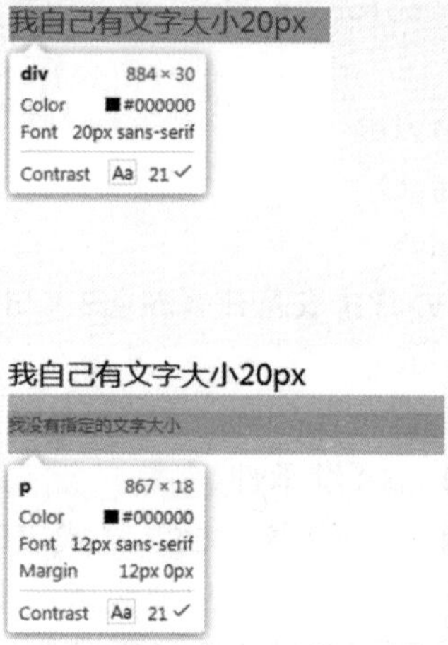

图 12.5　行高继承性

（3）CSS 优先性。

定义 CSS 样式时，经常出现两个或更多规则应用在同一元素上，这时就会出现优先级的问题。

CSS 三大属性-优先性

在考虑权重时，初学者还需要注意一些特殊的情况，具体如下：

继承样式的权重为 0。即在嵌套结构中，不管父元素样式的权重多大，被子元素继承时，其权重都为 0，也就是说子元素定义的样式会覆盖继承来的样式。

行内样式优先。应用 style 属性的元素，其行内样式的权重非常高，可以理解为远大于 100。总之，它拥有比上面提到的选择器都大的优先级。

权重相同时，CSS 遵循就近原则。也就是说靠近元素的样式具有最大的优先级，或者说排在最后的样式优先级最大。

CSS 定义了一个!important 命令，该命令被赋予最大的优先级。也就是说，不管权重如何以及样式位置的远近，!important 都具有最大优先级。

一般来说，权值等级划分为 4 个等级，如表 12.2 所示。

表 12.2　权值等级

<table>
<tr><th>等级</th><th>代表</th><th>权值</th></tr>
<tr><td>第一等级</td><td>内联样式，如 style=""</td><td>1，0，0，0</td></tr>
<tr><td>第二等级</td><td>ID 选择器，如#id=""</td><td>0，1，0，0</td></tr>
<tr><td>第三等级</td><td>class | 伪类 | 属性 选择器，如.class | ：hover | [type]</td><td>0，0，1，0</td></tr>
<tr><td>第四等级</td><td>标签 | 伪元素 选择器，如 p | ::after, ::before</td><td>0，0，0，1</td></tr>
</table>

此外，通用选择器（*），子选择器（>），相邻同胞选择器（+）等选择器不在 4 等级之内，所以它们的权值都为 0，0，0，0。

!important 命令，该命令被赋予最大的优先级。

权重可以叠加，但是不会进位，如表 12.3 所示。

表 12.3　权重叠加

div ul　li	0，0，0，3	3 个标签
.nav ul li	0，0，1，2	1 个类+2 个标签
a：hover	0，0，1，1	1 个伪类+1 个标签
.nav a	0，0，1，1	1 个类+1 个标签
#nav p	0，1，0，1	1 个 ID 选择器和 1 个标签

注意： *数位之间没有进制，比如说：0，0，0，5 + 0，0，0，5 =0，0，0，10 而不是 0，0，1，0，所以不存在 10 个 div 能超过一个类选择器的情况。

优先级总结如下：

① 使用了!important 声明的规则。

② 内嵌在 HTML 元素的 style 属性里面的声明（行内式）。

③ ID 选择器的规则（#id）。

④ 类选择器、属性选择器和伪类选择器。

⑤ 元素选择器、伪元素选择器。

⑥ 继承的权重是 0。

⑦ 同一类选择器则遵循就近原则。

⑧ 权重是优先级的算法，层叠是优先级的表现。

教学训练

任务一　运用复合选择器修改文字样式

复合选择器-课堂案例

任务要求

（1）新建文件 1201.html。

（2）在不修改提供素材代码（图 12.1.1）的前提下，完成以下任务：

①“登录”的颜色为红色，同时主导航栏里面的所有的链接改为橙色。

② 主导航栏和侧导航栏里面文字都是 14 像素并且是微软雅黑。

③ 主导航栏里面的一级菜单链接文字颜色为绿色。

样式前后对比如图 12.1.2 所示，样式代码设置如图 12.1.3 所示。

```
<nav>
        <ul>
            <li><a href="#">公司首页</a></li>
            <li><a href="#">公司简介</a></li>
            <li><a href="#">公司产品</a></li>
            <li><a href="#">联系我们
                <ul>
                    <li><a href="#">公司邮箱</a></li>
                    <li><a href="#">公司电话</a></li>
                </ul>
              </a>
          </li>
        </ul>
    </nav>
    <div class="subnav">
        <div class="aside-l">左侧侧导航栏</div>
        <a href="#" class="asid-r">登录</a>
    </div>
```

图 12.1.1　素材代码

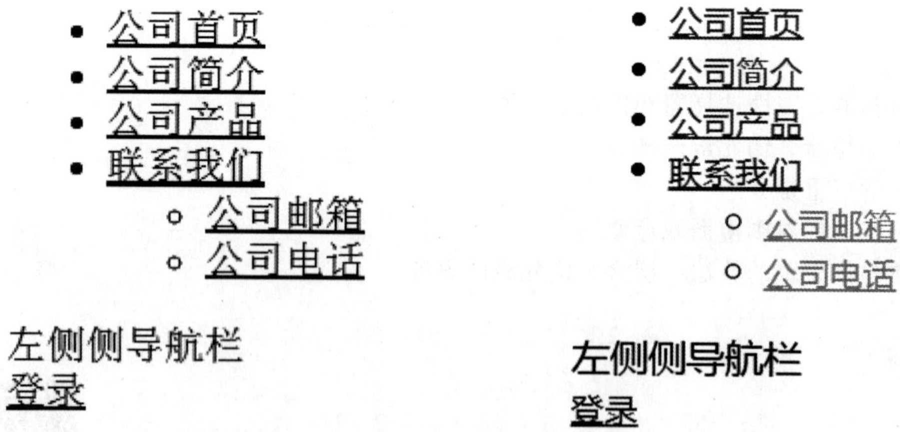

（a）初识样式　　　　（b）完成后样式

图 12.1.2　样式前后对比

```
.subnav a {
    color: red;
    /*主导航里面的文字颜色*/
}

nav a {
    color: orange;
    /*侧导航里面的文字颜色*/
}

.subnav a， nav a {
    /*并集选择器主导航和侧导航的链接*/
    font-size: 14px;
    font-family: "micrsoft yahei";
}

nav>ul>li>a {
    /*子集选择器选择一级菜单*/
    color: green;
}
```

图 12.1.3　设置样式代码

任务二　权重问题

任务要求

权重问题

打开素材进行运行。看结果是否与你的判断一致。

1. 第一题

```
<html lang="en">
<head>
    <meta charset="UTF-8">
    <title>第 1 题练练手</title>
    <style type="text/css">
        #blue {
            color: blue;
        }
        .red {
            color: red;
            ;
```

```
        }
         p {
            color: green!important;
        }
    </style>
</head>
<body>
    <p class="red" id="blue" style="color: purple;"> 试问这行字体是什么颜
色的？</p>
</body>
</html>
```

2. 第二题

```
<html lang="en">
<head>
    <meta charset="UTF-8">
    <title>第 2 题</title>
    <style type="text/css">
        #father #son {
            color: blue;
        }
        #father p.c2 {
            color: black;
        }
        div.c1 p.c2 {
            color: red;
        }
        #father {
            color: green !important;
        }
    </style>
</head>
<body>
    <div id="father" class="c1">
        <p id="son" class="c2">
            试问这行字体是什么颜色的？
        </p>
    </div>
</body>
</html>
```

3. 第三题

```
<!DOCTYPE html>
<html lang="en">
<head>
    <meta charset="UTF-8">
    <title>第 3 题</title>
    <style type="text/css">
        #father {
  color: red;
        }
        p {
            color: blue;
        }
    </style>
</head>
<body>
    <div id="father">
        <p>试问这行字体是什么颜色的？</p>
    </div>
</body>
</html>
```

4. 第四题

```
<html lang="en">
<head>
  <meta charset="UTF-8">
  <title>第 4 题</title>
  <style type="text/css">
    div p{
      color:red;
    }
    #father{
      color:red;
    }
    p.c2{
      color:blue;
    }
  </style>
</head>
<body>
```

```
  <div id="father" class="c1">
    <p class="c2">
      试问这行字体是什么颜色的？
    </p>
  </div>
</body>
</html>
```

5. 第五题

```
<html lang="en">
<head>
  <meta charset="UTF-8">
<title>第 5 题</title>
  <style type="text/css">
    div div{
      color:blue;
    }
    div{
      color:red;
    }
  </style>
</head>
<body>
  <div>
    <div>
      <div>
        试问这行字体是什么颜色的？
      </div>
    </div>
  </div>
</body>
</html>
```

6. 第六题

```
<html lang="en">
<head>
  <meta charset="UTF-8">
  <title>第 6 题</title>
  <style>
    div div div div div div div div div div div div{
      color:red;
```

```
    }
    .me{
      color:blue;
    }
  </style>
</head>
<body>
  <div>
    <div>
      <div>
        <div>
          <div>
            <div>
              <div>
            <div>
                  <div>
                    <div>
                      <div>
                        <div class="me">试问这行文字是什么颜色的</div>
                      </div>
                    </div>
                  </div>
                </div>
              </div>
            </div>
          </div>
        </div>
      </div>
    </div>
  </div>
</body>
</html>
```

7. 第七题

```
<html lang="en">
<head>
  <meta charset="UTF-8">
  <title>第 7 题</title>
  <style type="text/css">
    .c1 .c2 div{
```

```
      color: blue;
    }
    div #box3 {
      color:green;
    }
    #box1 div {
      color:yellow;
    }
  </style>
</head>
<body>
  <div id="box1" class="c1">
    <div id="box2" class="c2">
      <div id="box3" class="c3">
        文字
      </div>
    </div>
 </div>
</body>
</html>
```

项目总结

本项目主要学习复合选择器和 CSS 的三大属性。通过练习，读者能掌握权重的计算和如何提高权重，达到预设样式的设置。

项目十三　属性、伪类选择器及元素的显示模式

项目要求

<table>
<tr><td>一、目的要求</td><td colspan="4">学习 CSS3 新增常用选择器的用法，使用这些选择器会大幅度提高读者编写和修改样式表的效率。
在 CSS 中，根据元素显示模式的不同，元素标签被分为：行内元素（inline-level）、块级元素（block-level）、行内块元素（inline-block）。它们各自有自己的特点和用法，网页的标签非常多，在不同地方会用到不同类型的标签，了解它们的特点可以更好地布局网页。
本项目通过对元素显示模式的认识和学习，读者能熟练使用各类标签制作导航条样式</td></tr>
<tr><td rowspan="4">二、工具、器材</td><td>实验设备</td><td>数量</td><td colspan="2">备注</td></tr>
<tr><td rowspan="2">PC 机/笔记本</td><td rowspan="2">1</td><td colspan="2">1. 有谷歌浏览器</td></tr>
<tr><td colspan="2">2. 安装有 VSCode/HBuilder 等开发工具</td></tr>
<tr><td>有无线网卡/有线网卡</td><td>1</td><td colspan="2">无线接入/有线接入</td></tr>
<tr><td>三、重难点分析</td><td colspan="4">✧ 了解属性选择器用法；
✧ 学习伪类选择器，重点学习常用结构伪类 nth-of-type（ ）和链接伪类选择器 hover 的用法；
✧ 掌握块级元素、行内元素的特点和相互转换的方法；
✧ 文字在盒子里垂直居中的原理；
✧ display：none；和 visibility：hidden；隐藏元素的区别；
✧ 伪元素：：before 和：：after 的用法</td></tr>
<tr><td colspan="5">四、教学过程</td></tr>
<tr><td>教学步骤/知识或单元结构</td><td>教学方法/策略</td><td colspan="3">学生课堂安排/过程</td></tr>
<tr><td>1. 属性选择器</td><td>讲解分析、举例</td><td colspan="3">掌握属性选择器，正确使用，准确选择</td></tr>
<tr><td>2. 伪类选择器</td><td>讲解分析、举例</td><td colspan="3">重点学习常用结构伪类 nth-of-type（ ）和链接伪类选择器：hover 的用法</td></tr>
<tr><td>3. 元素的显示模式</td><td>分析块元素、行内元素和行内块的特点，讲解相互转换的方法</td><td colspan="3">看到标签，知道属于块元素还是行内元素，学会转换</td></tr>
<tr><td>4. 单行文字垂直居中</td><td>讲解行高和盒子高度的关系</td><td colspan="3">通过对行高和盒子高度的分析得出结论：
行高==盒子的高度，就可以让文字在盒子内垂直居中</td></tr>
<tr><td>5. 伪元素</td><td>讲解伪元素：：before 和：：after 的用法</td><td colspan="3">掌握伪元素的作用和里面必备属性 content</td></tr>
<tr><td>6. 布置任务</td><td>实操练习</td><td colspan="3">强化课堂认知技能</td></tr>
<tr><td colspan="5">五、成绩评定</td></tr>
<tr><td>评定等级</td><td></td><td colspan="2">教师签名</td><td></td></tr>
<tr><td colspan="5">六、反思和总结</td></tr>
<tr><td colspan="5"></td></tr>
</table>

项目展示

导航条样式如图 13.1 所示。

图 13.1　导航条样式

教学内容

属性选择器

1. 属性选择器

可以通过标签的属性名和属性值来匹配对应的元素。

- 属性选择器可以根据元素的属性及属性值来选择元素。
- 属性选择器好处。如：可以通过标签的属性名和属性值来匹配对应的元素。
- attr 是英文单词 attribute 的简写，中文意思就是属性或属性名。
- val 是英文单词 value 的简写，中文意思就是值或属性值。
- 属性选择器必须使用[ ]中括号。

属性选择器的用法描述如图 13.2 所示，属性选择器案例分别如图 13.3 ~ 13.7 所示。

属性名	描述
[attr]	匹配指定的属性名的所有元素。
[attr=val]	匹配属性等于指定的值所有元素。
[attr^=val]	匹配属性以指定的属性值开头的所有元素。
[attr$=val]	匹配属性以指定的属性值结尾的所有元素。
[attr*=val]	匹配属性中包含指定的属性值所有元素。

图 13.2　属性选择器的用法描述

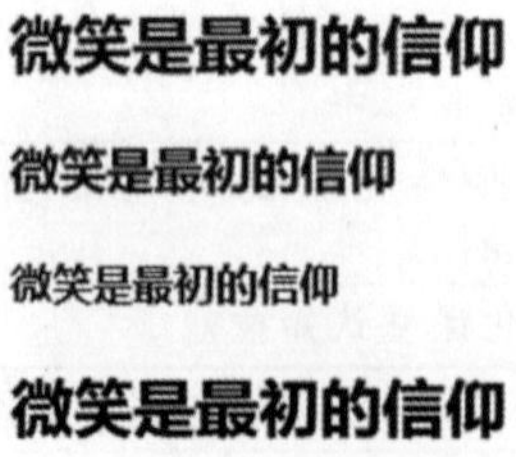


```
<head>
    <style>
        [align] {
            color: red;
        }
    </style>
</head>

<body>
    <h2 align="" >微笑是最初的信仰</h2>
    <h3 align="">微笑是最初的信仰</h3>
    <h4 align="">微笑是最初的信仰</h4>
    <h2>微笑是最初的信仰</h2>
</body>
```

图 13.3　属性选择器[attr]案例

```
<head>
  <title>属性选择器</title>
  <style>
    [align=center]{
      color: red;
    }
  </style>
</head>
<body>
  <h2 align="center">微笑是最初的信仰</h2>
  <h2 align="center">微笑是最初的信仰</h2>
  <h2 align="">微笑是最初的信仰</h2>
</body>
```

图 13.4　属性选择器[attr=val]案例

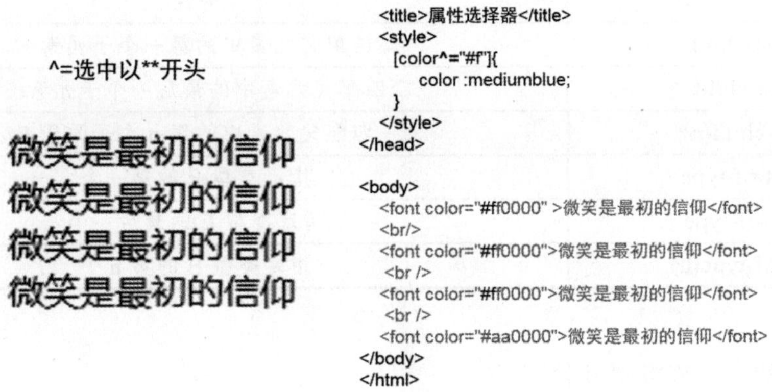

图 13.5　属性选择器[attr^=val]案例

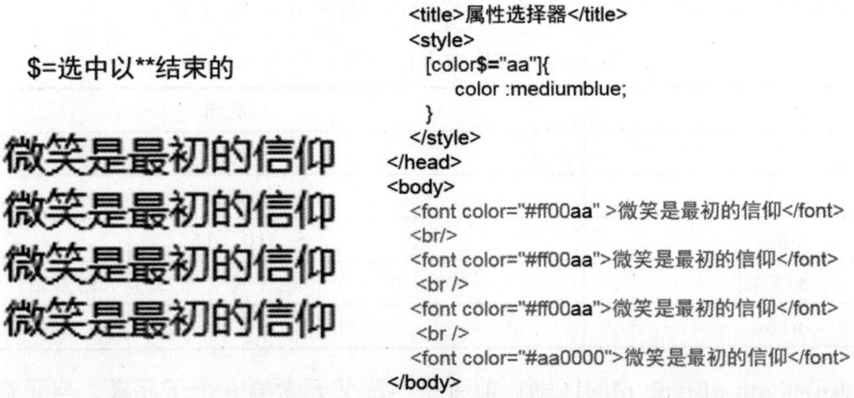

图 13.6　属性选择器[attr$=val]案例

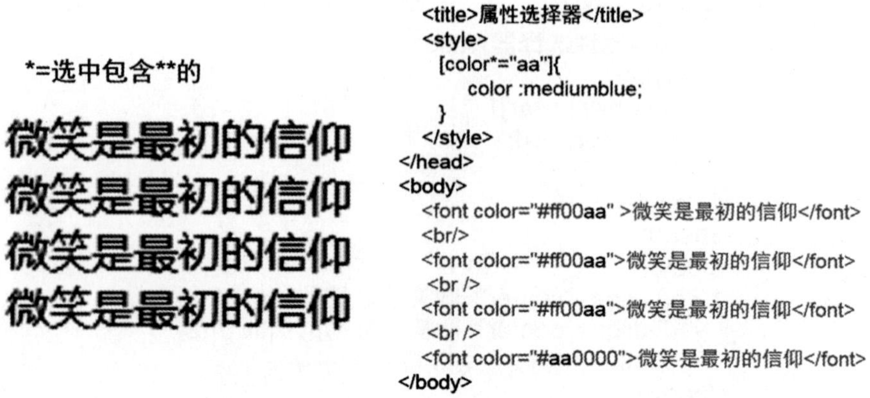

图 13.7　属性选择器[attr*=val]案例

2. 伪类选择器

（1）结构伪类选择器，如表 13.1 所示。

结构伪类选择器

表 13.1　结构伪类选择器

选择符	介绍
E： first-child	匹配父元素中的第一个子元素 E
E： last-child	匹配父元素中的最后一个子元素 E
E： nth-child(n)	匹配父元素中的第 n 个子元素 E
E： first-of-type	指定类型 E 的第一个
E： last-of-type	指定类型 E 的最后一个
E： nth-of-type(n)	指定类型 E 的第 n 个

nth-child(n)

① n 可以是数字，关键字和公式。

② n 如果是数字，就是选择第 n 个。

③ 常见的关键词 even：偶数，odd：奇数。

④ 常见的公式如表 13.2 所示，如果 n 是公式，则从 0 开始计算。

表 13.2　结构伪类选择器 n 的用法

公式	取值
2n	偶数
2n+1	奇数
5n	5　10　15　...
n+5	从第 5 个开始（包含第 5 个）到最后
-n+5	前 5 个（包含第 5 个））

nth-child(n)和 nth-of-type(n)的区别：前者是匹配父元素第 n 个子元素，与元素类型无关，后者匹配父元素特定类型的第 n 个元素。

例：

```
<section>
<p>你好</p>
<div>hello</div>
        <div>hello2</div>
        <div>hello3</div>
</section>
```

```
section {
            font-size：  20px；
            text-align：  center；
        }
section div：nth-child（1） {
            color：  tomato；          /*选不出来*/
        }
section div：nth-of-type（1） {
          color：  deepskyblue；      /*选出第一个 div*/
 }
```

总结：

❖ 结构伪类选择器就是选择第 n 个。

❖ nth-child 从所有子级开始算的，可能不是同一种类型。

❖ nth-of-type 指定同一种类型的子级，比如 ul li：nth-of-type（2）是选择第 2 个 li。

❖ 关于 nth-child（n），我们要知道 n 从 0 开始计算的，要记住常用的公式。

❖ 如果是无序列表，肯定用 nth-child 更多。

（2）链接伪类选择器。

```
：link         /* 未访问的链接的状态 */
：visited      /* 被访问后的链接状态 */
：hover        /* 鼠标经过、悬停到链接上的状态 */
：active       /* 鼠标按下时的链接状态（注意是鼠标按下弹起之前样式） */
```

伪类选择器（链接、目标）

注意写的时候，其顺序尽量不要颠倒，按照 lvha 的顺序，可用如下方式快速记忆：

love hate 爱恨记忆法 或者 lv hao 记忆法。

在实际开发中，一般常用：

```
a {
   /* a 是标签选择器  所有的链接 *  /
      font-weight: 700;
      font-size: 16px;
      color: #ccc;
   }
 a:hover {
```

```
 /* :hover 是链接伪类选择器 鼠标经过 */
    color: red;
/*  鼠标经过的时候，由原来的 灰色 变成了红色 */
}
```

3. 元素的显示模式

HTML 标签一般分为块标签和行内标签两种类型，也称块元素和行内元素。

显示模式-块元素和行内元素

（1）块级元素（block-level）。

每个块元素通常都会独自占据一整行或多整行，可以对其设置宽度、高度、对齐等属性，常用于网页布局和网页结构的搭建。

常见的块元素有<h1> ~ <h6>、<p>、<div>、<ul>、<ol>、<li>等，其中<div>标签是最典型的块元素。

块级元素的特点：

① 总是从新行开始。

② 高度、行高、外边距以及内边距都可以控制。

③ 宽度默认是容器的 100%。

④ 可以容纳内联元素和其他块元素。

提示：

只有文字才能组成段落，因此<p>标签里面不能放块级元素，同理还有标签：<h1>、<h2>、<h3>、<h4>、<h5>、<h6>、<dt>，这些都是文字类块级标签，里面不能放其他块级元素。

（2）行内元素（inline-level）。

行内元素（内联元素）不占有独立的区域，仅仅靠自身的字体大小和图像尺寸来支撑结构，一般不可以设置宽度、高度、对齐等属性，常用于控制页面中文本的样式。

常见的行内元素有<a>、<strong>、<b>、<em>、<i>、<del>、<s>、<ins>、<u>、<span>等，其中<span>标签最典型的行内元素。

显示模式-行内块和模式转换

行内元素的特点：

① 与相邻行内元素在一行上。

② 不能设置宽、高，但水平方向的 padding 和 margin 可以设置，垂直方向的无效。

③ 默认宽度就是它本身内容的宽度。

④ 行内元素只能容纳文本或其他行内元素。但 a 标签特殊，链接里面不能再放链接，但可以存放其他行内或块级元素。

（3）块级元素和行内元素之间的区别。

块级元素和行内元素之间的区别如图 13.8 所示。

（4）行内块元素（inline-block）。

在行内元素中有几个特殊的标签——<img/>、<input/>、<td>，可以对它们设置宽高和对齐属性，有些资料可能会称它们为行内块元素。

块级元素的特点：	行内元素的特点：
（1）总是从新行开始。	（1）和相邻行内元素在一行上。
（2）高度,行高、外边距以及内边距都可以控制。	（2）高、宽无效，但水平方向的 padding和margin可以设置，垂直方向的无效。
（3）宽度默认是容器的100%。	（3）默认宽度就是它本身内容的宽度。
（4）可以容纳内联元素和其他块元素。	（4）行内元素只能容纳文本或则其他行内元素。
（a）块级元素	（b）行内元素

图 13.8　块级元素和行内元素的区别

行内块元素的特点：

① 和相邻行内元素（行内块）在一行上，但是之间会有空白缝隙。

② 默认宽度就是它本身内容的宽度。

③ 高度、行高、外边距以及内边距都可以控制。

行内块元素，既有行内块的特点（相同元素可以同在一行显示）；又同时拥有块元素的特征（可以设置宽高属性）。

（5）标签显示模式转换 display。

块转行内：display：inline；

行内转块：display：block；

块、行内元素转换为行内块：display：inline-block；

（6）display：none（元素隐藏）。

css 让元素不可见的方法有很多种，如裁剪、定位到屏幕外边，透明度变换等都是可以的。但是最常用两种方式就是设置元素样式为 display：none 或者 visibility：hidden。

display 隐藏元素

display：none，该元素以及它的所有后代元素都会隐藏，它是前端开发人员使用频率最高的一种隐藏方式。隐藏后的元素无法点击，无法使用屏幕阅读器等辅助设备访问，占据的空间会消失。

visibility：hidden，也可以隐藏这个元素，但是隐藏元素仍需占用与未隐藏时一样的空间，也就是说虽然元素不可见了，但是仍然会影响页面布局。

displayblock 的用法

display：none 和 visibility：hidden 两者的区别，如图 13.9 所示。

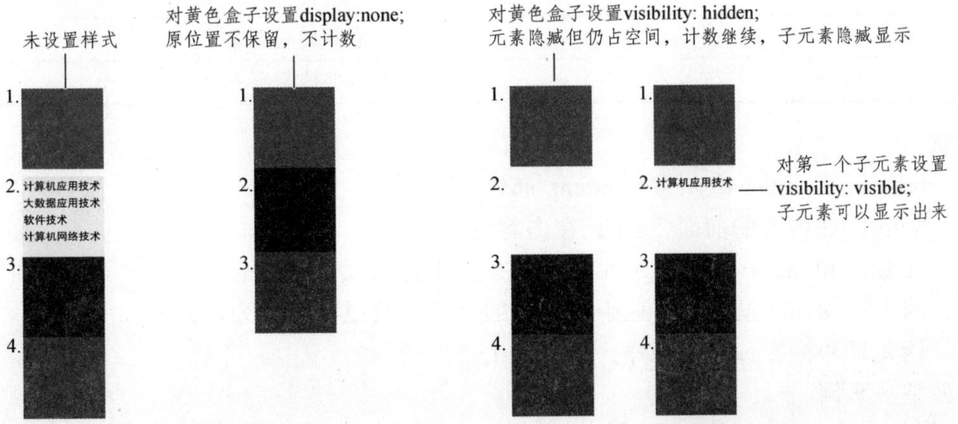

图 13.9　display：none 和 visibility：hidden 两者的区别

① display：none 隐藏后的元素不占据任何空间，而 visibility：hidden 隐藏后的元素空间依旧保留 。

② visibility 具有继承性，对父元素设置 visibility：hidden，子元素也会继承这个属性。但是如果重新给子元素设置 visibility：visible，则子元素又会显示出来。这个和 display： none 有着质的区别。

③ visibility：hidden 不会影响计数器的计数，虽然元素不见了，但是其计数器仍在运行。

④ CSS3 的 transition 过渡，支持 visibility 属性，但是并不支持 display。由于 transition 可以延迟执行，因此可以配合 visibility 使用纯 css 实现 hover 延时显示效果。

4. 单行文字垂直居中

让文字的 height 行高==盒子的高度 line-height，就可以让文字在盒子内垂直居中，示例如图 13.10 所示。

图 13.10 盒子高度与行高

行高小于盒子高度，文字会偏上；行高大于盒子高度，文字会偏下。

5. 伪元素选择器

之所以被称为伪元素，是因为它们不是真正的页面元素，html 没有对应的元素，但是其所有用法和表现行为与真正的页面元素一样，可以对其使用诸如页面元素一样的 css 样式,表面上看上去貌似是页面的某些元素来展现,实际上是 css 样式展现的行为,因此被称为伪元素。伪元素选择器如表 13.3 所示。

伪元素

表 13.3 伪元素选择器

选择符	简介
:: before	在元素内部的前面插入内容
:: after	在元素内部的后面插入内容

注意：

- before 和 after 必须有 content 属性。
- before 在内容的前面，after 在内容的后面。
- before 和 after 创建一个元素，但是属于行内元素。
- 因为在 demo 里面看不见刚才创建的元素，所以我们称为伪元素。
- 伪元素和标签选择器一样，权重为 1。

下面举一案例。

css 代码部分：

```
<style>
    div::before {
        content: "我";
    }

    div::after {
        content: "谁? ";
    }
</style>
```

结构：<div>是</div>

显示效果：我是谁?

日常用法：

① 简化 html 结构。

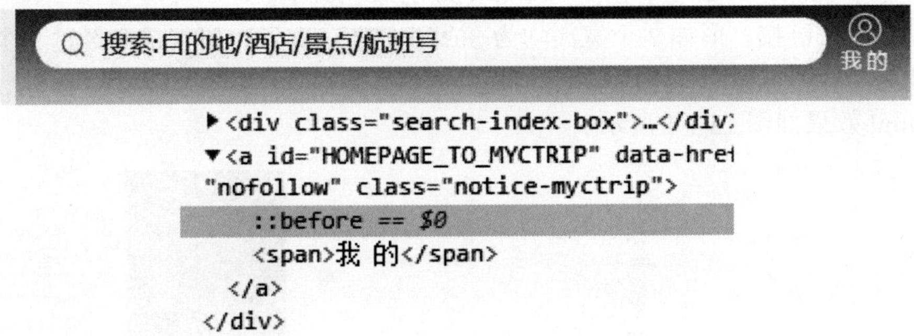


```
.notice-myctrip::before {
    content: "";
    display: block;
    width: 22px;
    height: 22px;
    background:
url(//pic.c-ctrip.com/platform/h5/home/home-common-sprite2x@v7.15.png) -1px -36px
no-repeat;
    background-size: 21px auto;
    margin-bottom: 1px;
    }
```

② 使用 before 和 after 双伪元素清除浮动。

```
.clearFix::before,
.clearFix::after {
content:” ”;
display:block;
height:0;
```

```
line-height:0;
visibility:hidden;
clear:both;
}
```

项目训练

任务一　显示模式三种形态

任务要求

（1）新建文件 1301.html。

（2）写 3 个 div，形如 3 个宽高为 100*100 的红色盒子，要求三个 div 必须一行显示。

（3）写 3 个 span，形如 3 个宽高为 150*150 的绿色盒子。

（4）写 3 个 a 链接，形如 3 个宽高均为 80*20 的蓝色盒子，要求鼠标经过 3 个 a 链接时，背景颜色变为橙色。

1301.html 效果如图 13.1.1 所示。

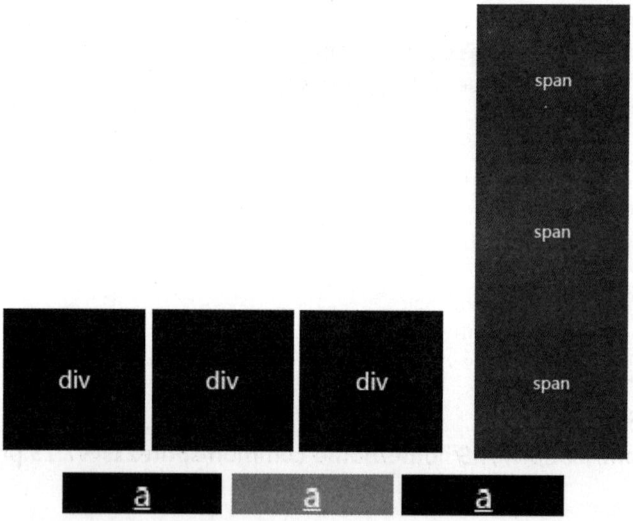

图 13.1.1 1301.html 效果

任务二　导航条练习

任务要求

（1）新建文件 1302.html。

（2）创建 6 个 a 标签，内容如图 13.2.1 所示，文字为白色、16px 并且设置文字水平和垂直居中。

（3）根据提供的素材设置背景为 huang.png。

（4）当鼠标经过的时候，背景图片换为 lv.png。

（5）设置导航链接在浏览器水平居中。

导航条效果如图 13.2.1 所示。CSS 实现代码如图 13.2.2 所示，HTML 实现代码如图 13.2.3 所示。

图 13.2.1　导航条效果

```
<style>
        nav a {
            text-align: center;        /*让盒子里的文字水平居中对齐*/
            text-decoration: none;            /* 取消下划线*/
            font-size: 16px;
            width: 125px;
            height: 60px;
            color: #fff;                     /* 字体颜色*/
            line-height: 60px; /*行高=盒子的高度，可以让单行文本垂直居中*/
            background-image: url(imgs/huang.png);   /*背景图片*/
            display: inline-block;      /*转换为行内块元素*/
        }
        nav a:hover {                  /*当鼠标经过时的状态*/
            background-image: url(imgs/lv.png);  /*改变背景图片*/
            color: white;
        }
        nav {
            text-align: center;
        }
    </style>
```

图 13.2.2　CSS 实现代码

```
<nav>
                <a  href="#">首页</a>
                <a  href="#">个人简历</a>
                <a  href="#">个人相册</a>
                <a  href="#">获奖证书</a>
                <a  href="#">给我留言</a>
</nav>
```

图 13.2.3　HTML 实现代码

任务三　尖导航条练习

任务要求

（1）新建文件 1303.html。

（2）根据提供的素材，仿照 1302.html 的要求进行操作。

（3）本任务唯一不同的就是注意导航条内容垂直居中的设置。

尖角导航案例效果如图 13.3.1 所示，参考代码如图 13.3.2 所示。

显示模式-尖角导航案例

图 13.3.1　尖角导航案例效果

```
<style>
        a {
            width: 120px;
            height: 58px;
            display: inline-block;
            text-decoration: none;
            color: #fff;
            background-image: url(imgs/bg4.png);
            text-align: center;
            line-height: 50px;
        }
        a:hover {
            background-image: url(imgs/bg2.png);
        }
    </style>
...
<body>
    <a href="#">首页</a>
    <a href="#">个人简历</a>
    <a href="#">获奖情况</a>
    <a href="#">给我留言</a>
</body>
...
```

图 13.3.2　实现参考代码

项目总结

本项目主要学习了属性选择器、结构伪类选择器和链接伪类选择器，标签显示模式的三种形态和互换。通过练习，读者能掌握链接伪类选择器：hover 的常规用法和块级元素、行内元素的相互转换。

项目十四　背景属性

项目要求

一、目的要求	网页中的背景图像，能给观者带来很强的视觉冲击感和美感，提高网页的可读性，因此网页背景的设置尤为重要的。通过本项目的学习，读者能够使用 background 属性控制图像背景样式		
二、工具、器材	实验设备	数量	备注
	PC 机/笔记本	1	1. 有谷歌浏览器
			2. 安装有 VSCode/HBuilder 等开发工具
	有无线网卡/有线网卡	1	无线接入/有线接入
三、重难点分析	✧ 学会在页面插入背景颜色、背景图片，灵活使用背景属性连写； ✧ 会使用背景图片的插入及位置的设置		
四、教学过程			
教学步骤/知识或单元结构	教学方法/策略	学生课堂安排/过程	
1. 背景颜色	讲解背景颜色的三种常见方法	掌握十六进制和 rgb 两种方式添加颜色	
2. 背景透明度	讲解 opacity 和 rgba()两种方式	学生要求掌握至少一种	
3. 背景图片	学会背景图片的引入方式 url，可以使用相对地址和绝对地址	切记 url 后面是括号，不要加引号	
4. 背景平铺	四种平铺属性演示讲解	了解默认属性平铺及各种平铺方式的特点，在实际运行中按要求设置	
5. 背景位置	讲解背景位置不同表示方法及作用	理解掌握并能灵活运用	
6. 背景图像固定/附着	样式讲解、网页案例观看	明白什么是背景固定（视差滚动页面）	
7. 背景连写	讲解为了可读性，推荐此写法	学生要求掌握	
8. 背景尺寸	演示讲解	理解掌握并能灵活运用	
9. 多重背景	演示在多个背景下，背景的层	理解掌握并能灵活运用	
10. 背景渐变	讲解线性渐变	考虑兼容性较差，学生理解就好	
11. 布置任务	实操练习	强化课堂认知技能	
五、成绩评定			
评定等级		教师签名	
六、反思和总结			

项目展示

项目展示分别如图 14.1、14.2 所示。

图 14.1　项目一展示

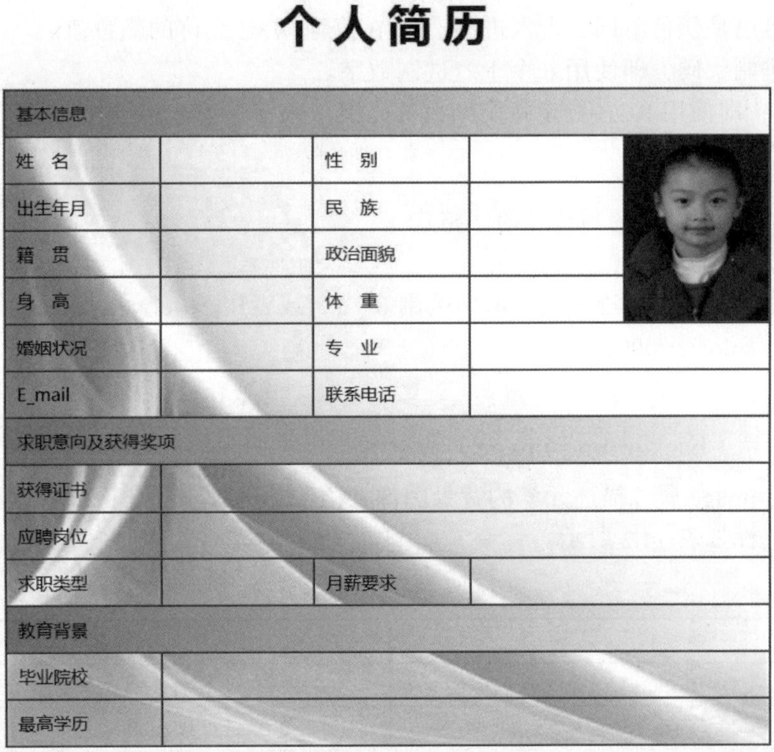

个人简历

基本信息				
姓　名		性　别		
出生年月		民　族		
籍　贯		政治面貌		
身　高		体　重		
婚姻状况		专　业		
E_mail		联系电话		
求职意向及获得奖项				
获得证书				
应聘岗位				
求职类型		月薪要求		
教育背景				
毕业院校				
最高学历				

图 14.2　项目二展示

教学内容

CSS 背景属性可以给页面元素添加背景样式。背景属性可以设置背景颜色、背景图片、背景平铺、背景图片位置、背景图像固定等，如表 14.1 所示。

表 14.1　背景属性

值	描述
background-color	规定要使用的背景颜色
background-image	规定要使用的背景图像色
background-repeat	规定如何重复图像
background-position	规定背景图像的位置
background-size	规定背景的尺寸
background-attachment	规定背景图像是否固定或者跟随页面其余部分滚动

1. 背景颜色（background-color）

background-color 定义了元素的颜色。语法：

background-color：颜色值；

一般情况下，默认背景颜色值是 transparent（透明）。

颜色值：可以是颜色单词、十六进制、RGB 值等 W3C 允许的颜色值。

使用十六进制代码，即使用 6 个十六进制数字。

使用 RGB，即使用 RGB 指定每个颜色的亮度，数字介于 0 到 255 之间。

背景-背景颜色

2. 背景透明

CSS3 支持背景半透明的写法，语法格式：

background：rgba（0，0，0，.5）；

最后一个参数是 alpha 透明度，取值范围 0 ~ 1，或者用 opacity：

background-color：#000；

opacity：0.5；

背景-背景图片

3. 背景图片（background-image）

background-image 属性描述元素的背景图像，语法：background-image：none | url（url）

背景图片属性如表 14.2 所示。

表 14.2　背景图像的属性

参数值	作用
none	无背景图（默认的）
url	使用绝对或相对地址指定背景图像

小技巧：背景图片后面的地址，url 不要加引号。

提示：

CSS3 中 background-image 属性允许指定一个或多个图片展示在背景中，可以和 background-color 连用，背景图片会压在背景颜色上面，如图 14.3 所示。

- ❖ 当图片不重复，图片覆盖不到的地方都会被背景色填充；
- ❖ 当背景图片平铺时，则会覆盖背景颜色。

图 14.3　背景颜色和背景图片连用

背景颜色和背景图片连用代码如下：

```
div {
        height: 900px;
        background-color: deepskyblue;
        background-image: url(imgs/taiyang.png);
        background-repeat: no-repeat;
        background-size: 200px;
    }
```

4. 背景平铺（background-repeat）

语法：background-repeat：repeat | no-repeat | repeat-x | repeat-y

背景平铺的属性如表 14.3 所示，其案例如图 14.4 所示。

表 14.3　背景平铺的属性

参数	参数值
repeat	背景图像在纵向和横向上平铺（默认的）
no-repeat	背景图像不平铺
repeat-x	背景图像在横向上平铺
repeat-y	背景图像在纵向平铺

repeat（默认的）

背景图像在纵向和横向上平铺

no-repeat

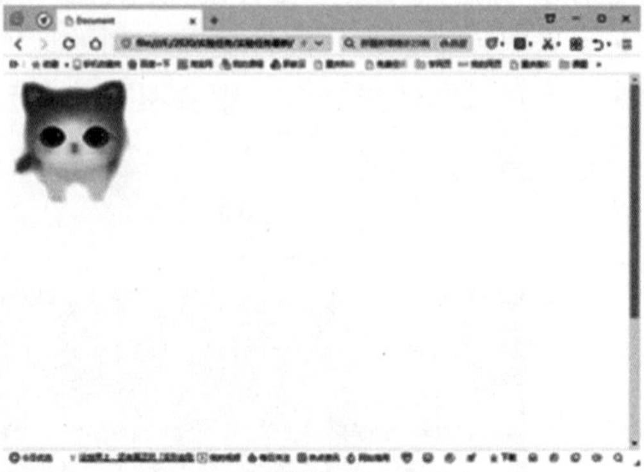

背景图像不平铺

repeat-x

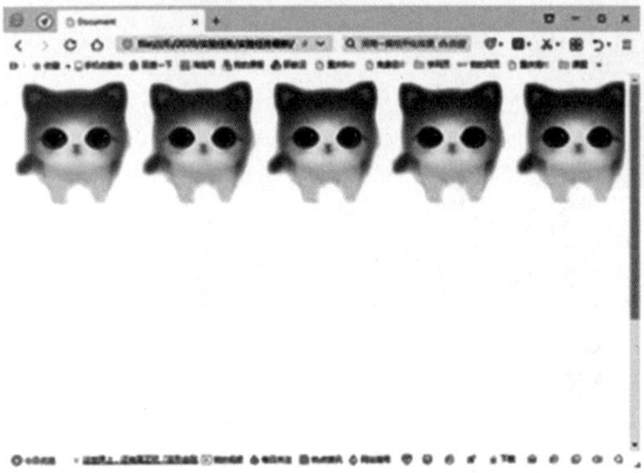

背景图像在横向平铺

repeat-y

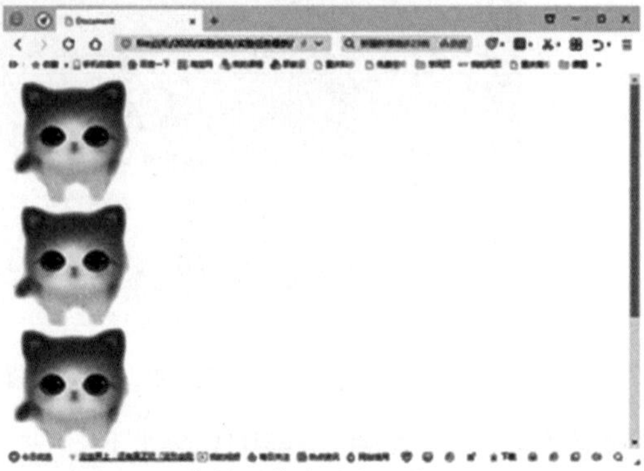

背景图像在纵向平铺

图 14.4　背景平铺

设置背景图片时，默认把图片在水平和垂直方向平铺以铺满整个元素。

repeat-x：背景图像在横向上平铺。

repeat-y：背景图像在纵向平铺。

5. 背景位置（background-position）

语法：background-position：length

length：百分数 | 由浮点数字和单位标识符组成的长度值，请参阅长度单位。

background-position：position

position：top | center | bottom | left | center | right

背景-背景定位

说明：

若设置或检索对象的背景图像位置，必须先指定 background-image 属性，默认值为：（0% 0%）。

如果只指定了一个值，该值将用于横坐标 X，纵坐标 Y 将默认为 50%。

如果指定了两个值，第一个值将用于横坐标 X，第二个值将用于纵坐标。

大图居中靠上

背景位置参数值如表 14.4 所示，案例如图 14.5 所示。

表 14.4　背景位置参数值

background-position：	水平（X 轴）	垂直（Y 轴）	说明
center top	居中	靠上	大图常常使用水平居中，顶部对齐
right	靠右	居中	只写一个值，另一个默认水平/垂直居中对齐
12px 50px	12px	50px	距离左边 12 像素，距离上边 50 像素
10px center	12px	居中	距离左边 12 像素，垂直居中

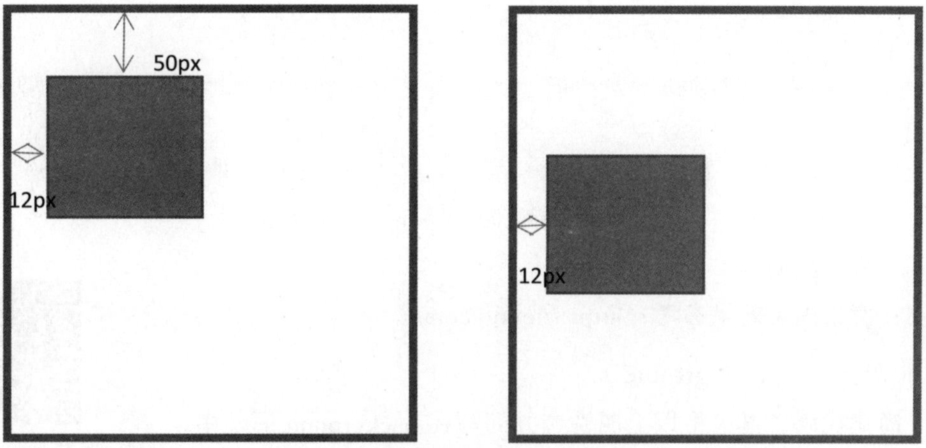

图 14.5　背景位置参数值 12px 50px

总结：

position 后面是 x 坐标和 y 坐标，可以使用方位名词或者精确单位。

① 参数是方位名词。如果两个值都是方位名词，则两个值前后顺序无关。

比如：background-position：right top；等同 background-position：top right；

如果只指定了一个方位名词，另一个值省略，则默认第二个值居中对齐。

② 参数是精确单位。

如果两个值都是精确单位，则第一个是 x 坐标，第二个是 y 坐标。

如果只指定了一个数值，那么该数值一定是 x 坐标，Y 坐标默认垂直居中。

③ 参数是混合单位。

如果精确单位和方位名字混合使用，则必须是 x 坐标在前，y 坐标后面。

比如：background-position：15px top；则 15px 一定是 x 坐标，top 是 y 坐标。

通过设置背景图片位置，让图片中间核心位置得以展示，案例如图 14.6 所示。

6. 背景图像固定/附着（background-attachment）

背景图像固定/附着用于设置或检索背景图像是随对象内容滚动还是固定的。

语法：

background-attachment : scroll | fixed

参数：

scroll：背景图像随对象内容滚动（默认的）。

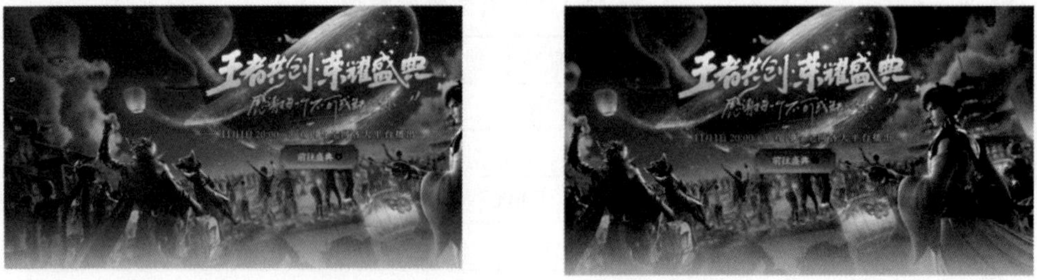

```
div {
    margin: 0 auto;
    width: 80%;
    height: 800px;
    background: url(hp.jpg) no-repeat;
}
```

（a）背景位置前

```
div {
    margin: 0 auto;
    width: 80%;
    height: 800px;
    background: url(hp.jpg) no-repeat center top;
}
```

（b）设置靠上居中后

图 14.6　背景位置前和设置靠上居中后

fixed：背景图像固定。

说明：背景固定效果参考：https://im.qq.com/。

背景固定和连写

7. 背景连写（background）

为了简化代码，这里将以上属性合并简写在 background 属性中，简写属性书写顺序官方并没有强制标准。

为了可读性，推荐写法如表 14.5 所示。

表 14.5　背景连写

background：	背景颜色	背景图片地址	背景平铺	背景滚动	背景位置
background：	transparent	url( )	repeat	scroll	0% 0%

如：background：#FFF url（image.jpg）no-repeat　scroll center top　;

8. 背景尺寸（background-size）

背景尺寸

语法：

background-size：cover | contain

参数：

cover：把背景图像扩展到足够大，使背景图片完全覆盖背景区域。

contain：把图像扩展至最大尺寸，保证背景图片在背景区域内全部可见。

百分比：以父元素的百分比来设置背景图的宽度和高度。第一个是宽度，第二个是高度。只写一个值，另一个默认为 auto。

像素值：设置背景图高度和宽度。第一个是宽度，第二个是高度。只写一个值，另一个默认为 auto。

背景尺寸设置案例如图 14.7 所示。

图片原始大小

background-size: cover

把背景图像扩展到足够大，使背景图片完全覆盖背景区域，但图像某些部分可能无法显示

background-size: contain

把图像扩展至最大尺寸，保证背景图片在背景区域内全部可见，但背景区域可能不会被填满

background-size: 100% 100%

以父元素的百分比来设置背景图的宽度和高度

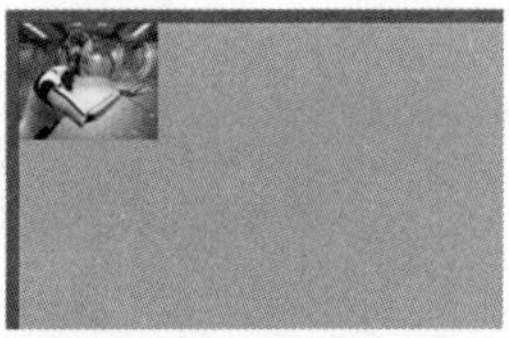

background-size: 300px

以像素值设置背景图高度和宽度。只写一个值，高度默认自动等比缩放

图 14.7　背景尺寸设置

9. 多重背景

多个图片背景设置时，属性值之间用逗号“,”隔开，越往前的层级越高（越在上层）。

多图像背景、设置案例如图 14.8 所示。

多重背景

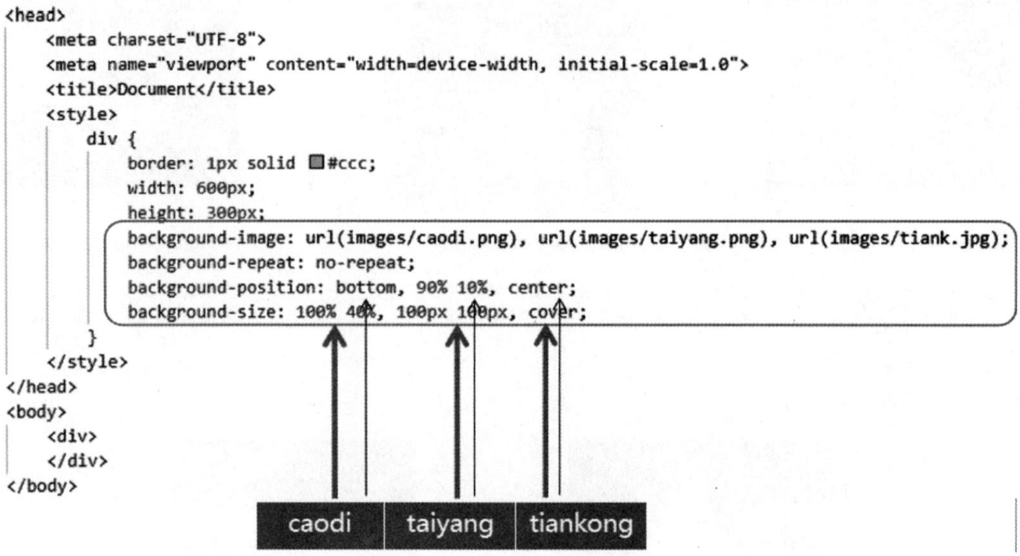

图 14.8　多图像背景设置

10. 背景渐变

语法：

background：linear-gradient（direction，color1，color2 [stop]，color3...）;

direction：表示线性渐变的方向

（1）渐变方向终点（到哪里结束）。

to left：设置渐变为从右到左。

to bottom：设置渐变从上到下，为默认值。

to right：设置渐变从左到右。

to top：设置渐变从下到上。

背景线性渐变

（2）方向起点（从哪里开始）。

top：设置渐变从上到下，为默认值。

bottom：设置渐变从下到上。

left：设置渐变从左到右。

right：设置渐变从右到左。

（3）角度（angle）。

角度用数字+单位来进行表示，单位使用 deg。所有的颜色都是从中心出发，0deg 是 to top 的方向，顺时针是正，逆时针是负，如图 14.9 所示。

该属性需要 css3 中的兼容前缀，如图 14.10 所示。

背景渐变说明如图 14.11 所示。

多个渐变颜色的案例如图 14.12 所示。

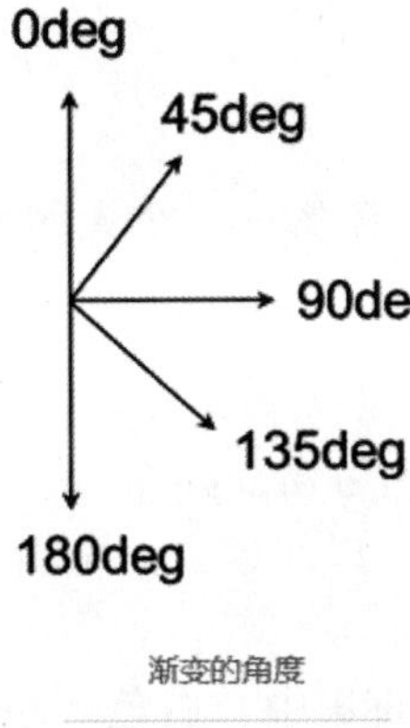

图 14.9　渐变的角度

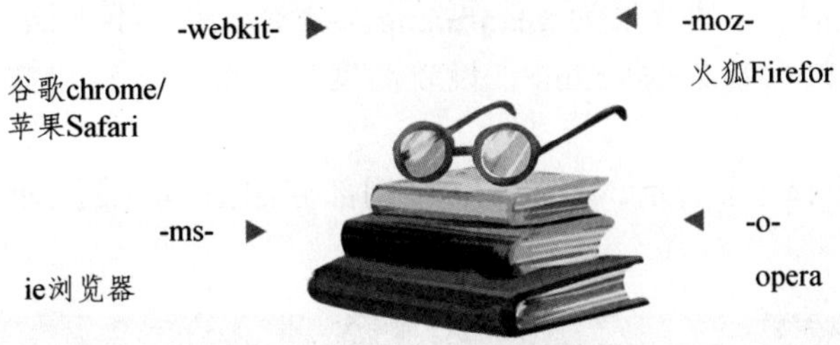

图 14.10　兼容前缀

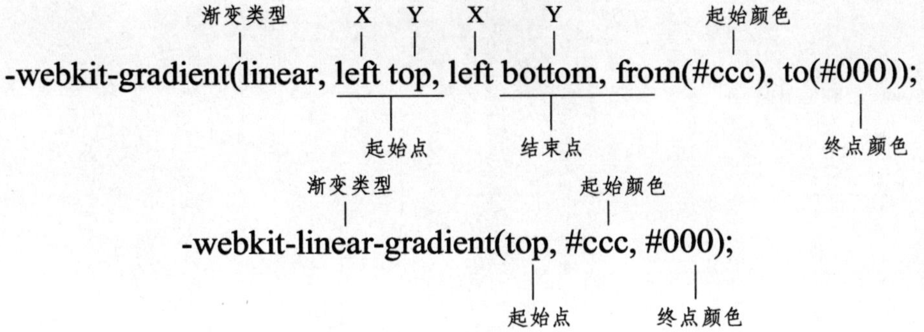

图 14.11　背景渐变说明

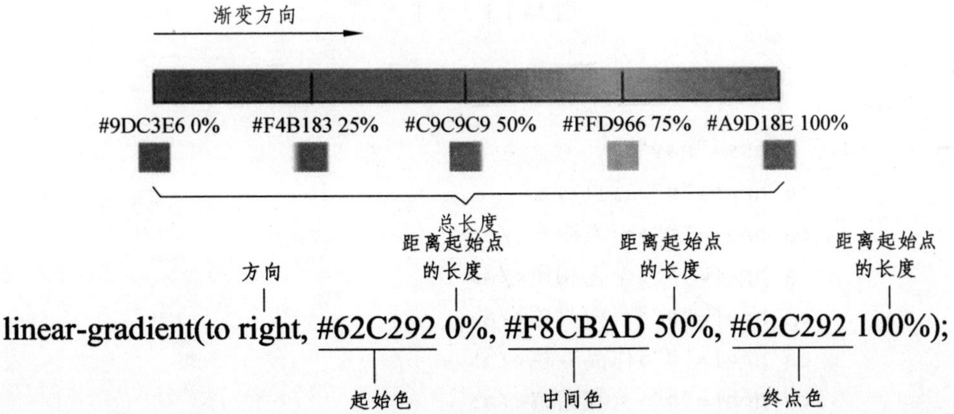

图 14.12　背景渐变案例

项目训练

任务一　个人网页

任务要求

（1）新建文件 1401.html，背景色为 orange。

（2）<header>标签高度为 128px，里面建立一个名为 nav 的 div，里面包含 6 个宽高为 150* 90 的 a 链接。

（3）a 里面的文字要求水平、垂直居中，白色，22px，不要下划线。

（4）.nav 背景图像为 head_bg1.jpg，并设置水平平铺。

（5）鼠标经过导航时，a 的背景为 xuanfu.png，设置居中、不平铺。

（6）<header>下兄弟标签为<section>，设置高度为 780px，背景添加 banner1.jpg，尺寸 cover，顶部居中显示。

背景案例

个人网页效果如图 14.1.1 所示，其 HTML 结构部分如图 14.1.2 所示，CSS 代码如图 14.1.3 所示。

图 14.1.1　效果图

```
<body>
    <header>
        <div class="nav">
            <a href="#">首页</a>
            <a href="#">个人简介</a>
            <a href="#">个人相册</a>
            <a href="#">获得奖项</a>
            <a href="#">作品专栏</a>
            <a href="#">给我留言</a>
        </div>
```

```
    </header>
    <section>
    </section>
</body>
```

图 14.1.2　HTML 结构部分

```
<style>
        body {
            background-color: orange;
        }
         header {
            height: 128px;
            width: 100%;
                  }
        .nav{
           text-align: center;
           background: url(imgs/head_bg1.jpg) repeat-x;     /*延 X 轴平铺*/
        }

        a {
            height: 91px;
            width: 150px;
            display: inline-block; /* 把 a 行内元素转换为行内块元素 */
            text-align: center;      /* 文字水平居中 */
            line-height: 70px;
            color: #fff;
            font-size: 22px;
            text-decoration: none;    /* 取消下划线 文本装饰 */
        }
        a:hover {             /* 鼠标经过 给我们的链接添加背景图片*/
            background: url(imgs/xuanfu.png) no-repeat center;
        }
         section {
            height: 780px;
            background: url(imgs/banner1.jpg) no-repeat top center;
            background-size: cover;
        }
    </style>
```

图 14.1.3　CSS 代码

任务二　美化个人简历表格

任务要求

（1）打开项目十的个人简历 1004.html。

（2）设置 ji.jpg 为表格背景，尺寸铺满整个表格。

（3）表格单元格行高为 30px，单元格宽度为 125px。

（4）表格标题设置为蓝色，字号为 40px，字符间距为 10px。

（5）第 1、8、12 背景渐变为从左到右，deepskyblue、#fff。

（6）插入照片。

设置后背景效果如图 14.2.1 所示，CSS 代码部分如图 14.2.2 所示，HTML 代码部分如图 14.2.3 所示。

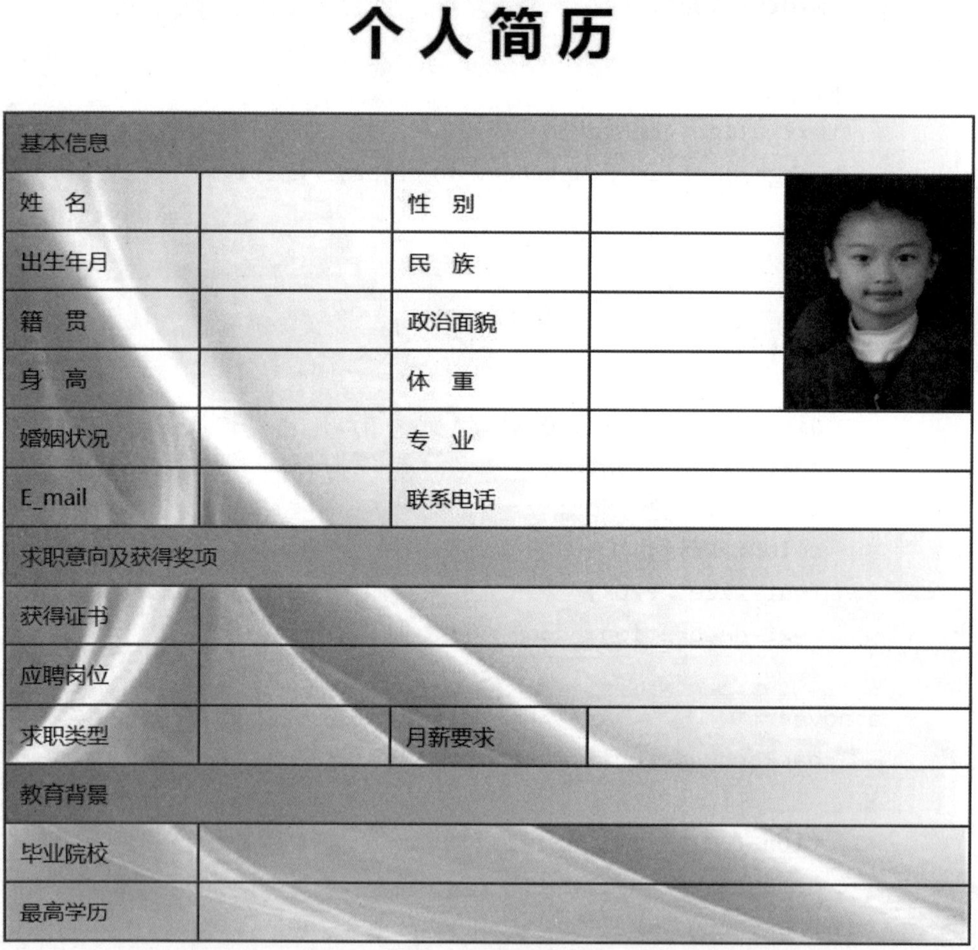

图 14.2.1　效果图

```
<style>
        h2 {
            font-size: 40px;
            color: blue;
            letter-spacing: 10px;
        }
        table {
            background: url(imgs/jl.jpg)no-repeat;
            background-size: 100% 100%;
        }
        tr {
            height: 40px;
        }
        td {
            width: 125px;
        }
        table tr:nth-of-type(1),
          table tr:nth-of-type(8),
        table tr:nth-of-type(12) {
            background: -webkit-linear-gradient(left, deepskyblue, #fff)
;
        }
        .photo {
            width: 120px;
            background: url(imgs/me.jpg)no-repeat;
            background-size: 100% 100%;
        }
    </style>
```

图 14.2.2　CSS 代码部分

```
<table border="1px" cellspacing="0" cellpadding="10" width="700" align="center">
        <caption>
            <h2>个人简历</h2>
        </caption>
        <tr>
            <td colspan="5">基本信息</td>
        </tr>
        <tr>
            <td>姓　名</td>
```

```
    <td></td>
    <td>性  别</td>
    <td></td>
    <td rowspan="4" align="center" class="photo"></td>
</tr>
<tr>
    <td>出生年月</td>
    <td></td>
    <td>民  族</td>
    <td></td>
</tr>
<tr>
    <td>籍  贯</td>
    <td></td>
    <td>政治面貌</td>
    <td></td>
</tr>
<tr>
    <td>身  高</td>
    <td></td>
        <td>体  重</td>
    <td></td>
</tr>
<tr>
    <td>婚姻状况</td>
    <td></td>
    <td>专  业</td>
    <td colspan="2"></td>
</tr>
<tr>
    <td>E_mail</td>
    <td></td>
    <td>联系电话</td>
    <td colspan="2"></td>
</tr>
<tr>
    <td colspan="5">求职意向及获得奖项</td>
</tr>
<tr>
```

```
        <td>获得证书</td>
        <td colspan="4"></td>
    </tr>
    <tr>
        <td>应聘岗位</td>
        <td colspan="4"></td>
    </tr>
    <tr>
        <td>求职类型</td>
        <td></td>
        <td>月薪要求</td>
        <td colspan="2"></td>
    </tr>
    <tr>
        <td colspan="5">教育背景</td>
    </tr>
    <tr>
        <td>毕业院校</td>
        <td colspan="4"></td>
    </tr>
    <tr>
        <td>最高学历</td>
        <td colspan="4"></td>
    </tr>
</table>
```

图 14.2.3　HTML 代码部分

项目总结

本项目主要介绍了背景属性的设置，让读者知道 css 的元素盒子可以看成由两个图层组成，即前景层和背景层。背景不能撑起盒子，若盒子的前景层里没有内容（文本图片等），又没有设置宽高，则显示不出来背景。通过练习，读者能掌握 CSS 控制背景的颜色和图像的方法。

项目十五　精灵图

项目要求

<table>
<tr><td rowspan="1">一、目的要求</td><td colspan="4">精灵图技术就是把网页中常用的小图，通过技术处理压缩在一张大图中，以减少服务器的压力，提高网页的访问速度。
通过本项目的学习，配合前面所学的 background-size 属性，既能够在 PC 端使用精灵图，又能够在移动端使用二倍图</td></tr>
<tr><td rowspan="5">二、工具、器材</td><td>实验设备</td><td>数量</td><td colspan="2">备注</td></tr>
<tr><td rowspan="3">PC 机/笔记本</td><td rowspan="3">1</td><td colspan="2">1. 有谷歌浏览器</td></tr>
<tr><td colspan="2">2. 安装有 VSCode/HBuilder 等开发工具</td></tr>
<tr><td colspan="2">3. 安装 Fireworks 软件</td></tr>
<tr><td>有无线网卡/有线网卡</td><td>1</td><td colspan="2">无线接入/有线接入</td></tr>
<tr><td>三、重难点分析</td><td colspan="4">✧ 掌握精灵图、二倍图、三倍图的使用及原理（明白为什么精灵图背景定位为负值）；
✧ 能使用 FW 工具进行测量，修改精灵图尺寸</td></tr>
<tr><td colspan="5">四、教学过程</td></tr>
<tr><td>教学步骤/知识或单元结构</td><td colspan="2">教学方法/策略</td><td colspan="2">学生课堂安排/过程</td></tr>
<tr><td>1. 认识精灵图</td><td colspan="2">浏览网页中的精灵图效果，讲解精灵图的特点及为什么要使用精灵图</td><td colspan="2">掌握精灵图使用原理</td></tr>
<tr><td>2. 精灵图的使用方法</td><td colspan="2">演示精灵图的使用步骤及注意事项；
利用 Fireworks 工具进行测量坐标的三个步骤要求掌握</td><td colspan="2">明确网页中 x 轴和 y 轴的坐标，特别是 y 轴向下为正，向上为负</td></tr>
<tr><td>3. 二倍图原理</td><td colspan="2">讲解演示在移动端使用二倍图的原理及方法</td><td colspan="2">掌握并能运用</td></tr>
<tr><td>4. 布置任务</td><td colspan="2">实操练习</td><td colspan="2">强化课堂认知技能</td></tr>
<tr><td colspan="5">五、成绩评定</td></tr>
<tr><td>评定等级</td><td colspan="2"></td><td>教师签名</td><td></td></tr>
<tr><td colspan="5">六、反思和总结</td></tr>
<tr><td colspan="5"></td></tr>
</table>

项目展示

精灵图拼字母项目、精灵图王者页面项目分别如图 15.1、15.2 所示。

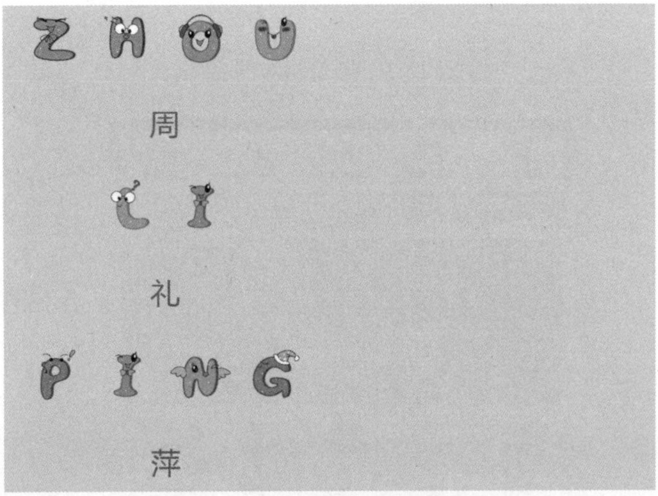

图 15.1　精灵图拼字母项目展示

图 15.2　精灵图王者页面项目展示

教学内容

1. 认识精灵图（position）

精灵图又名雪碧图，即 CSS Sprites，是一种 CSS 图像合并技术。

当网页图像过多时，服务器就会频繁地接受和发送请求图片，如图 15.3 所示，造成服务器压力过大，降低页面加载速度。

认识精灵图

精灵图是将小图标和背景图像合并到一张大图片上，然后利用 CSS 的背景定位来显示需要显示的图片部分。所以在首次加载页面的时候，就不用加载过多的小图片，只需要加载出将小图片合并起来的那一张大图片（也就是精灵图）即可，这样在一定程度上减少了服务器接受和发送请求的次数，提高了页面的加载速度。案例如图 15.4 所示。

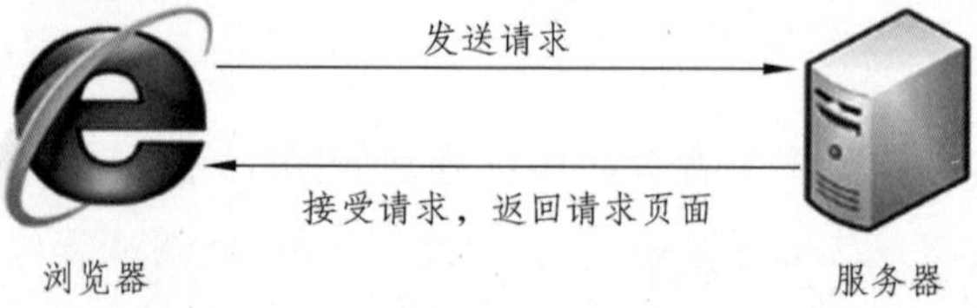

图 15.3　浏览器与服务器

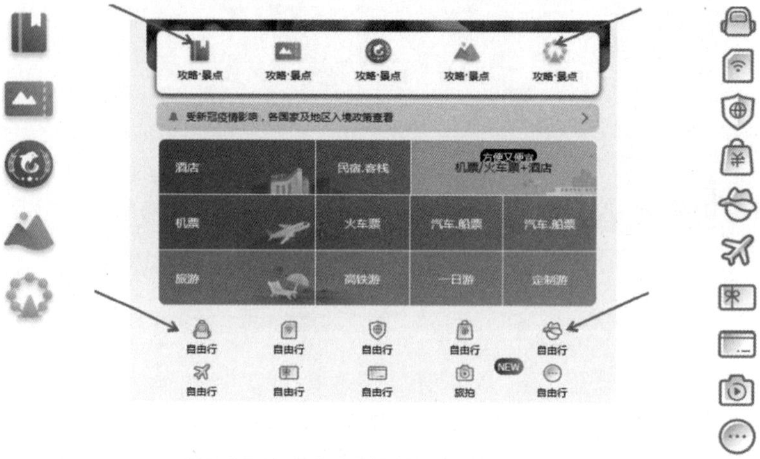

图 15.4　携程网移动端的精灵图使用

2. 精灵图的使用方法

（1）创建一个容器（如<div>标签、<span>标签等）来加载精灵图。

（2）设置 background-position 的值（默认为（0，0)，也就是图片的左上角），即移动图片到自己想要的图标位置。代码为：

```
background-position: -Xpx -Ypx;
```

使用精灵图

为什么使用雪碧图时 background-position 属性值为负数？

操作过程：将图片向左移 X 个单位，然后向上移 Y 个单位，而网页的坐标向右为正，向下为正，如图 15.5 所示。

提示：

精灵图的测量工具可以使用 Fireworks，也可以使用 Adobe Photoshop，这里以使用 Fireworks 为例。Fireworks 是 Macromedia 公司发布的一款专为网络图形设计的图形编辑软件，它大大简化了网络图形设计的难度，使用 Fireworks 不仅可以轻松地制作出十分动感的 GIF 动画，还可以轻易地完成大图切割、动态按钮、动态翻转图等，因此，对于辅助网页编辑来说，Fireworks 将是最大的功臣。借助于该工具，您可以在直观、可定制的环境中创建和优化用于网页的图像并进行精确控制。

3. 二倍图

移动端使用的精灵图一般采用 2 倍图或者 3 倍图，使用方法如下：

（1）在 Fireworks 中打开精灵图，记录此时精灵图大小，如图 15.6 所示。将这个精灵背景图等比例缩放到原来宽高的一半，记录此时缩放后的精灵图大小。

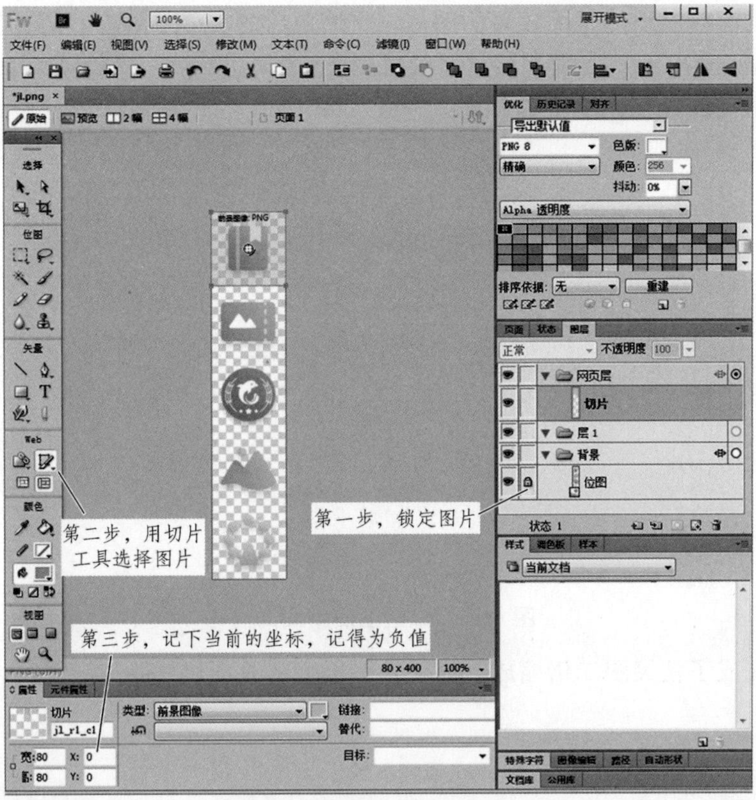

图 15.5 Fireworks 测量精灵图步骤

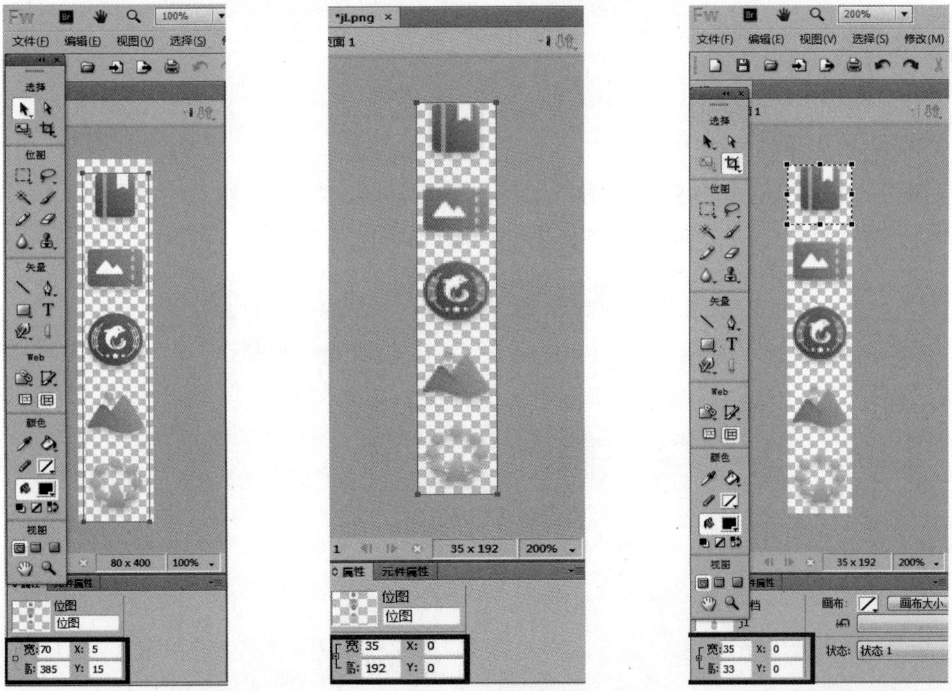

（a）原始大小　　（b）缩小 2 倍后　　（c）测量尺寸

图 15.6 记录精灵图大小

（2）此时页面应显示的是缩放后的图片，将缩放后的 xy 坐标作为背景定位坐标。

（3）background-size 的宽度是缩放后的宽度。

二倍图使用案例代码如图 15.7 所示。

```
<head>
    <meta charset="UTF-8">
    <meta name="viewport" content="width=device-width, initial-scale=1.0">
    <title>精灵图</title>
<style>
    span {
        display: inline-block;
        width: 35px;
        height: 35px;
        background: url(jl.png)no-repeat;
        position: 0 0;
        background-size: 35px auto;
    }
</style>
</head>
<body>
    <span></span>
</body>
</html>
```

图 15.7　二倍图使用案例代码

这样，就完成了精灵图二倍缩放，如果是三倍，将原图尺寸除以三就可以了。

项目训练

任务一　姓名字母拼合

任务要求

（1）新建文件 1501.html。

（2）设置页面背景颜色。

（3）根据素材，运用 CSS 精灵图技术，拼出自己姓名字母的组合，如图 15.1.1 所示。其 HTML 结构部分如图 15.1.2 所示，CSS 参考代码如图 15.1.3 所示。

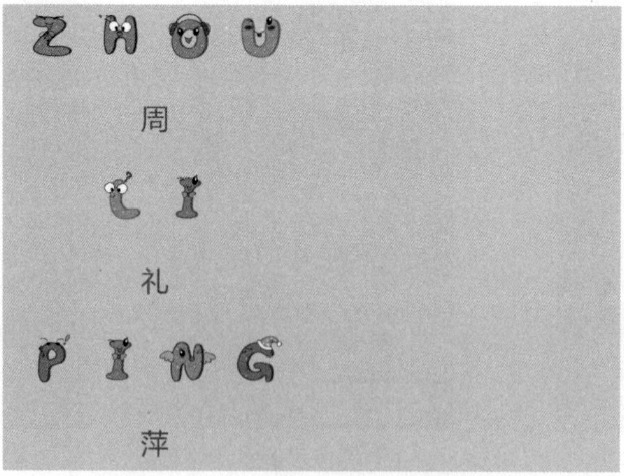

图 15.1.1　姓名字母拼合效果图

```html
<div><span></span><span></span><span></span><span></span></div>
<p>周</p>
<div><span></span><span></span></div>
<p>礼</p>
<div><span></span><span></span><span></span><span></span></div>
<p>萍</p>
```

图 15.1.2　HTML 结构部分

```css
body {
    background-color: rgba(192, 237, 255, 0.877);
}

div {
    width: 900px;
    text-align: center;
}
span {
    display: inline-block;
    width: 200px;
    height: 200px;
    line-height: 200px;
    font-size: 50px;
    font-weight: 700;
    background: url(imgs/sprit.png)no-repeat;
}

div:nth-of-type(1) span:nth-of-type(1) {
    background-position: -194px -928px;
}

div:nth-of-type(1) span:nth-of-type(2) {
    background-position: -186px -274px;
}

div:nth-of-type(1) span:nth-of-type(3) {
    background-position: -375px -480px;
}
```

```
div:nth-of-type(1) span:nth-of-type(4) {
    background-position: -375px -708px;
}

div:nth-of-type(2) span:nth-of-type(1) {
    background-position: -895px -271px;
}

div:nth-of-type(2) span:nth-of-type(2) {
    background-position: -365px -271px;
}

div:nth-of-type(3) span:nth-of-type(1) {
    background-position: -543px -488px;
}

div:nth-of-type(3) span:nth-of-type(2) {
    background-position: -365px -271px;
}

div:nth-of-type(3) span:nth-of-type(3) {
  background-position: -194px -491px;
}

div:nth-of-type(3) span:nth-of-type(4) {
    background-position: -2px -267px;
}

p {
    font-size: 80px;
    height: 100px;
    line-height: 100px;
    width: 900px;
    text-align: center;
    color: deepskyblue;
}
```

图 15.1.3　CSS 代码参考

任务二　仿王者荣耀网站顶部制作

任务要求

（1）新建文件 1502.html。

（2）引入 favicon 页面标题图标：<link rel="shortcut icon" href="favicon.ico">；

（3）设置页面背景图 01.jpg，靠上居中。

（4）导航部分为黑色，透明度 0.7，高 84px，内容居中。

（5）Logo 部分运用 H1+文字，有助搜索引擎查找。

（6）鼠标经过导航时，背景为精灵图。

（7）登录界面前图片也运用精灵图技术。

效果如图 15.2.1 所示，HTML 代码部分如图 15.2.2 所示，CSS 代码部分如图 15.2.3 所示。

图 15.2.1　效果图

```
<header>
    <h1><a href="#" title="王者荣耀">王者荣耀</a></h1>
    <div>
        <a href="#">首页</a>
        <a href="#">游戏资料</a>
        <a href="#">内容中心</a>
        <a href="#">赛事中心</a>
        <a href="#">王者百态</a>
        <a href="#">社区互动</a>
        <a href="#">玩家支持</a>
    </div>
    <div>
        <a href="#" class="imgs"></a>
    </div>
    <a href="#">欢迎登录</a>
</header>
```

图 15.2.2　HTML 代码部分

```
* {
    padding: 0;
    margin: 0;
}
a {
    display: inline-block;
    text-decoration: none;    /*去掉链接自带下划线*/
    color: #c9c9dd;
}

body {
    background: url(imgs/01.jpg)no-repeat, top center;
            /*页面背景*/
}

header {
    text-align: center;
    height: 84px;
    line-height: 84px;
    background-color: rgba(0, 0, 0, .7); /*导航背景黑色透明*/
}

header h1,
header div {
    display: inline-block; /*转换为行内元素，便于在一行显示*/
}

header h1 a {
    display: inline-block;
    font-size: 0;           /*字号大小为0，就可以隐藏看不到*/
    width: 200px;
    height: 54px;
    background: url(imgs/logo.png) no-repeat;
}

header div a {
    width: 110px;
    height: 84px;
```

```
    text-align: center;
}

header div a:hover {
    background: url(imgs/index.png)no-repeat 0 -3px;
}

.imgs {
    vertical-align: middle;
    width: 65px;
    height: 62px;
    background: url(imgs/index.png)no-repeat -179px 0;
}
```

图 15.2.3　CSS 代码部分

项目总结

本项目主要介绍了背景精灵图。在网页中，我们可以看到有很多的小图标，因为浏览器显示网页的所有内容都需要从服务器进行下载，如果将这些图标分别存在服务器上，那么当需要显示的时候将会发出很多次请求→响应→下载，这样一来将会消耗大量的时间来下载这些小图标。为了提高网页响应速度，避免这个小图标加载耗费大量时间，于是将这些小图片全部放到一张图片上，这就需要用到 CSS 中两个与背景图片有关的属性：

background-image：url（"图片地址"）;

background-position：x 坐标 y 坐标；坐标一定要为负值。

项目十六　盒子模型

项目要求

<table>
<tr><td rowspan="1">一、目的要求</td><td colspan="4">Web 页面布局传统方式有 2 个，一个是表格，一个是 DIV 层（即盒子）。它们都是一种容器，本身是用于存放所有元素（即内容）。盒子模型是网页布局的基础，只有掌握了盒子模型的各种规律及特征，才可以更好地控制网页中各个元素所呈现出来的效果。
通过本次项目学习，读者能加深对盒子模型概念及相关属性作用的理解和掌握</td></tr>
<tr><td rowspan="4">二、工具、器材</td><td>实验设备</td><td>数量</td><td colspan="2">备注</td></tr>
<tr><td rowspan="2">PC 机/笔记本</td><td rowspan="2">1</td><td colspan="2">1. 有谷歌浏览器</td></tr>
<tr><td colspan="2">2. 安装有 VSCode/HBuilder 等开发工具</td></tr>
<tr><td>有无线网卡/有线网卡</td><td>1</td><td colspan="2">无线接入/有线接入</td></tr>
<tr><td>三、重难点分析</td><td colspan="4">✧ 清楚盒子模型 4 个组成部分；
✧ 会内外边距的分写与连写；
✧ 会计算盒子实际大小；
✧ 解决外边距塌陷问题；
✧ 能利用边框复写给元素添加边框；
✧ 会设置圆角边框、给盒子或文字添加阴影</td></tr>
<tr><td colspan="5">四、教学过程</td></tr>
<tr><td>教学步骤/知识或单元结构</td><td colspan="2">教学方法/策略</td><td colspan="2">学生课堂安排/过程</td></tr>
<tr><td>1. 认识盒模型</td><td colspan="2">先用牛奶的运输引入盒子的概念，讲解网页布局的本质</td><td colspan="2">清楚网页布局就是盒子的摆放，认识到盒模型的重要性</td></tr>
<tr><td>2. 盒模型的组成</td><td colspan="2">用包装盒案例讲解盒模型由内边距、外边距和边框组成</td><td colspan="2">了解盒模型的组成</td></tr>
<tr><td>3. 盒子边框</td><td colspan="2">讲解演示边框的添加语法和属性，边框会撑大盒子本身大小</td><td colspan="2">掌握并能运用，了解三角形的画法</td></tr>
<tr><td>4. 内边距</td><td colspan="2">讲解内边距的设置，内边距会撑大盒子以及如何查看网页中的内边距</td><td colspan="2">掌握并能在实际开发中灵活运用</td></tr>
<tr><td>5. 外边距</td><td colspan="2">讲解外边距的设置以及如何查看网页中的外边距</td><td colspan="2">掌握并能在实际开发中灵活运用</td></tr>
<tr><td>6. box-sizing
7. 重置样式之清除内外边距</td><td colspan="2">讲解运用自减模式初始化样式，避免盒子本身会被内边距和边框撑大的解决方法</td><td colspan="2">掌握并能运用</td></tr>
<tr><td>8. 圆角边框</td><td colspan="2">讲解演示圆角边框的语法</td><td colspan="2">了解掌握</td></tr>
<tr><td>9. 文字/盒子阴影</td><td colspan="2">讲解演示盒子阴影的语法，以及必备属性和可选属性的用法</td><td colspan="2">学习盒子阴影后，根据语法提示，自己动手能设置文字的阴影</td></tr>
<tr><td>10. 布置任务</td><td colspan="2">实操练习</td><td colspan="2">强化课堂认知技能</td></tr>
<tr><td colspan="5">五、成绩评定</td></tr>
<tr><td>评定等级</td><td colspan="2"></td><td>教师签名</td><td></td></tr>
<tr><td colspan="5">六、反思和总结</td></tr>
<tr><td colspan="5"></td></tr>
</table>

项目展示

盒模型综合案例如图 16.1、16.2 所示。

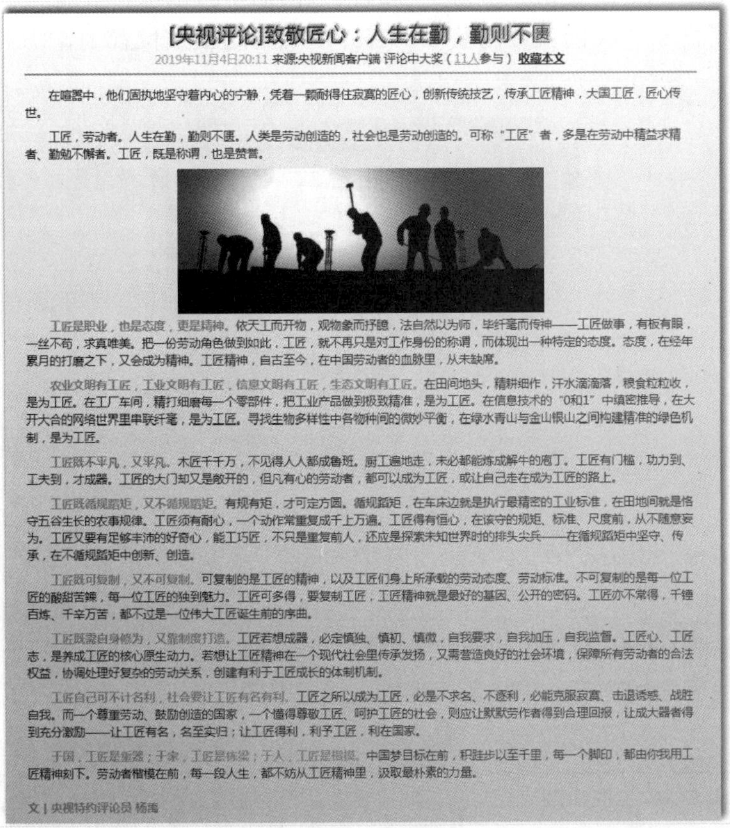

图 16.1　盒模型综合案例 1

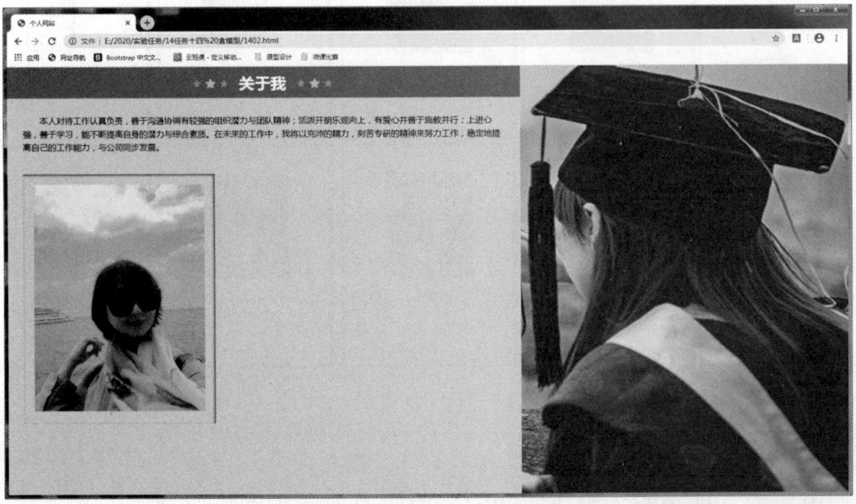

图 16.2　盒模型综合案例 2

教学内容

1. 认识盒模型

盒模型的组成

行内元素类似牛奶，需要用一个盒子装起来，前面学过的双标签就是一个盒子，有了盒子。我们就可以装载内容并随意运送摆放位置了，如图 16.3 所示。

图 16.3　牛奶的摆放

网页布局的本质： 把网页元素（文字图片等等），放入盒子里面，然后利用 CSS 摆放盒子的过程。

盒子模型就是把 HTML 页面中的元素看作是一个矩形的盒子，也就是一个盛装内容的容器。

每个矩形都由元素的内容、内边距（padding）、边框（border）和外边距（margin）组成，如图 16.4 所示。

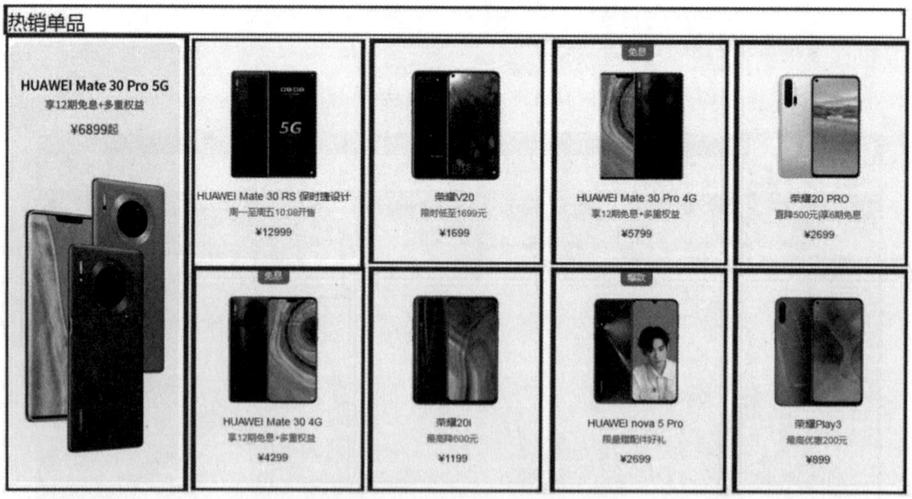

图 16.4　网页中盒子的摆放

2. 盒子模型的组成

盒子模型由边框、外边距、内边距和实际内容组成，如图 16.5 所示。

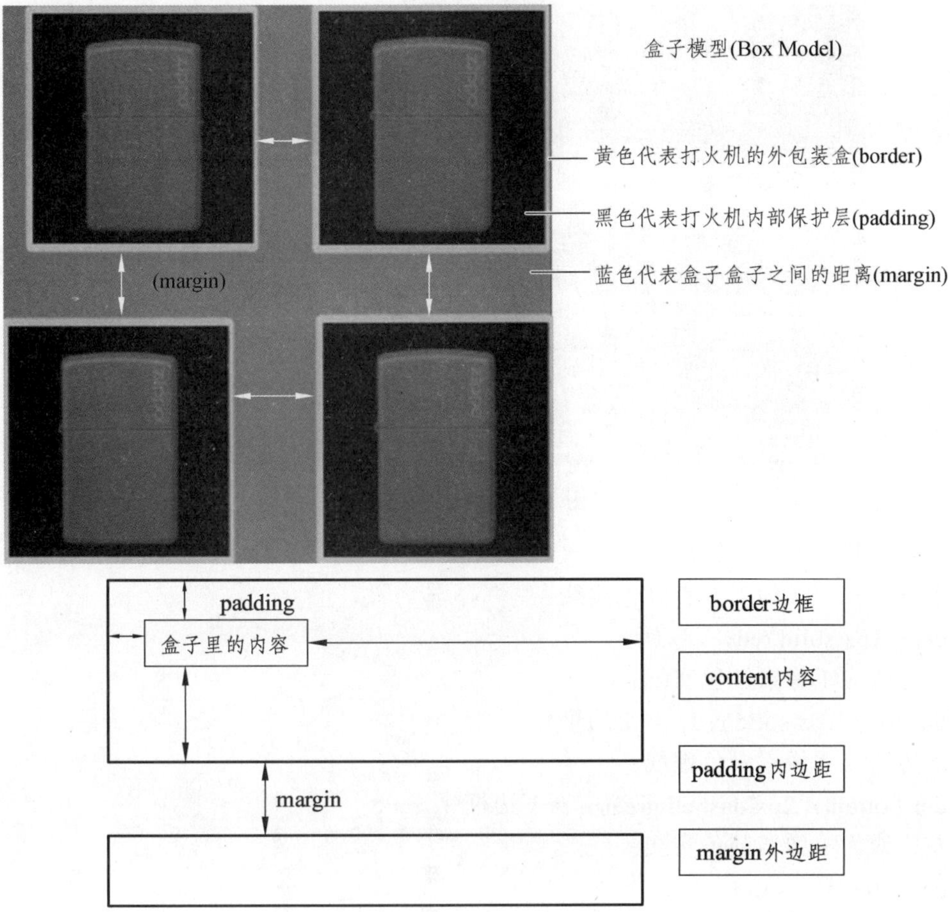

图 16.5　盒模型的组成

3. 盒子边框（border）

边框由边框粗细、边框线样式、边框颜色三部分构成。

（1）语法：border：border-width || border-style || border-color，如图 16.6 所示。

（2）边框线样式。

边框线样式如图 16.6 所示。

盒子边框

语法：　border : border-width || border-style || border-color

边框样式用于定义页面中边框的风格，常用属性值如下：

none：没有边框（默认值）

solid：单实线边框(最为常用的)

dashed：虚线边框

dotted：点线边框

double：双实线边框

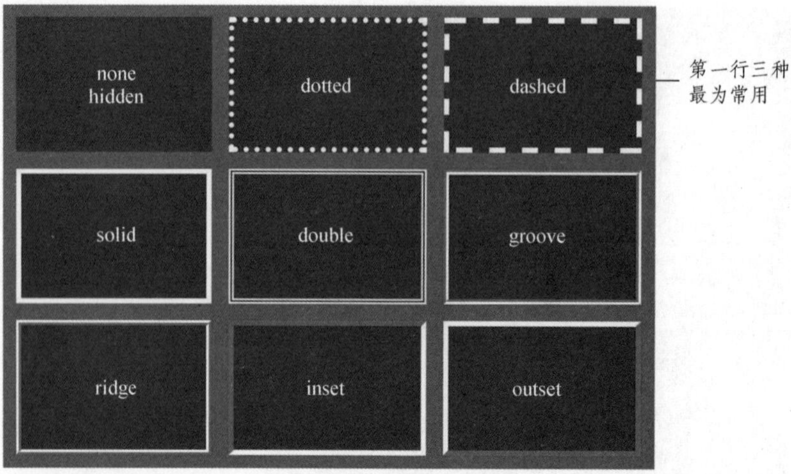

图 16.6　边框线样式

（3）边框样式连写。案例如下：

① 上下左右边线为 1 像素红色实线：

border：1px solid red；

② 上边线为 1 像素红色实线：

border-top：1px solid red；/*上边框*/

③ 下边线为 2 像素绿色虚线：

border-bottom：2px dashed green；/*下边框*/

④ 左边线为 1 像素蓝色实线：

border-left：1px solid blue；

⑤ 右边线为 5 像素粉红色实线：

border-right：5px solid pink；

（4）三角形的制作。案例如图 16.7 所示。

```
div:nth-of-type(1) {
    width: 0;
    height: 0;
    border: 50px solid transparent;
    border-top-color: tomato;
}

div:nth-of-type(2) {
    width: 0;
    height: 0;
    border: 50px solid greenyellow;
    border-top-color: tomato;
    border-bottom-color: dodgerblue;
    border-left-color: yellow;
}

div:nth-of-type(3) {
    width: 0;
    height: 0;
    border: 50px solid transparent;
    border-bottom-color: dodgerblue;
}
```

图 16.7　三角形的制作案例

（5）边框合并。

以前学过的 html 表格相邻边框变得很粗，运用

```
table  {
    border-collapse：collapse；
}
```

表示相邻边框合并在一起。

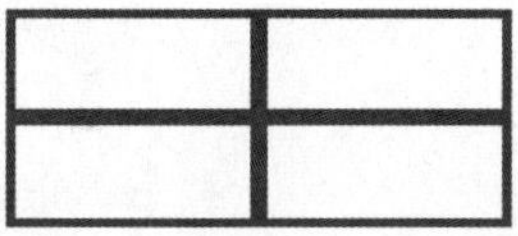

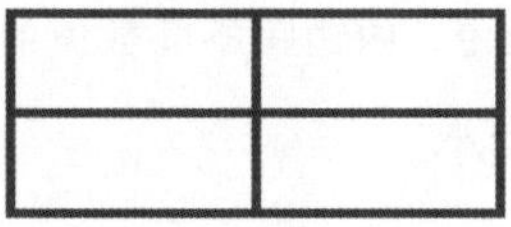

（6）边框会影响盒子的实际大小，如图 16.8 所示。

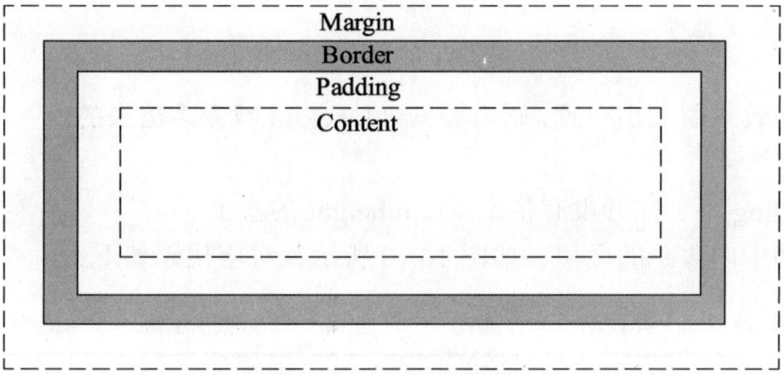

图 16.8　盒子模型

解决方法：

① 测量盒子大小时不去量边框。

② 如果测量时已经包含边框，则需要 width/height 减去边框的宽度。

内边距语法

4. 内边距（padding）

（1）内边距的属性用法。padding 属性（见表 16.1）用于设置内边距，内边距是边框与内容之间的距离。

表 16.1　内边距属性

属性	作用
padding-top	上内边距
padding-bottom	下内边距
padding-left	左内边距
padding-right	右内边距

padding 后面跟不同数值表示的意思是不一样的。其说明如图 16.9 所示。

1、padding:5px; /*上下左右各有5px的内边距*/	padding:一个值 代表4个内边距都是这个值；
2、padding:5px 10px; /*上下内边距各5px 左右内边距各10px*/	padding:上下值 左右值;
3、padding:5px 10px 5px; /*上内边距 5px 左右内边距各10px 下内边距 5px*/	padding:上值 左右值 下值;
4、padding:5px 8px 10px 5px; /*上 5px 右 8px 下 10px 左 5px*/	padding:上值 右值 下值 左值；（顺时针）

图 16.9　内边距不同数值值说明

（2）内边距会影响盒子的实际大小。

给盒子指定内边距后：

① 内容和边框有了距离。

② padding 撑大了盒子。

解决方法：

为保证盒子和效果图大小一致，则需要 width/height 减去多出来的内边距即可。

内边距应用

小技巧：padding 不会撑开没有指定 width/height 的盒子。

（3）导航案例中内边距的运用，如图 16.10 所示，对应代码如下：

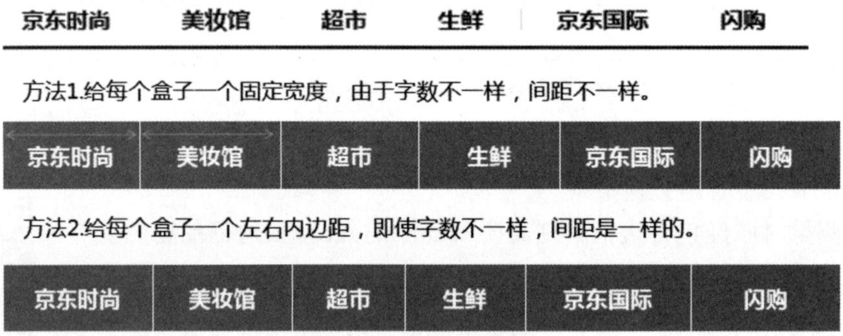

图 16.10　导航案例

```
<style>
        div {
            border-bottom: 2px solid #f30213;
 }

        a {
            height: 33px;
            line-height: 33px;
```

```
            padding: 0 22px;
            text-align: center;
            text-decoration: none;
            font-size: 14px;
            color: #333;
            font-weight: 700;
        }

        p {
            font-size: 40px;
            font-weight: 700;
            text-shadow: 5px -8px 3px #ccc;
        }
    </style>

<body>
    <div><a href="#">京东时尚</a>
        <a href="#">美妆馆</a>
        <a href="#">超市</a>
        <a href="#">生鲜</a>
        <a href="#">京东国际</a>
        <a href="#">闪购</a></div>
</body>
```

5. 外边距（margin）

外边距

（1）外边距的属性用法。

margin 属性（见表 16.2）用于设置外边距。设置外边距会在元素之间创建“空白区域”，这段空白区域通常不能放置其他内容。其语法同内边距 padding。

表 16.2　外边距属性

属性	作用
margin	上外边距　右外边距　下外边距　左外边距
margin-top	上外边距
margin-bottom	下外边距
margin-left	左外边距
margin-right	右外边距

让一个盒子实现水平居中，需要满足一下两个条件：

① 盒子必须是块级元素（行内/行内块元素水平居中，只需给父元素添加 text-align: center）。

② 盒子必须指定宽度（width）。

给左右的外边距都设置为 auto，可使块级元素水平居中。实际工作中常用这种方式进行网页布局，示例代码如下：

```
header {
width:960px;       /*给盒子设置宽度*/
margin:0 auto;    /*让盒子水平居中*/
}
```

（2）外边距合并问题。

① 相邻块元素垂直外边距的合并，如图 16.11 所示。

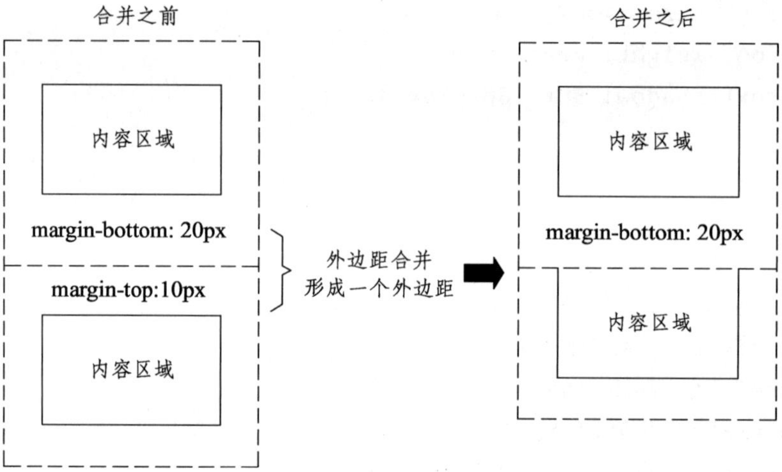

图 16.11　相邻块元素垂直外边距合并

当上下相邻的两个块元素相遇时，如果上面的元素有下外边距 margin-bottom，下面的元素有上外边距 margin-top，则它们之间的垂直间距不是 margin-bottom 与 margin-top 之和，而是两者中的较大者。这种现象被称为相邻块元素垂直外边距的合并（也称外边距塌陷）。

解决方案：尽量避免。

② 嵌套块元素垂直外边距的合并（即外边距塌陷），如图 16.12 所示。

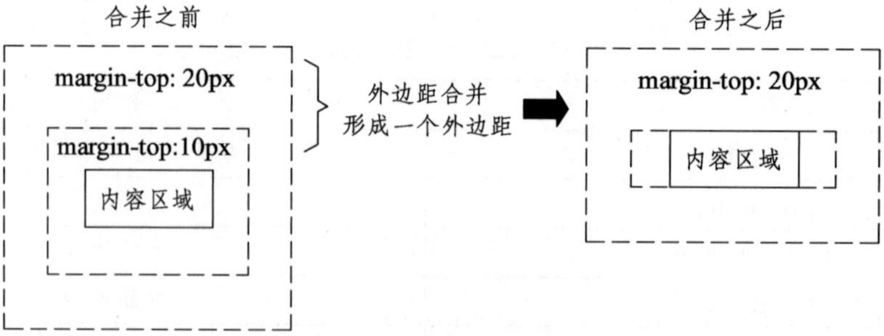

图 16.12　嵌套块元素垂直外边距合并

对于两个嵌套关系的块元素，如果父元素没有上内边距及边框，则父元素的上外边距会与子元素的上外边距发生合并，合并后的外边距为两者中的较大者，即使父元素的上外边距为 0，也会发生合并。

解决方案：

- 可以为父元素定义 1 像素的上边框或上内边距。
- 可以给父元素定义一个上内边距。
- 可以为父元素添加 overflow：hidden。

6. box-sizing 属性

box-sizing：content-box/border-box；
content-box：定义宽度和高度时不包括 border 和 padding 值（默认）。
border-box：定义宽度和高度时，border 和 padding 包含在 width 和 height 之内。

```
<head>
    <meta charset="UTF-8">
    <meta name="viewport" content="width=device-width, initial-scale=1.0">
    <title>Document</title>
    <style>
        div {
            width: 300px;
            height: 100px;
            border: 10px solid #ccc;
            padding: 10px;
        }
        div:nth-of-type(1) {
            box-sizing: content-box;
        }
        div:nth-of-type(2) {
            box-sizing: border-box;
        }
    </style>
</head>
<body>
    <div>content_box属性: 330px</div>
    <br>
    <div>box-sizing属性: 300px</div>
</body>
```

以上代码效果如图 16.13 所示。

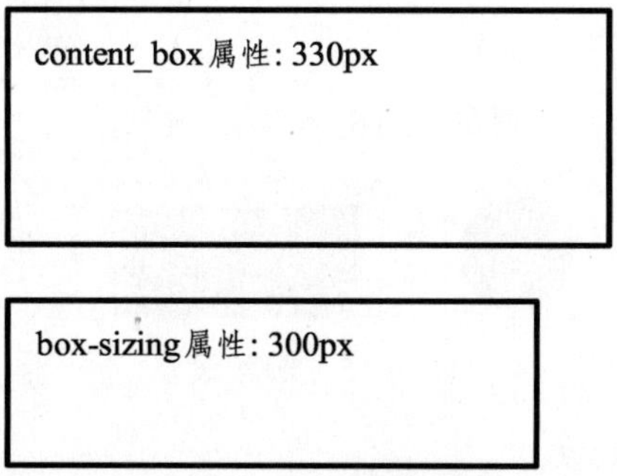

图 16.13　案例效果

7. 重置样式之清除内外边距

网页元素很多都带有默认内外边距，不同浏览器默认值不同。因此在布局之前，首先要清除网页元素自带内外边距，并设置盒模型从边框开始计算。

```
* {
    padding: 0;
    margin: 0;
    box-sizing:border-box;
  }
```

注意：行内元素为了照顾兼容性，只设置左右边距，尽量不要设置上下内外边距（避免没有效果），但是转换为块级元素或行内块后就可以了。

8. 圆角边框（border-radius）

圆角边框和盒子阴影

语法：border-radius：1-4 length | %;（参数 1 参数 2 空格隔开时）

一个参数，表示四个角的圆角一样。

两个参数，第一个表示左上角和右下角，第二个表示右上角和左下角。

三个参数，第一个左上角，第二个表示右上角和左下角，第三个表示右下角。

四个参数，四个值的顺序是：左上角，右上角，右下角，左下角。

也可以分开写成：border-top-left-radius、border-top-right-radius、border-bottom-left-radius、border-bottom-right-radius。

圆角原理如图 16.14 所示。

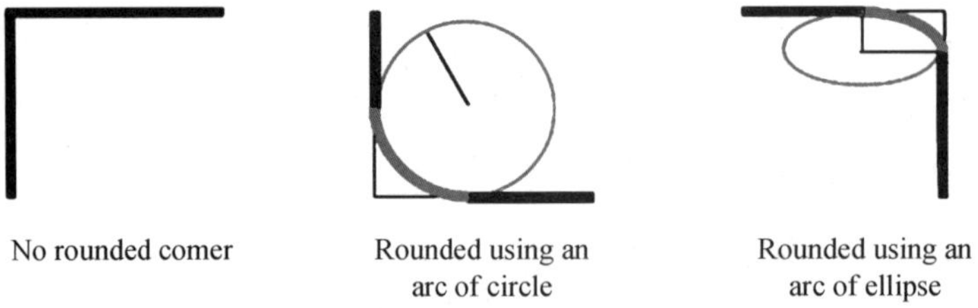

图 16.14　圆角原理

如果是正方形盒子，把数字修改为宽高的一半，或者写 50%，就可以得到一个圆形盒子，如：border-radius：50%；

如果是矩形设置高度一半，可得如图 16.15 所示效果。

图 16.15　圆角设置

9. 盒子阴影（box-shadow）

语法：box-shadow：像素值 1 像素值 2 像素值 3 像素值 4 颜色值 阴影类

其属性说明如表 16.3 所示。

表 16.3 盒子阴影属性说明

参数值	说明
像素 1	表示元素水平阴影的位置，可以为负值（必选属性）
像素 2	表示元素垂直阴影的位置，可以为负值（必选属性）
像素 3	阴影模糊半径（可选属性），数值越大越模糊
像素 4	阴影扩展半径，不能为负值（可选属性），数值越大阴影越大
颜色值	阴影颜色（可选属性）
阴影类型	内阴影（inset）/外阴影（默认）（可选属性）

如：box-shadow: 8px -5px 8px 3px rgba(0, 0, 0, .5);

10. 文字阴影（text-shadow）

语法：text-shadow：h-shadow v-shadow blur color;

其属性说明如表 16.4 所示。

表 16.4 文字阴影属性说明

参数值	说明
h-shadow	表示元素水平阴影的位置，可以为负值（必选属性）
v-shadow	表示元素垂直阴影的位置，可以为负值（必选属性）
blur	阴影模糊半径（可选属性），数值越大越模糊
color	阴影颜色（可选属性）

如：

text-shadow: 5px -8px 3px #ccc;

项目训练

任务一 图文排版

任务要求

（1）打开文件 1104.html，另存为 1601.html。

（2）最外层加一个类名为 box 的盒子，宽度为 980px，水平居中，距离顶部 15px，2px 灰色边框线，并设置上下 10px、左右 30px 的内边距，背景色渐变，并加上盒子阴影效果（box-shadow： 5px -5px 8px rgba（0， 0， 0， .6）; ）。

（3）<h1>距离<header>5px，并添加文字阴影效果。

（4）取消原有<hr>，<header>部分加 2px 紫色下边线，距离 10px。

（5）<article>部分设置上下内边距 15px。

（6）段落间间距 10px。

图文排版效果如图 16.1.1 所示，其对应的 CSS 内联式代码如图 16.1.2 所示，结构部分代码参考 1104.html。

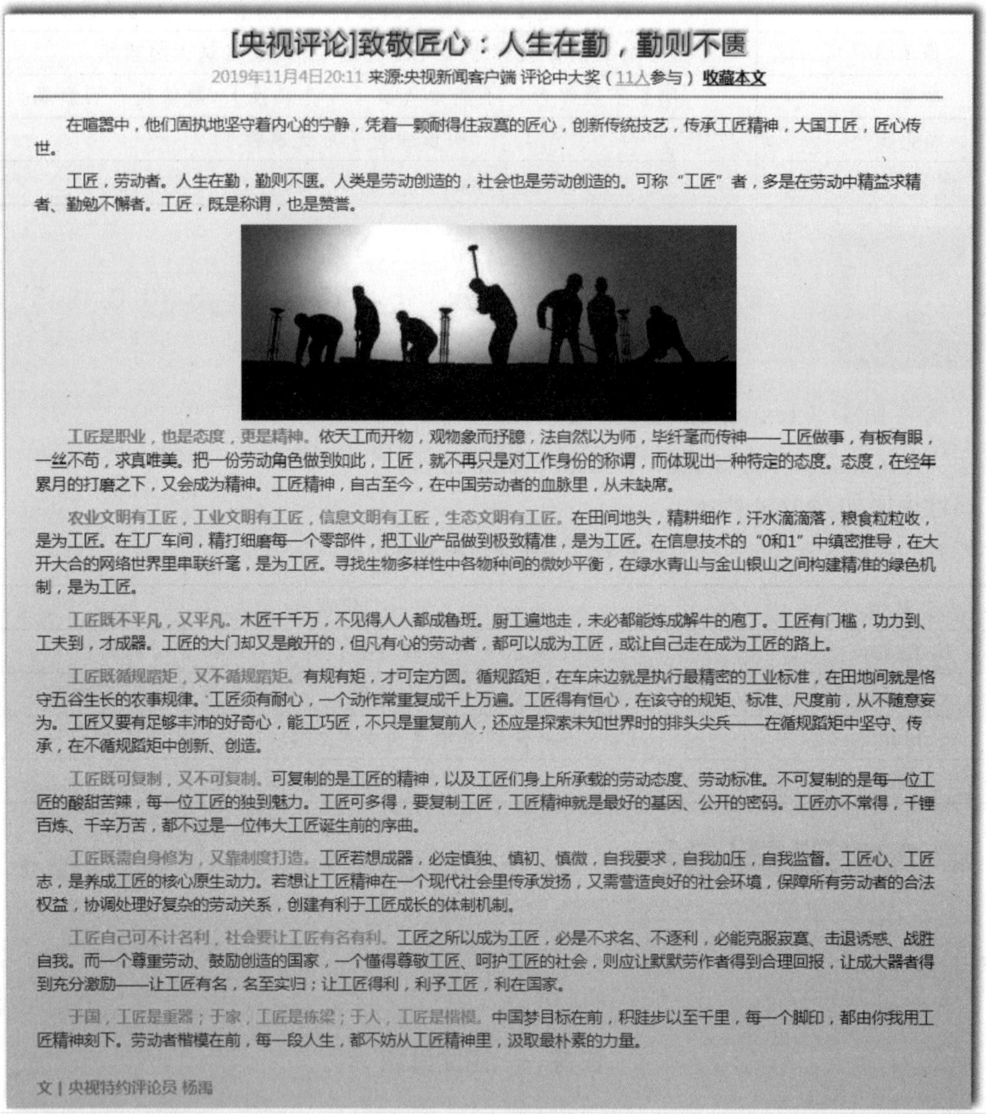

[央视评论]致敬匠心：人生在勤，勤则不匮

2019年11月4日20:11 来源:央视新闻客户端 评论中大奖（11人参与）收藏本文

在喧嚣中，他们固执地坚守着内心的宁静，凭着一颗耐得住寂寞的匠心，创新传统技艺，传承工匠精神，大国工匠，匠心传世。

工匠，劳动者。人生在勤，勤则不匮。人类是劳动创造的，社会也是劳动创造的。可称“工匠”者，多是在劳动中精益求精者、勤勉不懈者。工匠，既是称谓，也是赞誉。

工匠是职业，也是态度，更是精神。依天工而开物，观物象而抒臆，法自然以为师，毕纤毫而传神——工匠做事，有板有眼，一丝不苟，求真唯美。把一份劳动角色做到如此，工匠，就不再只是对工作身份的称谓，而体现出一种特定的态度。态度，在经年累月的打磨之下，又会成为精神。工匠精神，自古至今，在中国劳动者的血脉里，从未缺席。

农业文明有工匠，工业文明有工匠，信息文明有工匠，生态文明有工匠。在田间地头，精耕细作，汗水滴滴落，粮食粒粒收，是为工匠。在工厂车间，精打细磨每一个零部件，把工业产品做到极致精准，是为工匠。在信息技术的“0和1”中缜密推导，在大开大合的网络世界里串联纤毫，是为工匠。寻找生物多样性中各物种间的微妙平衡，在绿水青山与金山银山之间构建精准的绿色机制，是为工匠。

工匠既不平凡，又平凡。木匠千千万，不见得人人都成鲁班。厨工遍地走，未必都能炼成解牛的庖丁。工匠有门槛，功力到、工夫到，才成器。工匠的大门却又是敞开的，但凡有心的劳动者，都可以成为工匠，或让自己走在成为工匠的路上。

工匠既循规蹈矩，又不循规蹈矩。有规有矩，才可定方圆。循规蹈矩，在车床边就是执行最精密的工业标准，在田地间就是恪守五谷生长的农事规律。工匠须有耐心，一个动作常重复成千上万遍。工匠得有恒心，在该守的规矩、标准、尺度前，从不随意妄为。工匠又要有足够丰沛的好奇心，能工巧匠，不只是重复前人，还应是探索未知世界时的排头尖兵——在循规蹈矩中坚守、传承，在不循规蹈矩中创新、创造。

工匠既可复制，又不可复制。可复制的是工匠的精神，以及工匠们身上所承载的劳动态度、劳动标准。不可复制的是每一位工匠的酸甜苦辣，每一位工匠的独到魅力。工匠可多得，要复制工匠，工匠精神就是最好的基因、公开的密码。工匠亦不常得，千锤百炼、千辛万苦，都不过是一位伟大工匠诞生前的序曲。

工匠既需自身修为，又靠制度打造。工匠若想成器，必定慎独、慎初、慎微，自我要求，自我加压，自我监督。工匠心、工匠志，是养成工匠的核心原生动力。若想让工匠精神在一个现代社会里传承发扬，又需营造良好的社会环境，保障所有劳动者的合法权益，协调处理好复杂的劳动关系，创建有利于工匠成长的体制机制。

工匠自己可不计名利，社会要让工匠有名有利。工匠之所以成为工匠，必是不求名、不逐利，必能克服寂寞、击退诱惑、战胜自我。而一个尊重劳动、鼓励创造的国家，一个懂得尊敬工匠、呵护工匠的社会，则应让默默劳作者得到合理回报，让成大器者得到充分激励——让工匠有名，名至实归；让工匠得利，利予工匠，利在国家。

于国，工匠是重器；于家，工匠是栋梁；于人，工匠是楷模。中国梦目标在前，积跬步以至千里，每一个脚印，都由你我用工匠精神刻下。劳动者楷模在前，每一段人生，都不妨从工匠精神里，汲取最朴素的力量。

文 | 央视特约评论员 杨禹

图 16.1.1　图文排版效果

```
<style>
    * {
        padding: 0;
        margin: 0;
        box-sizing: border-box;
    }
```

```
.box {
    width: 980px;
    margin: 15px auto;
    border: 1px solid #ccc;
    padding: 10px 30px;
    background: -webkit-linear-gradient(#fff, rgb(248, 199, 152));
    box-shadow: 5px -5px 8px rgba(0, 0, 0, .6);
    }
h1 {
    font: normal 28px "微软雅黑";
    text-align: center;
    color: red;
    font-weight: 400;
    margin-bottom: 5px;
    text-shadow: 2px -2px 3px rgba(0, 0, 0, 0.4);
}

header {
    text-align: center;
    padding-bottom: 10px;
    border-bottom: 2px solid plum;
}

article {
    padding: 15px 0;
}

.date {
    color: skyblue;
}

.purple {
    color: purple;
}

a {
    font-weight: 700;
}
```

```
    .num {
        font-weight: 400;
        color: orange;
    }

    p {
        text-indent: 2em;
        color: #333;
        line-height: 24px;
        margin-bottom: 10px;
    }

   .imgs {
        text-align: center;
    }

    strong {
        color: deepskyblue;
    }

    em {
        font-style: normal;
        /*让倾斜的文字不倾斜*/
        color: rgb(255, 123, 0);
        font-weight: 700;
    }

</style>
```

图 16.1.2 CSS 内联式代码

任务二 个人网页 about 部分

任务要求

（1）新建文件 1602.html，设置 body 背景图片宽高 100%，背景固定。
（2）用百分比布局做一个高度 100%，宽度 980px，名为.container-fluid 的盒子。
（3）标题文字左右插入星星图片，图片距离标题文字 15px。
（4）正文盒子内边距上下左右 30px，段落文字首行缩进 2 个字，字号 16px，行高 25px。
（5）图片盒子宽度 40%，添加盒子内部阴影。

（6）设置图片在盒子内宽度 100%，内边距为 20px。

效果如图 16.2.1 所示，其 CSS 代码如图 16.2.2 所示，HTML 代码如图 16.2.3 所示。

图 16.2.1　个人网关于我部分效果

```
* {
    padding: 0;
    margin: 0;
    box-sizing: border-box;
}

html {
    width: 100%;
    height: 100%;
}

body {
    height: 100%;
    width: 100%;
    background: url(imgs/bg.jpg)no-repeat top center;
    background-size: 100% 100%;
    background-attachment: fixed; /*背景固定不随屏幕滚动*/
}

.container-fluid {
    width: 980px;
    height: 100%;
    background-color: rgb(211, 230, 247);
```

```
}

section {
    width: 980px;
    height: 60px;
    line-height: 60px;
    color: #fff;
    text-align: center;
    background-color: dodgerblue;
}

section h3 {
    display: inline-block;
    font-size: 30px;
    padding: 0 15px;
}

article {
    width: 980px;
    padding: 30px;
}

article p {
    font-size: 16px;
    text-indent: 2em;
    line-height: 25px;
}

.photo {
    width: 40%;
    margin-top: 40px;
    box-shadow: inset -2px 2px 4px rgba(0, 0, 0, .6);/*盒子内部阴影*/
}

article img {
    width: 100%;
    padding: 20px;
}
```

图 16.2.2　个人网关于我部分 CSS 代码

```
<div class="container-fluid">
        <section>
            <img src="imgs/star.png" alt="">
            <h3>关于我</h3> <img src="imgs/star.png" alt="">
        </section>
        <article>
            <p>本人对待工作认真负责，善于沟通协调有较强的组织潜力与团队精神；活泼开朗乐观向上，有爱心并善于施教并行；上进心强，善于学习，能不断提高自身的潜力与综合素质。在未来的工作中，我将以充沛的精力，刻苦钻研的精神来努力工作，稳定地提高自己的工作能力，与公司同步发展。</p>
            <div class="photo"><img src="imgs/my.jpg" alt=""></div>
        </article>
    </div>
```

图 16.2.3　个人网关于我部分 HTML 代码

任务三　图片卡制作

任务要求

（1）新建文件 1603.html。

（2）设置宽高 800*300，背景为天蓝色，圆角 20px 并带有盒子阴影的大盒子，居中。

（3）标题设为白色，字号 40px，字符间距 10px。

（4）三个图片 span 盒子为 150*150，每个设置不用的边框线和背景图（铺满整个盒子），其外边距设置为上下 25px，左右 50px。

（5）设置鼠标经过图片盒子时，盒子变成圆形，加过渡效果（transition：all 1s;）。效果如图 16.3.1 所示，CSS 样式代码如图 16.3.2 所示，HTML 代码如图 16.3.3 所示。

图 16.3.1　图片卡制作效果

```
<style>
    * {
        padding: 0;
        margin: 0;
        box-sizing: border-box;
    }

    div {
        width: 800px;
        margin: 20px auto;
        background-color: deepskyblue;
        height: 300px;
        text-align: center;
        border-radius: 20px;
        box-shadow: 5px 5px 10px rgb(90, 88, 88);
        }
   h3 {
        padding: 10px;
        font-size: 40px;
        letter-spacing: 10px;
        color: #fff;
    }

    span {
        display: inline-block;
        width: 150px;
        height: 150px;
        background: url(imgs/02.jpg)no-repeat;
        background-size: 100% 100%;
        border: 2px dashed #fff;
        margin: 25px 50px;
        transition: all 1s;
    }

    span:nth-of-type(2) {
        border-style: solid;
        border-radius: 20px;
        background: url(imgs/03.jpg)no-repeat;
        background-size: 100% 100%;
```

```
        }

        span:nth-of-type(3) {
            border-style: dotted;
            background: url(imgs/04.jpg)no-repeat;
            background-size: 100% 100%;
        }

        span:hover {
            border-radius: 50%;
        }

</style>
```

图 16.3.2　实现 CSS 样式代码

```
<body>
    <div>
        <h3>疯狂动物城</h3>
        <span></span>
        <span></span>
        <span></span>
    </div>
</body>
```

图 16.3.3　结构 HTML 代码

项目总结

本项目主要介绍了盒子模型的组成和盒模型中的常见属性用法。通过练习，读者能学会了网页的基础布局设置。

项目十七　浮动

项目要求

<table>
<tr><td>一、目的要求</td><td colspan="4">网页设计中，网页元素会按照从上到下或者从左到右的方式进行排列，这样网页版面将会显得单调、不美观。为使网页排版更加饱满、合理，变得美观，就需要进行页面布局。
使用本项目浮动，使页面变得整齐、有序</td></tr>
<tr><td rowspan="4">二、工具、器材</td><td>实验设备</td><td>数量</td><td colspan="2">备注</td></tr>
<tr><td rowspan="2">PC 机/笔记本</td><td rowspan="2">1</td><td colspan="2">1. 有谷歌浏览器</td></tr>
<tr><td colspan="2">2. 安装有 VSCode/HBuilder 等开发工</td></tr>
<tr><td>有无线网卡/有线网卡</td><td>1</td><td colspan="2">无线接入/有线接入</td></tr>
<tr><td>三、重难点分析</td><td colspan="4">✧ 理解元素的浮动意义，能设置元素浮动样式；
✧ 可以使用不同的方法清除浮动</td></tr>
<tr><td colspan="5">四、教学过程</td></tr>
<tr><td>教学步骤/知识或单元结构</td><td>教学方法/策略</td><td colspan="3">学生课堂安排/过程</td></tr>
<tr><td>1. 网页常见布局方式</td><td>浏览网页，告知学生常见布局方式</td><td colspan="3">了解常见布局</td></tr>
<tr><td>2. 为什么要浮动</td><td>提问：如何让网页中的盒子一左一右分散对齐，如何消除行内块元素的中间空隙，引入浮动的概念</td><td colspan="3">学生先操作用以前学习的知识点能否实现分散对齐？能否消除行内块元素的中间空隙？</td></tr>
<tr><td>3. 浮动的语法</td><td>重点讲解介绍 float：left；</td><td colspan="3">了解浮动属性</td></tr>
<tr><td>4. 浮动的特性</td><td>讲解演示分析浮动的特点</td><td colspan="3">重点掌握</td></tr>
<tr><td>5. 网页中的常见布局</td><td>演示运用浮动制作一个网页常见布局</td><td colspan="3">学生学习后能独立完成剩余几个常见布局</td></tr>
<tr><td>6. 清除浮动</td><td>1. 先让学生观察网页案例，提问父盒子一定要给高吗？
2. 提出解决问题的方法
3. 介绍清除浮动的几种方法</td><td colspan="3">1. 思考为什么要清除浮动问题
2. 明白清除浮动的本质是什么
3. 掌握至少两种清除浮动的方法</td></tr>
<tr><td>7. 布置任务</td><td>实操练习</td><td colspan="3">强化课堂认知技能</td></tr>
<tr><td colspan="5">五、成绩评定</td></tr>
<tr><td>评定等级</td><td></td><td colspan="2">教师签名</td><td></td></tr>
<tr><td colspan="5">六、反思和总结</td></tr>
<tr><td colspan="5"></td></tr>
</table>

项目展示

个人网站导航条、锚点相册的制作效果如图 17.1、17.2 所示。

图 17.1　个人网站导航条制作

图 17.2　锚点相册制作

教学内容

1. 网页常见布局方式

网页布局的本质——用 CSS 来摆放盒子（搭积木），把盒子摆放到相应位置。

CSS 提供了三种传统布局方式，如图 17.3 所示。

所谓的标准流（普通流/文档流）就是标签按照规定的默认方式排列。

❖　块级元素会独占一行，从上向下顺序排列。

常用元素：div、hr、p、h1 ~ h6、ul、ol、dl、form、table 等。

❖　行内元素会按照顺序从左到右排列，碰到父元素边缘则自动换行。

常用元素：span、a、i、em 等。

以上都是标准流布局，前面大家学习的就是标准流，标准流是最基本的布局方式。

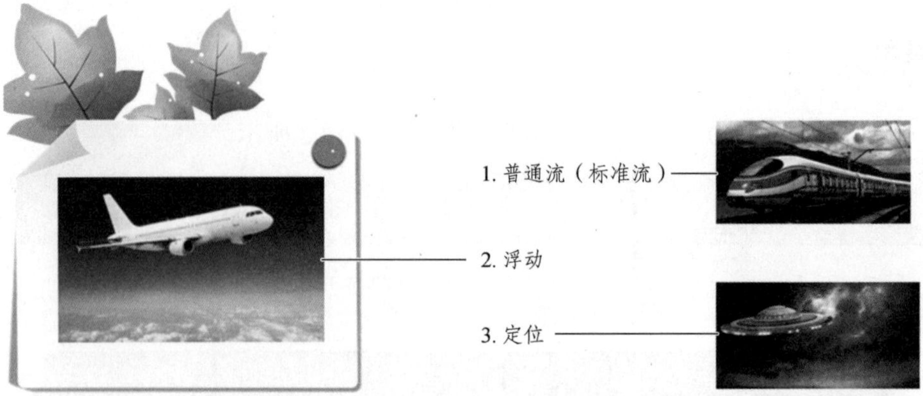

图 17.3　网页常见布局方式

2. 为什么要浮动

为什么要浮动

提问：

（1）如何让多个块级盒子（div）水平排列成一行？

虽然转换为行内块元素可以实现一行显示，但它们之间会有大的空白缝隙，很难控制。

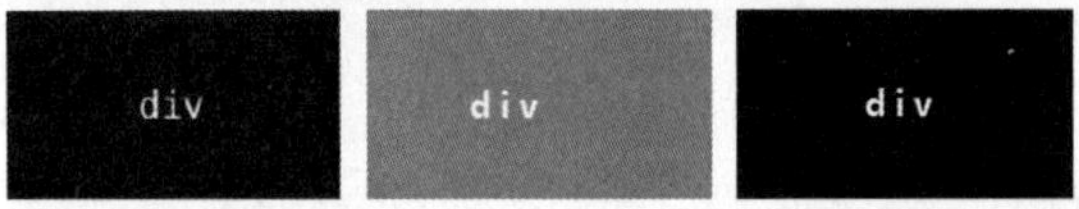

（2）如何实现两个盒子的左右对齐？

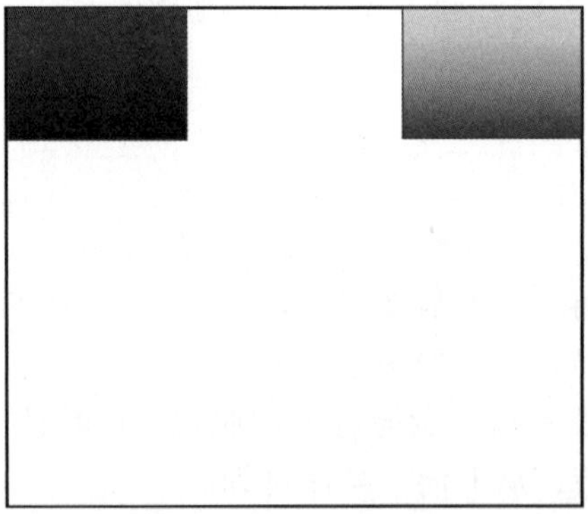

此时就可以利用浮动完成布局。因为浮动可以改变元素标签默认的排列方式。

浮动最典型的应用：可以让多个块级元素一行内排列显示。

网页布局第一准则：多个块级元素纵向排列用标准流方式，多个块级元素横向排列用浮动方式。

3. 浮动 float 语法

选择器 { float：属性值；}

其属性值如表 17.1 所示。

表 17.1　浮动属性

值	描述
left	元素向左浮动
right	元素向右浮动
none	默认值。元素不浮动，并会显示在其在文本中出现的位置
inherit	规定应该从父元素继承 float 属性的值

4. 浮动特性

浮动的特点

浮动特性：浮动的元素会脱离标准流排列；浮动的元素会一行内显示并且元素顶部对齐；浮动的元素会具有行内块元素的特性。

（1）浮动元素会脱离标准流排列。

设置了浮动（float）的元素最重要特性：脱离标准普通流的控制（浮）移动到指定位置（动），俗称脱标。浮动的盒子不再保留原先的位置，如图 17.4 所示。

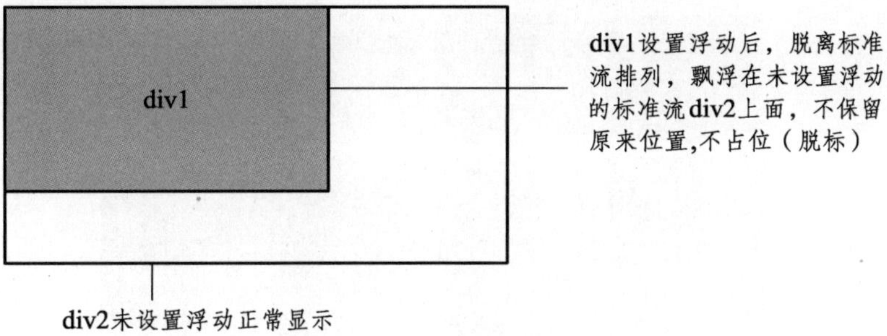

图 17.4　浮动的特性

（2）浮动的元素会一行内显示并且元素顶部对齐。

如果多个盒子都设置了浮动，则它们会按照属性值一行内显示并且顶端对齐排列。浮动的元素是互相贴靠在一起的（不会有缝隙），如果父级宽度装不下这些浮动的盒子，多出的盒子会另起一行对齐。

（3）浮动元素会具有行内块元素特性。

任何元素都可以浮动，不管原先是什么模式的元素，添加浮动之后会具有行内块元素相似的特性。

如果块级盒子没有设置宽度，默认宽度和父级一样宽，但是添加浮动后，其大小根据内容来决定。

浮动的盒子中间是没有缝隙的，是紧挨着一起的。

行内元素也是一样，添加浮动之后具有行内块元素相似的特性。

浮动元素和标准流父元素搭配使用

5. 网页中的常见布局

网页中的常见布局方式如图 17.5 所示。

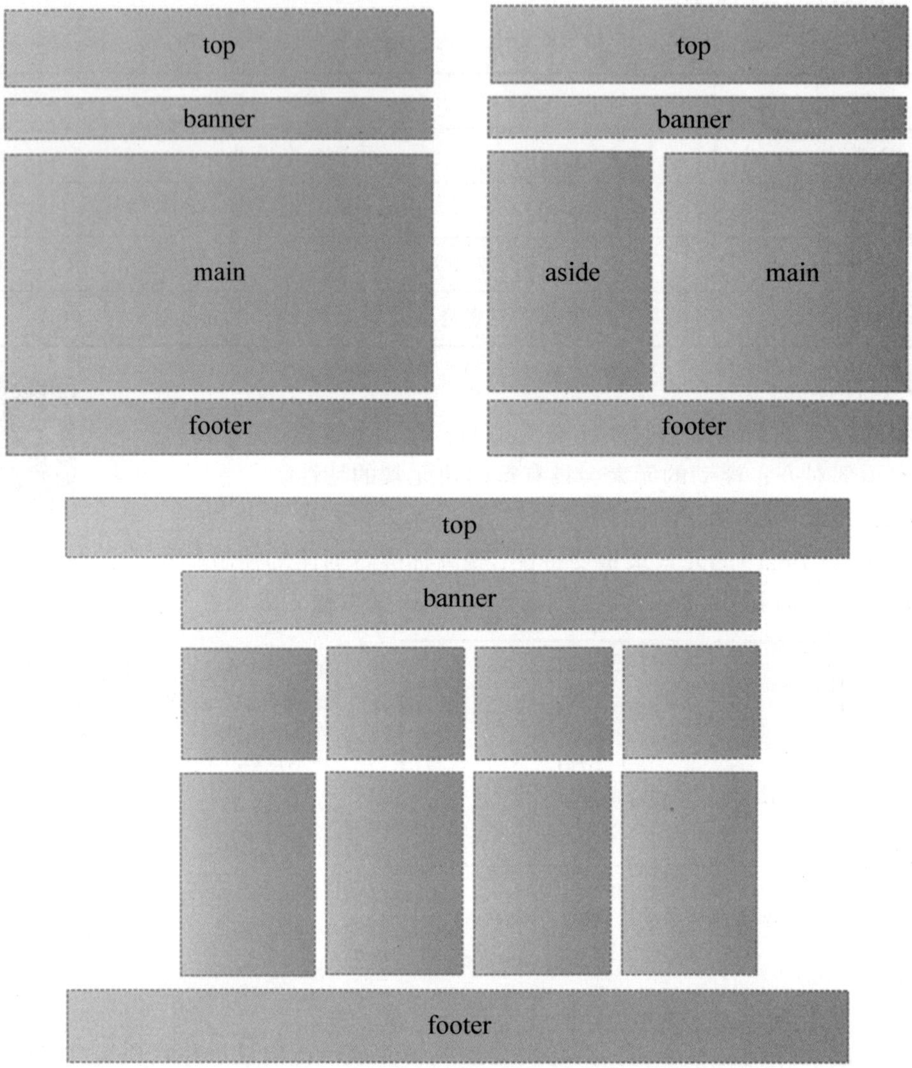

图 17.5　网页中的常见布局方式

思考：浮动的盒子怎么才能在页面中间显示呢？

（1）浮动元素经常与标准流父级搭配使用。

为了约束浮动元素位置，网页布局一般采取的策略是：先用标准流的父元素排列上下位置，再对内部子元素采取浮动排列左右位置，如图 17.6 所示。

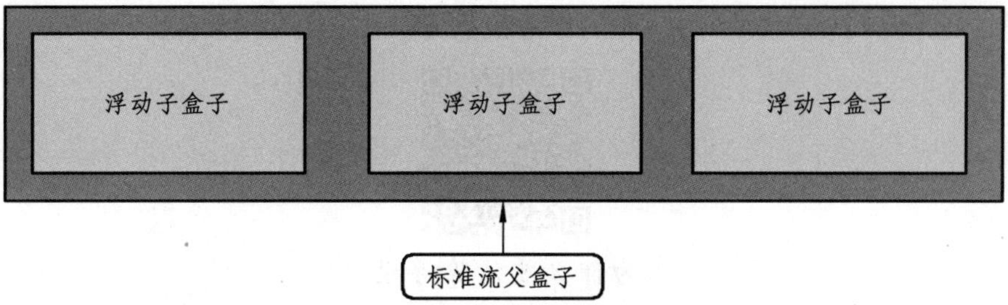

图 17.6　约束浮动元素位置

（2）浮动布局注意事项。

① 浮动和标准流的父盒子搭配。先用标准流的父元素排列上下位置，之后对内部子元素采取浮动排列左右位置。（浮动的子元素的以父元素位置对齐）

② 一个元素浮动了，理论上其余的兄弟元素也要浮动。一个盒子里面有多个子盒子，如果其中一个盒子浮动了，那么其他兄弟也应该浮动，以防止引起问题。浮动的盒子只会影响浮动盒子后面的标准流，不会影响前面的标准流。

浮动注意事项

6. 清除浮动

思考：

前面浮动元素有一个标准流的父元素，它们有一个共同的特点，都是有高度的。但是，所有的父盒子都必须有高度吗？理想中的状态，让子盒子撑开父盒子的高度，孩子有多高，父盒子就有多高。

如果不给父盒子高度会有问题吗？实际运用中，大多数情况都无法给父盒子一个固定的高度，其案例如图 17.7 所示。

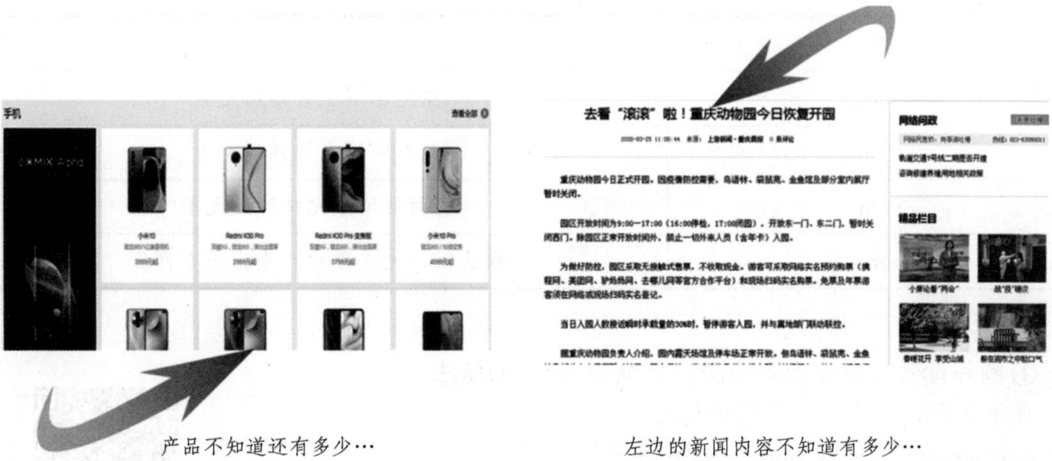

产品不知道还有多少…　　左边的新闻内容不知道有多少…

图 17.7　实际运用实例

（1）为什么要清除浮动。

如上分析，由于父级盒子很多情况下不方便给高度，但是子盒子浮动又不占有位置，最后父级盒子高度为 0 时，就会影响下面的标准流盒子，如图 17.8 所示。

为什么要清除浮动

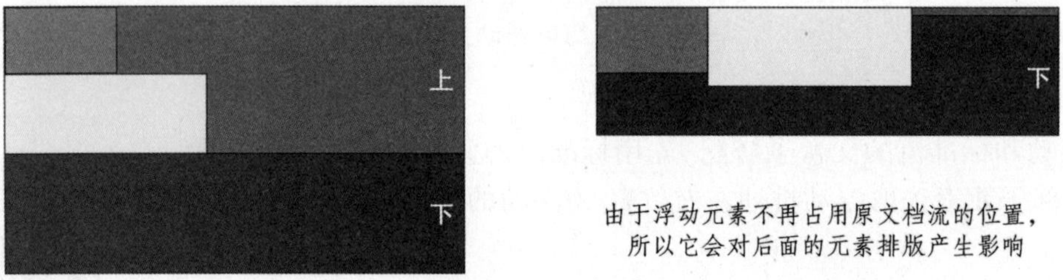

（a）浮动前　　　（b）浮动后

图 17.8　浮动前和浮动后效果

（2）清除浮动的本质。

① 清除浮动的本质是清除浮动元素造成的影响。

② 如果父盒子本身有高度，则不需要清除浮动。

③ 清除浮动之后，父级就会根据浮动的子盒子自动检测高度。

④ 父级有了高度，就不会影响下面的标准流了。

（3）清除浮动的方法。

语法：选择器{　clear：属性值；　}

其属性值如表 17.2 所示。

表 17.2　清除浮动属性值

值	描述
left	在左侧不允许浮动元素
right	在右侧不允许浮动元素
both	在两侧均不允许浮动元素
none	默认值，允许浮动元素出现在两侧

方法：

① 额外标签法也称为隔墙法，是 W3C 推荐的做法。

在子元素末尾添加一个空的标签。

<div style=”clear：both”></div>，

优点：通俗易懂，书写方便。

缺点：添加许多无意义的标签，结构化较差。

注意：要求这个新的空标签必须是块级元素。

清除浮动隔墙法

② 父级添加 overflow 属性，将其属性值设置为 hidden、auto 或 scroll。

```
overflow ：hidden；
```

优点：代码简洁。

缺点：无法显示溢出的部分。

③ 清除浮动：after 伪元素法。

给父元素添加：：after 方式是额外标签法的升级版。

```
.clearfix：：after {
 content： "";
 display： block；
 height： 0；
clear： both；
 visibility： hidden；
}
.clearfix { /* IE6、7 专有 */
 *zoom： 1；
}
```

优点：没有增加标签，结构更简单。

缺点：照顾低版本浏览器。

代表网站：百度、淘宝网、网易等。

④ 父级添加双伪元素清除浮动。

```
.clearfix：before，.clearfix：after {
 content："";
 display：table；
}
.clearfix：after {
 clear：both；  }
.clearfix {
 *zoom：1；
}
```

优点：代码更简洁。

缺点：照顾低版本浏览器。

代表网站：小米、腾讯等。

（4）小结。

为什么需要清除浮动？

父级没设置高度，子盒子浮动了，影响下面盒子布局了，所以就应该清除浮动了。清除浮动方法如表 17.3 所示。

清除浮动的方法

表 17.3　清除浮动四种方法

清除浮动的方式	优点	缺点
额外标签法（隔墙法）	通俗易懂，书写方便	添加许多无意义的标签，结构化差
父级 overflow：hidden;	书写简单	溢出隐藏
父级 after 伪元素	结构语义化正确	IE6-7 不支持 after，兼容问题
父级双伪元素	结构语义化正确	IE6-7 不支持 after，兼容问题

项目训练

任务一　制作网页常见布局

任务要求

新建文件 1701.html。使用结构语义化标签设置的布局效果如图 17.1.1 所示，其 CSS 代码如图 17.1.2 所示，HTML 结构如图 17.1.3 所示。

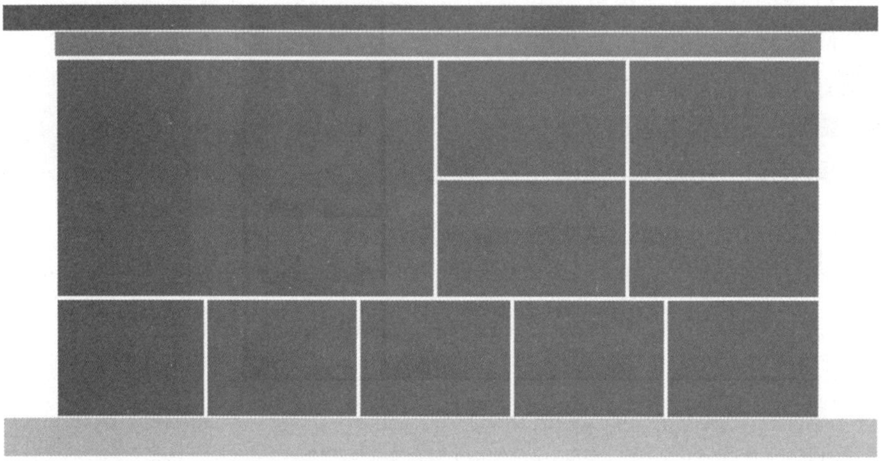

图 17.1.1　网页常见布局效果

```
<style>
        * {
            padding: 0;
            margin: 0;
            box-sizing: border-box;
        }

        .clearfix::after {
            content: "";
            display: block;
```

```
    height: 0;
    visibility: hidden;
    clear: both;
}

header {
    height: 80px;
    background-color: hotpink;
}

nav {
    height: 60px;
    width: 80%;
    margin: 5px auto;
    background-color: orange;
}

section {
    width: 80%;
    margin: 0 auto;
    }
section ul {
    width: 100%;
}

section li {
    list-style: none;
    width: 25%;
    height: 300px;
    float: left;
    background-color: deepskyblue;
    border: 5px solid #fff;
}

section li:nth-of-type(1) {
    width: 50%;
    height: 600px;
}
```

```
    .two ul li {
        width: 20%;
        height: 300px;
    }

    footer {
        background-color: greenyellow;
        height: 100px;
    }
</style>
```

图 17.1.2　常见网页布局 CSS 代码

```
<header></header>
<nav></nav>
<section>
    <ul class="clearfix">
        <li></li>
        <li></li>
        <li></li>
        <li></li>
        <li></li>
    </ul>
</section>
<section class="two clearfix">
      <ul>
        <li></li>
        <li></li>
        <li></li>
        <li></li>
        <li></li>
    </ul>
</section>
<footer></footer>
```

图 17.1.3　常见网页布局 HTML 结构

任务二　个人网站导航的制作

任务要求

（1）打开 1602.html，另存为 1701.html。

（2）在<section>标签前添加<header>标签。
（3）使用无序列表输入导航内容，设置左浮动。
（4）去掉 li 前面的小点，调整第一个 li 外边距为左 20px，右 350px。
（5）第一个 li 中插入图片高度为 45px，距离顶部外边距 13px。
（6）设置 li 里面的 a 内边距为上下 25px，左右 20px。
（7）设置 ul 背景颜色为天蓝色，并且清除浮动。
效果如图 17.2.1 所示，其 CSS 代码如图 17.2.2 所示，HTML 代码如图 17.2.3 所示。

图 17.2.1　效果图

```
* {
    padding: 0;
    margin: 0;
    box-sizing: border-box;
}

.clearfix::after {              /*清除浮动*/
    content: "";
    display: block;
    height: 0;
    visibility: hidden;
    clear: both;
}
 ul {
    width: 980px;
    background-color: skyblue;
}

header li {
    float: left;
    list-style: none;
    }
 header li:nth-of-type(1) {
    margin: 0 350px 0 20px;    /*第一个 li 上右下左的外边距*/
}

header li img {
    height: 45px;
```

```
    margin-top: 13px;
}

header li a {
    display: inline-block;
    font-size: 16px;
    padding: 25px 20px;
    color: #666;
}

header li a:hover {
    color: #333;
    cursor: pointer;              /*鼠标变成小手*/
}
```

图 17.2.2　CSS 代码部分

```
<div class="container-fluid">
    <header>
        <ul class="clearfix">
            <li><img src="imgs/zlp.png" alt=""></li>
            <li><a>首页</a></li>
            <li><a>个人简历</a></li>
            <li><a>个人相册</a></li>
            <li><a>获奖证书</a></li>
            <li><a>给我留言</a></li>
        </ul>
    </header>
    <section>…
    </section>
    <article>…
    </article>
</div>
```

图 17.2.3　HTML 代码部分

任务三　制作锚点相册

任务要求

（1）新建 1703.html。

（2）设置一个宽高 550*400 的大盒子 box，加上外层阴影。

（3）相册标题文字<h3>不加粗，22px，宋体，设置距上下外边距

锚点相册（上）

25px，20px。

（4）box 里面放置两个兄弟盒子.big 和.small。

（5）.big 盒子高 300px，左浮动，添加 2px 的白色边框，距离左边 25px，且设置溢出隐藏，盒子里面插入图片，设置图片与大盒子宽高一致 400*300。

（6）.small 盒子设置左浮动，高度 300px，添加垂直滚动条和 2px 的白色边框线，盒子添加图片大小 80*54。

（7）小盒子里面采用锚点链接，将 a 转换为块级元素。

效果如图 17.3.1 所示，其 CSS 代码如图 17.3.2 所示，HTML 代码如图 17.3.3 所示。

图 17.3.1　锚点相册

锚点相册（中）

```
* {
        padding: 0;
        margin: 0;
        box-sizing: border-box;
    }

 .box {
        margin: 100px auto;
        width: 550px;
        height: 400px;
        text-align: center;            /*文字居中*/
        background: #213A8F;            /*背景颜色*/
        box-shadow: 15px 15px deepskyblue;
     /*设置最外层盒子阴影样式*/
        border: 1px solid #ccc;              /*外边框*/
```

```
    }

 .box h3 {
        color: #fff;                    /*字体颜色*/
        font: 400 22px "宋体";     /*字体连写不加粗，22px 宋体*/
        margin-top: 25px;              /*距离上面外边距 15px*/
        margin-bottom: 20px;
    }

    .big,
    .big img {            /*并集选择器共同声明*/
        width: 400px;
        height: 300px;
    }

    .big {
        float: left;             /*左浮动*/
        border: 2px solid #fff;
        margin-left: 25px;
/*浮动后的盒子水平居中 text-align: center;无效*/
        overflow: hidden;         /*溢出隐藏*/
    }

    .small {
        float: left;
        height: 300px;            /*小图盒子高度和大图盒子一致*/
        overflow-y: scroll;        /*添加垂直滚动条*/
        border: 2px solid #fff;
    }

    .small img {
        width: 80px;
        height: 54px;
    }

    .small a {
        display: block;            /*转换为块级元素*/
    }
```

锚点相册（下）

图 17.3.2　锚点相册 CSS 代码部分

```
<div class="box">
      <h3>科创学院校园风光</h3>
      <div class="big">
          <img src="imgs/img2/l1.jpg" alt="" id="a">
          <img src="imgs/img2/l2.jpg" alt="" id="b">
          <img src="imgs/img2/l3.jpg" alt="" id="c">
          <img src="imgs/img2/l4.jpg" alt="" id="d">
          <img src="imgs/img2/l5.jpg" alt="" id="e">
          <img src="imgs/img2/l6.jpg" alt="" id="f">
          <img src="imgs/img2/l7.jpg" alt="" id="g">
          <img src="imgs/img2/l9.jpg" alt="" id="h">
      </div>
      <div class="small">
          <a href="#a"><img src="imgs/img1/s1.jpg"></a>
          <a href="#b"><img src="imgs/img1/s2.jpg"></a>
          <a href="#c"><img src="imgs/img1/s3.jpg"></a>
          <a href="#d"><img src="imgs/img1/s4.jpg"></a>
          <a href="#e"><img src="imgs/img1/s5.jpg"></a>
          <a href="#f"><img src="imgs/img1/s6.jpg"></a>
          <a href="#g"><img src="imgs/img1/s7.jpg"></a>
          <a href="#h"><img src="imgs/img1/s9.jpg"></a>
      </div>
  </div>
```

图 17.3.3　锚点相册 HTML 代码

项目总结

本项目主要介绍了浮动的原理、什么情况下需要用到浮动以及如何清除浮动，读者明白了浮动会使元素向左或向右移动，其周围的元素也会重新排列。通过练习，读者能掌握浮动后的盒子具有行内元素的特点、浮动后的盒子水平居中 text-align：center；无效等，对网页用浮动布局的优势以及如何清除浮动有了进一步认识。

项目十八　定位

项目要求

<table>
<tr><td>一、目的要求</td><td colspan="3">使用浮动可以让块级元素按照文档流的顺序进行排列，但在实际布局中，常常需要把盒子摆放在一个特定的位置，使用浮动无法实现。
本项目将会通过案例，让大家学习到定位属性的常用几种方式</td></tr>
<tr><td rowspan="4">二、工具、器材</td><td>实验设备</td><td>数量</td><td>备注</td></tr>
<tr><td rowspan="2">PC 机/笔记本</td><td rowspan="2">1</td><td>1. 有谷歌浏览器</td></tr>
<tr><td>2. 安装有 VSCode/HBuilder 等开发工具</td></tr>
<tr><td>有无线网卡/有线网卡</td><td>1</td><td>无线接入/有线接入</td></tr>
<tr><td>三、重难点分析</td><td colspan="3">✧ 明白为什么要定位；
✧ 重点掌握绝对定位的特点和使用；
✧ 重点掌握相对定位的特点和使用；
✧ 清楚子绝父相的由来；
✧ 掌握固定定位的特点和使用；
✧ 能运用层级属性 z-index（只有定位的盒子才有层级）</td></tr>
<tr><td colspan="4">四、教学过程</td></tr>
<tr><td>教学步骤/知识或单元结构</td><td>教学方法/策略</td><td colspan="2">学生课堂安排/过程</td></tr>
<tr><td>1. 定位的作用</td><td>给出网页效果，让学生尝试用所学知识点完成；
引入定位的作用</td><td colspan="2">尝试完成只有定位才可以实现的效果，用前面知识点是否可以操作</td></tr>
<tr><td>2. 定位的组成</td><td>讲解定位的组成</td><td colspan="2">了解定位的模式和边偏移</td></tr>
<tr><td>3. 相对定位</td><td>演示讲授相对定位的特点和用法</td><td colspan="2">掌握并能在实际开发中熟练运用</td></tr>
<tr><td>4. 绝对定位</td><td>演示讲授绝对定位的特点和用法，重点讲解子绝父相的由来</td><td colspan="2">掌握子绝父相的由来，清楚绝对定位一般配合有定位的父盒子使用</td></tr>
<tr><td>5. 固定定位</td><td>演示讲授固定定位的特点和用法</td><td colspan="2">回答固定定位一般用于哪些地方，并能在实际开发中熟练运用</td></tr>
<tr><td>6. 粘性定位</td><td>演示讲授粘性定位的特点和用法</td><td colspan="2">了解即可</td></tr>
<tr><td>7. 定位小结</td><td>先由学生归纳总结，后老师提炼几种定位方式的特点和区别</td><td colspan="2">学生思考归纳总结几种定位方式的特点</td></tr>
<tr><td>8. 定位叠放次序</td><td>讲解定位的盒子有层级性，z-index 的使用</td><td colspan="2">学生掌握 z-index 后面的数字越大，层级越靠上</td></tr>
<tr><td>9. 布置任务</td><td>实操练习</td><td colspan="2">强化课堂认知技能</td></tr>
<tr><td colspan="4">五、成绩评定</td></tr>
<tr><td>评定等级</td><td></td><td>教师签名</td><td></td></tr>
<tr><td colspan="4">六、反思和总结</td></tr>
<tr><td colspan="4"></td></tr>
</table>

项目展示

盒子定位到页面中间案例如图 18.1 所示，个人网站相册案例如图 18.2 所示。

图 18.1 盒子定位到页面中间

图 18.2 个人网站相册的制作

教学内容

为什么要定位

1. 定位的作用

思考:使用标准流或者浮动能实现如图 18.3、18.4、18.5 所示效果吗?

图 18.3　效果一

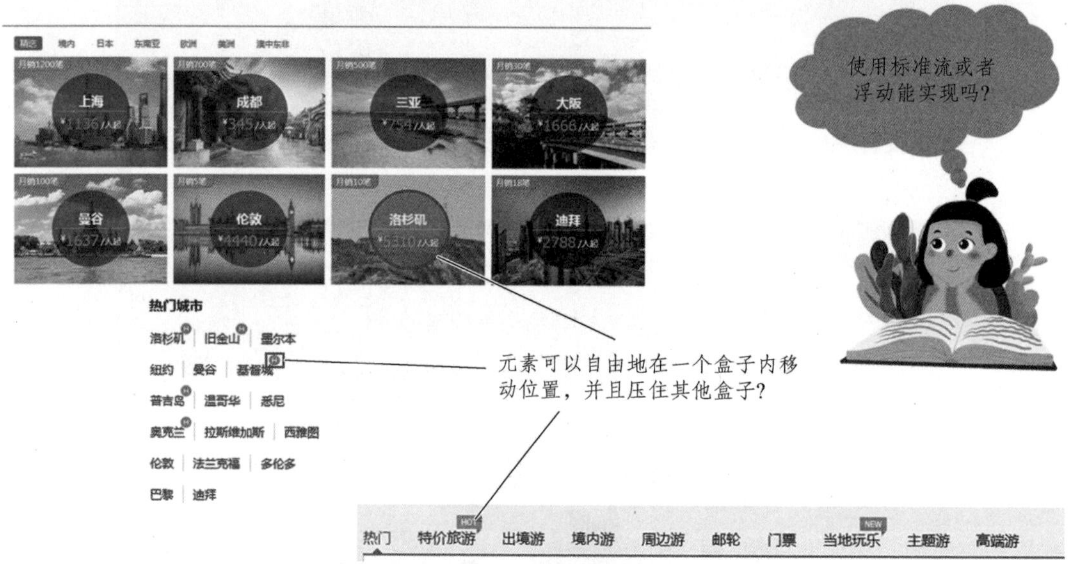

图 18.4　效果二

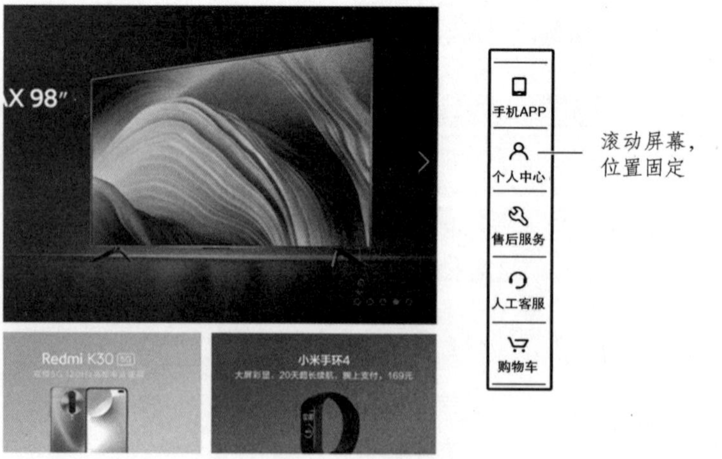

图 18.5　效果三

以上效果，标准流或浮动都无法快速实现，此时需要定位来实现。浮动可以让多个块级盒子一行没有缝隙排列显示，经常用于横向排列盒子。而定位则是可以让盒子自由地在某个盒子内移动位置或者固定屏幕中某个位置，并且可以压住其他盒子。

2. 定位的组成

定位：将盒子定在某一个位置，按照定位的方式移动盒子。

定位 = 定位模式 + 边偏移

定位模式用于指定一个元素在文档中的定位方式。边偏移则决定了该元素的最终位置。

（1）定位模式。定位模式决定元素的定位方式，它通过 CSS 的 position 属性来设置，其值可以分为 4 个，如表 18.1 所示。

表 18.1　定位模式

值	描述
absolute	生成绝对定位的元素，相对于 static 定位以外的第一个父元素进行定位。 元素的位置通过“left”，“right”以及“bottom”属性进行规定
fixed	生成绝对定位的元素，相对于浏览器窗口进行定位。 元素的位置通过“left”，“top”、“right”以及“bottom”属性进行规定
relative	生成相对定位的元素，相对于其正常位置进行定位。 因此，“left：20”会向元素的 LERT 位置添加 20 像素
static	默认值。没有定位，元素出现在正常的流中（忽略 top，bottom，left，right 或者 z-index 声明）
inherit	规定应该从父元素继承 position 属性的值

（2）边偏移。边偏移就是定位的盒子移动到最终位置。有 top、bottom、left 和 right 4 个属性，如表 18.2 所示。

表 18.2　边偏移属性

边偏移属性	示例	描述
top	top：10px	顶端偏移量，定义元素相对于父元素上边线的距离
bottom	bottom：20px	底部偏移量，定义元素相对于父元素下边线的距离
left	left：30px	左侧偏移量，定义元素相对于父元素左边线的距离
right	right：40px	右侧偏移量，定义元素相对于父元素右边线的距离

3. 相对定位 relative

相对定位是元素在移动位置的时候，是相对于它自己原来的位置来移动的（自恋型）。

语法：选择器 { position：relative； }

相对定位的特点（重点掌握）：

（1）它是相对于自己原来的位置来移动的（移动位置的时候起点是自己原来的位置）。

（2）移动后原来在标准流的位置继续保留，后面的盒子仍然以标准流的方式对齐。

相对定位

所以相对定位并没有脱标，它的作用是给绝对定位当父级。如图 18.6 所示，上面粉色盒子设置相对定位后，边偏移 top：100px，left：100px，起点是自己原来的位置，以此为参照，移动后，原位置保留，对下面的盒子没有影响。

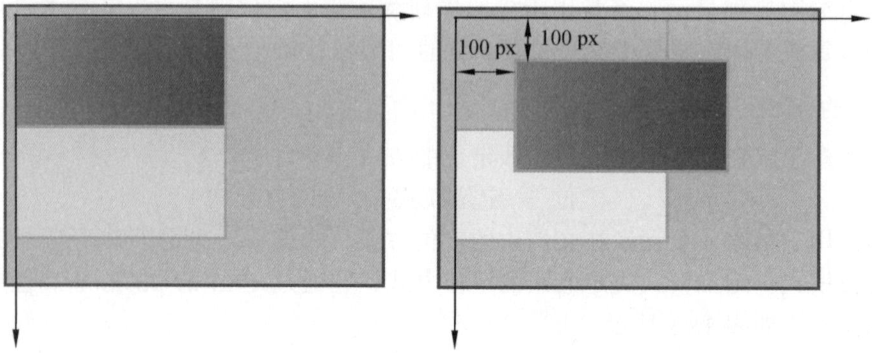

图 18.6　相对定位

4. 绝对定位 absolute

绝对定位

绝对定位是元素在移动位置的时候，是相对于它父级或（祖先级）元素来移动的。

语法：选择器 { position：absolute； }

绝对定位的特点：

（1）如果没有祖先元素或者祖先元素没有定位，则以浏览器为准定位（Document 文档）。

（2）如果祖先元素有定位（相对、绝对、固定定位），则以最近一级的有定位祖先元素为参考点移动位置。

（3）绝对定位不再占有原先的位置，所以绝对定位是脱离标准流的。

绝对定位案例分析如图 18.7 所示。

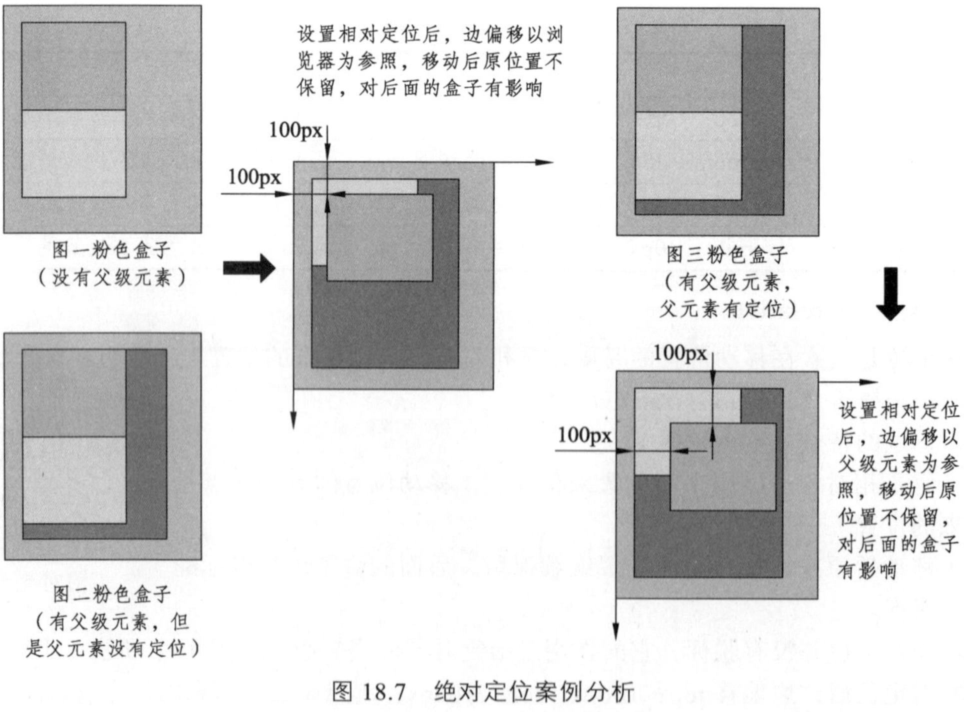

图 18.7　绝对定位案例分析

下面介绍子绝父相的由来。

思考：

（1）绝对定位和相对定位到底什么场景使用呢？

（2）为什么说相对定位的作用是给绝对定位当父亲呢？

子绝父相的由来　　轮播图结构案例

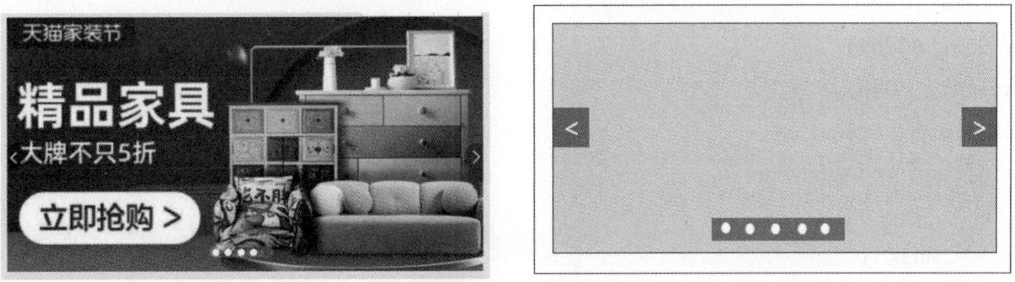

图 18.8　轮播图结构

“子绝父相”，是我们学习定位的口诀，是定位中最常用的一种方式。这句话的意思是：子级如果是绝对定位，那么父级要用相对定位。

分析：

① 子级绝对定位，不会占有位置，可以放到父盒子里面的任何一个地方，不会影响其他的兄弟盒子。

② 父盒子需要加定位以限制子盒子在父盒子内显示。

③ 父盒子布局时，需要占有位置，因此父亲只能是相对定位。

这就是子绝父相的由来，因为父级需要占有位置，因此是相对定位，子盒子不需要占有位置，则是绝对定位。

案例如图 18.9 所示，其结构部分如下：

图 18.9　仿土豆视频案例分析

结构部分：

```
<body>
    <a href="#">
        <img src="images/nez.png" alt="">
        <div class="mask"></div>
    </a>
</body>
```

样式部分：

```
<style>
     a {
width: 807px;
height: 454px;
display: block;
position: relative;
  }
     .mask {
width: 807px;
height: 454px;
background-color: #000;
background: rgba(0, 0, 0, 0.4) url(images/anniu4.png) no-repeat center;
display: none;
position: absolute;
left: 0;
top: 0;
            }
     a:hover .mask {
display: block;
        }
</style>
```

盒子居中问题

5. 固定定位 fixed

固定定位是元素固定于浏览器可视区的位置，在浏览器页面滚动时元素的位置不发生改变。

固定定位

语法：选择器 { position: fixed; }

固定定位的特点：

（1）以浏览器的可视窗口为参照点移动元素，跟父元素没有任何关系，不随滚动条滚动。

（2）固定定位不再占有原先的位置。

固定定位是脱标的，其实固定定位也可以看作是一种特殊的绝对定位。

导航固定在顶部案例如图 18.10 所示。

固定定位小技巧：固定在版心右（左）侧位置。

算法：

① 让固定定位的盒子 left：50%，走到浏览器可视区（也可以看作版心）的一半位置。

② 让固定定位的盒子 margin-left：版心宽度的一半距离。多走版心宽度的负方向一半（负方向一半）位置。

图 18.10　导航固定在顶部

这样就可以让固定定位的盒子贴着版心右（左）侧对齐了，如图 18.11 所示。

固定版心两侧算法

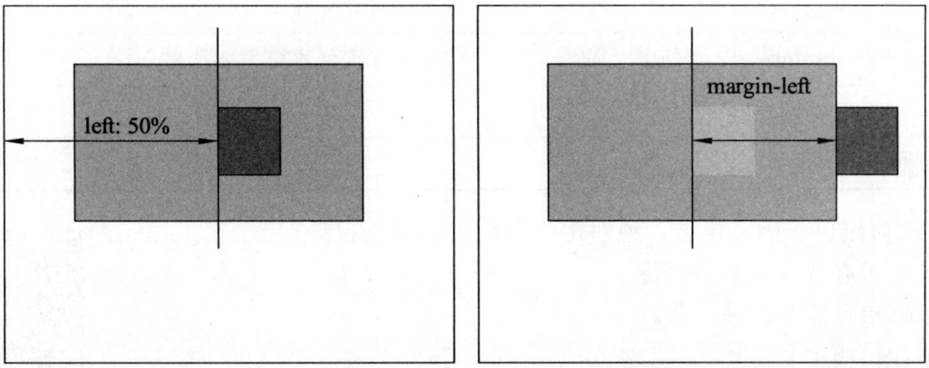

图 18.11　固定在版心右侧贴边方法

加了绝对定位的盒子 margin：0 auto 水平居中失效，但可以通过以下计算方法实现水平和垂直居中，如图 18.12 所示。

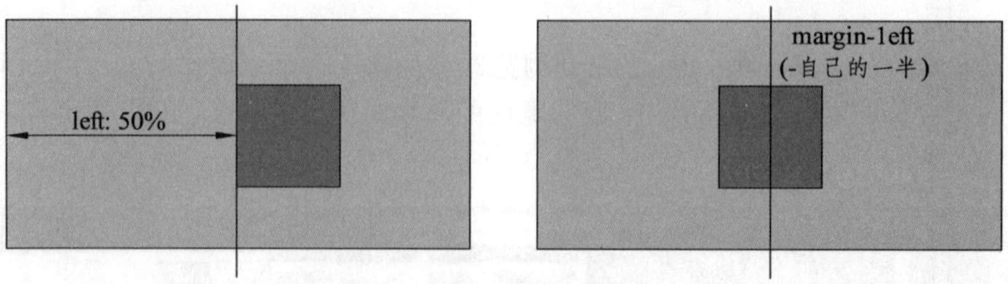

图 18.12　定位盒子居中的方法

① left：50%;：让盒子的左侧移动到父级元素的水平中心位置。

② margin-left：-100px;：让盒子向左移动自身宽度的一半。

6. 粘性定位 sticky（CSS3 新增）

粘性定位可以被认为是相对定位和固定定位的混合。

语法：选择器 { position：sticky；top：10px；}

粘性定位的特点：

① 以浏览器的可视窗口为参照点移动元素（固定定位特点）。

② 粘性定位占有原先的位置（相对定位特点）。

③ 必须添加 top、left、right、bottom 其中一个才有效。

④ 跟页面滚动搭配使用。

⑤ 兼容性较差，IE 不支持。

粘性定位

7. 定位小结

各种定位模式如表 18.3 所示。

定位小结

表 18.3　定位模式比较

定位模式	是否脱标（占有位置）	移动参照点	是否常用
静态定位—— static	否	不能使用边偏移	很少
相对定位—— relative	否	相对自身位置移动	常用
绝对定位—— absolute	是	带有定位的祖先级元素	常用
固定定位—— fixed	是	浏览器可视区	常用
粘性定位—— sticky	否	浏览器可视区	较少

（1）相对定位、固定定位、绝对定位两个大的特点：

① 是否占有位置（是否脱标）。

② 以哪里位置为基准点移动。

③ 记住口诀子绝父相。

（2）定位拓展知识。

定位的小问题

① 行内元素添加绝对或者固定定位，可以直接设置高度和宽度。

② 块级元素添加绝对或者固定定位，如果不给宽度或者高度，默认大小是内容的大小。

③ 浮动元素、绝对定位（固定定位）元素都不会触发外边距合并问题。

④ 浮动只会压住它下面标准流的盒子，但不会压住下面标准流盒子里面的文字（图片），但是绝对定位（固定定位）会压住下面标准流所有的内容，如图 18.13 所示。

浮动之所以不会压住文字，因为浮动产生的目的最初是为了做文字环绕效果的。文字会围绕浮动元素，如图 18.14 所示。

（a）浮动图文排版

（b）定位图文排版

浮动文字环绕小技巧

图 18.13　浮动图文排版和定位图文排版

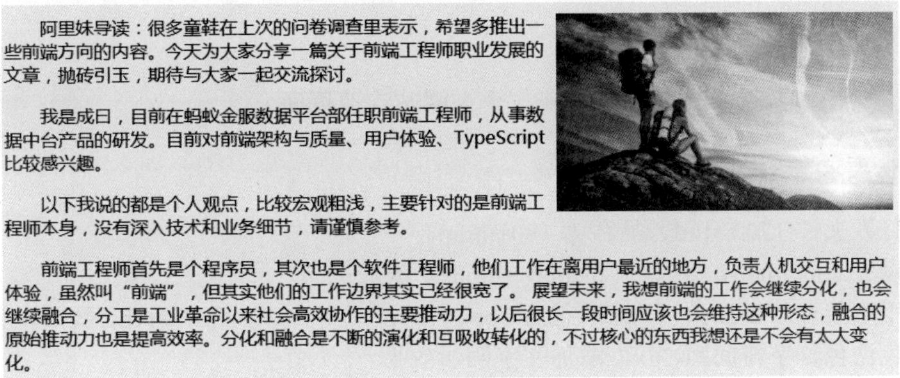

阿里妹导读：很多童鞋在上次的问卷调查里表示，希望多推出一些前端方向的内容。今天为大家分享一篇关于前端工程师职业发展的文章，抛砖引玉，期待与大家一起交流探讨。

我是成曰，目前在蚂蚁金服数据平台部任职前端工程师，从事数据中台产品的研发。目前对前端架构与质量、用户体验、TypeScript比较感兴趣。

以下我说的都是个人观点，比较宏观粗浅，主要针对的是前端工程师本身，没有深入技术和业务细节，请谨慎参考。

前端工程师首先是个程序员，其次也是个软件工程师，他们工作在离用户最近的地方，负责人机交互和用户体验，虽然叫“前端”，但其实他们的工作边界其实已经很宽了。展望未来，我想前端的工作会继续分化，也会继续融合，分工是工业革命以来社会高效协作的主要推动力，以后很长一段时间应该也会维持这种形态，融合的原始推动力也是提高效率。分化和融合是不断的演化和互吸收转化的，不过核心的东西我想还是不会有太大变化。

图 18.14　图文排版图片右浮动文字环绕效果

8. 定位叠放次序 z-index

在使用定位布局时，可能会出现盒子重叠的情况。此时，可以使用 z-index 来控制盒子的前后次序（z 轴），如图 18.15 所示。

语法：选择器 { z-index：1；}

数值可以是正整数、负整数或 0，默认是 auto。数值越大，盒子越靠上。

① 如果属性值相同，则按照书写顺序，后来居上。

② 数字后面不能加单位。

③ 只有定位的盒子才有 z-index 属性。

定位叠放次序

```
<style>
    div {
        width: 200px;
        height: 200px;
        background-color: red;
        position: absolute;
        /*z-index: 0;  只有定位的盒子才有*/
    }

    .red {
        z-index: 3;
    }

    .yellow {
        background-color: yellow;
        left: 50px;
        top: 50px;
        z-index: 2;
    }

    .blue {
        background-color: blue;
        left: 100px;
        top: 100px;
        z-index: 0;
    }
  </style>
</head>

<body>
    <div class="red"></div>
    <div class="yellow"></div>
    <div class="blue"></div>
</body>
```

图 18.15　定位盒子的层级设置

项目训练

任务一　个人网站欢迎页面

任务要求

（1）打开文件 1702.html，另存为 1801.html。

（2）设置.container-fuild 盒子 display：none（隐藏）。

（3）用链接标签链接到被隐藏的盒子#box，链接文字为“欢迎来到
我的世界”，字号 40px，颜色白色，字符间距 5px，添加文字阴影效果。

（4）定位在页面水平中间，距离顶部 40%的位置。

（5）制作一个三角形放在文字下方，鼠标经过变色。

效果如图 18.1.1 所示，其 CSS 代码如图 18.1.2 所示，HTML 结构如图 18.1.3 所示。

图 18.1.1　个人网欢迎界面

```
<style>
        * {
            padding: 0;
            margin: 0;
            box-sizing: border-box;
        }

        html {
            width: 100%;
            height: 100%;
        }

        a {
            text-decoration: none;
        }
        .wel {
            position: absolute;
            left: 50%;
            top: 40%;
            color: #fff;
            font-size: 40px;
            letter-spacing: 5px;
            transform: translateX(-50%);
            text-align: center;
             text-shadow: 2px 2px 2px rgba(0, 0, 0, .6);
        }

        .wel::before {
            content: "";
            position: absolute;
            top: 120px;
            left: 50px;
            width: 0px;
            height: 0px;
            border: 40px solid transparent;     /*三角形的制作*/
            border-top-color: #fff;
```

```
    }

    .wel:hover {
        color: royalblue;
    }

</style>
```

图 18.1.2　个人网页欢迎页面 CSS 代码

```
<a href="#box" class="wel">欢迎来到<br>我的世界<br> </a>
```

图 18.1.3　个人网页欢迎页面 HTML 结构

任务二　个人网站相册的制作

任务要求

放大相册（上）

（1）打开文件 1801.html，另存为 1802.html，注释掉.container 里面的 display：none。

（2）创建一个多类名的盒子，.container-fluid .imgs。

（3）将“我的摄影作品”中 h4 标签宽度设为 600px，设置外边距上下为 30px，左右居中，下内边距为 20px；文字设置：不加粗，颜色为#aaaaff，字号 18px，字符间距为 3px，水平居中。

（4）设置.xiangce 父盒子宽度为 604px，水平居中。

（5）对 li 进行设置：取消前面的小点，浮动，设置外边距为 4px，内边距为 5px，背景颜色为#eee，并添加 1px 颜色#bbb 的实线边框。

（6）对 li 里的 img 图片设置宽高为 100*75，内边距为 2px，背景颜色为白色，并添加 1px 颜色#ccc 的实线边框，将图片转换为块级元素并消除行内块下面的缝隙。

（7）在 li 里添加一张图片，设置宽高 200*150，定位在小图上面，距离左边 50px，距离上面 30px，设置隐藏 display：none。

（8）鼠标经过 li 时设置大图显示 display：block。

（9）给父盒子.xiangce 清除浮动。添加 P 标签，录入文字“Do you like the beautiful scenery!”并设置水平居中，字体颜色为 rgb（30，211，151），上外边距为 30px。

效果如图 18.2.1 所示，其 CSS 代码如图 18.2.2 所示，HTML 代码如图 18.2.3 所示。

图 18.2.1　相册效果图

```
.imgs h4 {
        margin: 30px auto;
        width: 600px;
        color: #aaaaff;
        font-size: 18px;
        letter-spacing: 3px;
        text-align: center;
        border-bottom: 1px dashed #00aaff;
        padding-bottom: 20px;
        font-weight: 300;
    }

    .xiangce {
        width: 604px;
        margin: 0 auto;
    }

    .xiangce ul>li {
        position: relative;
        float: left;
        list-style: none;
        border: 1px solid #bbb;
```

放大相册（下）

```
    padding: 5px;
    margin: 4px;
    background-color: #eee;
}
.xiangce ul {
    width: 100%;
}

.xiangce ul li img {
    width: 100px;                /*相册预览小图片 100*75*/
    height: 75px;
    padding: 2px;
    display: block;              /*去除图片下面的高度*/
    background-color: #fff;
    border: 1px solid #ccc;
}

.imgs li img:nth-of-type(2) {
    position: absolute;
    top: -30px;
    left: -50px;
    z-index: 2;            /*层级增高*/
    width: 200px;
    height: 150px;
    display: none;              /*隐藏*/
}

.xiangce ul li:hover img:nth-of-type(2) {
    display: block;
}

.imgs p {
    font-size: 20px;
    text-align: center;
    color: rgb(30, 211, 151);
    margin-top: 30px;
}
```

图 18.2.2　个人相册 CSS 代码

```
<div class="container-fluid imgs">
    <section>
        <img src="imgs/star.png" alt="">
        <h3>个人相册</h3> <img src="imgs/star.png" alt="">
    </section>
    <div class="container">
        <h4>我的摄影作品</h4>
        <div class="xiangce">
            <ul class="clearfix">
                <li><img src="imgs/1.jpg" alt=""><img src="imgs/1.jpg" alt=""></li>
                <li><img src="imgs/2.jpg" alt=""><img src="imgs/2.jpg" alt=""></li>
                <li><img src="imgs/3.jpg" alt=""><img src="imgs/3.jpg" alt=""></li>
                <li><img src="imgs/4.jpg" alt=""><img src="imgs/4.jpg" alt=""></li>
                <li><img src="imgs/5.jpg" alt=""><img src="imgs/5.jpg" alt=""></li>
                <li><img src="imgs/6.jpg" alt=""><img src="imgs/6.jpg" alt=""></li>
                <li><img src="imgs/7.jpg" alt=""><img src="imgs/7.jpg" alt=""></li>
                <li><img src="imgs/8.jpg" alt=""><img src="imgs/8.jpg" alt=""></li>
                <li><img src="imgs/9.jpg" alt=""><img src="imgs/9.jpg" alt=""></li>
                <li><img src="imgs/10.jpg" alt=""><img src="imgs/10.jpg" alt=""></li>
                <li><img src="imgs/11.jpg" alt=""><img src="imgs/11.jpg" alt=""></li>
                <li><img src="imgs/12.jpg" alt=""><img src="imgs/12.jpg" alt=""></li>
                <li><img src="imgs/13.jpg" alt=""><img src="imgs/13.jpg" alt=""></li>
                <li><img src="imgs/14.jpg" alt=""><img src="imgs/14.jpg" alt=""></li>
                <li><img src="imgs/15.jpg" alt=""><img src="imgs/15.jpg" alt=""></li>
                <li><img src="imgs/16.jpg" alt=""><img src="imgs/16.jpg" alt=""></li>
                <li><img src="imgs/17.jpg" alt=""><img src="imgs/17.jpg" alt=""></li>
                <li><img src="imgs/18.jpg" alt=""><img src="imgs/18.jpg" alt=""></li>
                <li><img src="imgs/19.jpg" alt=""><img src="imgs/19.jpg" alt=""></li>
                <li><img src="imgs/20.jpg" alt=""><img src="imgs/20.jpg" alt=""></li>
                <li><img src="imgs/21.jpg" alt=""><img src="imgs/21.jpg" alt=""></li>
                <li><img src="imgs/22.jpg" alt=""><img src="imgs/22.jpg" alt=""></li>
                <li><img src="imgs/23.jpg" alt=""><img src="imgs/23.jpg" alt=""></li>
                <li><img src="imgs/24.jpg" alt=""><img src="imgs/24.jpg" alt=""></li>
                <li><img src="imgs/25.jpg" alt=""><img src="imgs/25.jpg" alt=""></li>
            </ul>
        </div>
        <p>Do you like the beautiful scenery!</p>
    </div>
</div>
```

图 18.2.3　HTML 代码部分

任务三　扩展练习

请用相同的方法把个人简历部分补充进去，简历参考 1402.html，效果参考如图 18.3.1 所示。

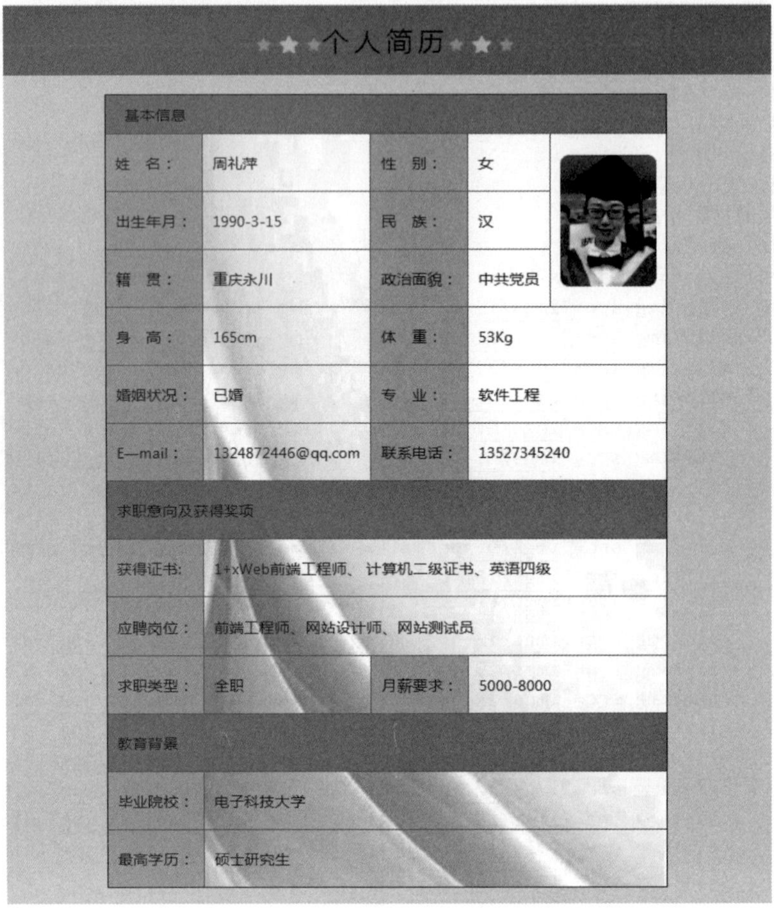

图 18.3.1　补充个人简历部分效果

项目总结

（1）标准流。可以让盒子上下排列或者左右排列，垂直的块级盒子就用标准流布局。

（2）浮动。可以让多个块级元素一行显示或者左右对齐盒子，多个块级盒子水平显示就用浮动布局。

（3）定位。定位最大的特点是有层叠的概念，就是可以让多个盒子前后叠压来显示。如果元素自由在某盒子内移动就用定位布局。

第五章 表单

项目十九 表单

项目要求

一、目的要求	本项目通过对注册页面和留言板的制作，让学生知道用户名、密码输入、性别选择、提交按钮都是由表单的控件进行设置的，表单的作用就是搜集用户信息并向客户端提交		
二、工具、器材	实验设备	数量	备注
	PC 机/笔记本	1	1. 有谷歌浏览器 2. 安装有 VSCode/HBuilder 等开发工具
	有无线网卡/有线网卡	1	无线接入/有线接入
三、重难点分析	✧ 了解表单的功能，能够快速创建表单； ✧ 清楚表单的组成； ✧ 掌握表单相关元素，能够准确定义不同的表单控件（重点是 input 属性）； ✧ 掌握表单的样式控制，能够美化表单界面		
四、教学过程			
教学步骤/知识或单元结构	教学方法/策略	学生课堂安排/过程	
1. 认识表单	浏览网页，让学生知道什么是表单	能说出表单的作用	
2. 表单的组成	讲解介绍一个完整的表单构成的三个部分	能说出表单的组成部分	
3. 表单域	提问三表单域的作用？表单域的位置，有哪些重要属性？作用是什么？	查找答案并回答，注意 method=“提交方式”get 和 post 两种方式的区别	
4. 表单控件	演示讲授常用表单控件的使用	掌握并能在实际开发中熟练运用	
5. 布置任务	实操练习	强化课堂认知技能	
五、成绩评定			
评定等级		教师签名	
六、反思和总结			

项目展示

个人页面留言板如图 19.1 所示，英语协会注册页面如图 19.2 所示。

图 19.1　个人页面留言板制作

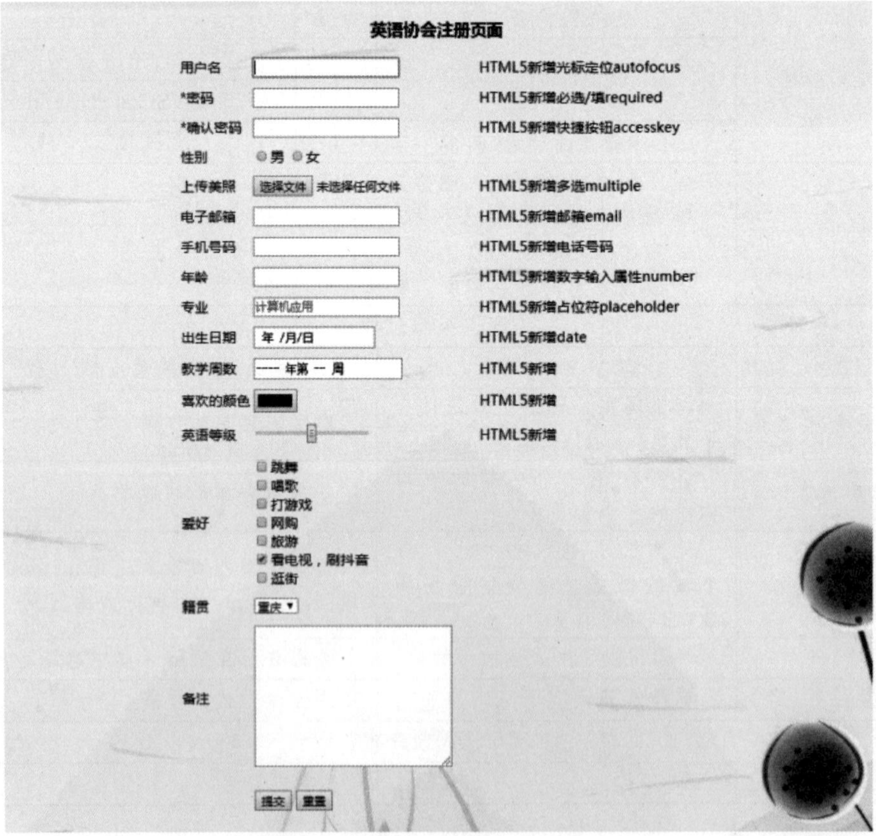

图 19.2　英语协会注册页面

教学内容

1. 认识表单

生活中的表单，如高考报名需要填写报名信息表，如图 19.3 所示。表单的作用是为了收集用户信息。在网页中，也需要跟用户进行交互，以收集用户资料，此时也需要表单。

考生号	□□□□□□□□□□□□□□			姓名		性别	
基本信息	毕业类别		毕业学校			考生类别	
	政治面貌		民族	退役义务兵	□是	职业类别	
	身份证号	□□□□□□□□□□□□□□□□□□			户口所在县市		
	外省籍进城务工人员随迁子女 □是		内地新疆、西藏、青海班学生 □是		获少年班报考资格学生 □是		
	录取通知书邮寄地址				邮政编码		
	高中学籍辅号	□□□□□□□□□	联系电话	移动电话	电话二		
报考信息	报考科类	□普通类 □艺术类 □体育类	高考外语语种	□英语 □俄语 □日语 □德语 □法语 □西班牙语	参加高校招生英语面试□是		
	参加艺术、体育术科考试	□统考美术 □统考音乐 □统考舞蹈 □统考时装表演 □统考影视表演 □统考播音主持 □统考编导 □统考摄制 □艺术校考 □统考体育					
	参加特招生、高水平运动队专项测试 □是		特招生、高水平运动队测试项目名称				
综合信息	本人简历(只填写高中阶段及以后的简历)						
	起讫日期	在何地（单位）学习或工作			任何职务	证明人	
	参加各类比赛、竞赛获奖情况						
	取得各类证书情况						
	本人特长						
	备注						
往届生和应届非新课改考生补充信息	思想品德考核结果	□合格 □不合格		体育达标结果	□达标 □不达标		
	高中阶段任职情况	□校学生会主席 □校学生会委员 □校团委副书记 □校团委委员 □班长 □班委 □班团支书 □班团支委					
	高中阶段获得荣誉情况	□省级三好生 □市三好学生 □县三好学生 □校三好学生 □市优秀干部 □县优秀干部 □校优秀干部 □市优秀团员 □县优秀团员 □校优秀团员					
报名信息现场确认点				残疾考生申请考试便利：□申请			
政策加分项目申报							
体育项目加分测试申报							

图 19.3　高考报名填写表单

2. 表单的组成

在 HTML 中，一个完整的表单通常由：表单控件（也称为表单元素）、提示信息、表单域 3 部分构成，如图 19.4 所示。

图 19.4　表单组成部分

（1）表单域。一个包含表单元素的区域，用来容纳所有的表单控件和提示信息，可以通过它定义处理表单数据所用程序的 url 地址，以及数据提交到服务器的方法。如果不定义表单域，表单中的数据就无法传送到后台服务器。

表单域

（2）表单控件。包含了具体的表单功能项，如单行文本输入框、密码输入框、复选框、提交按钮、重置按钮等。

（3）提示信息。一个表单中通常还需要包含一些说明性的文字，提示用户进行填写和操作。

3. 表单域

在 HTML 中，form 标签被用于定义表单域，即创建一个表单，以实现用户信息的收集和传递，form 中的所有内容都会被提交给服务器。创建表单的基本语法格式如下：

<form action="url 地址" method="提交方式"　name="表单名称">

　各种表单控件

　</form>

　如：<form action="demo.php"　method="POST"　name="login">

　</form>

常用属性：

action：在表单收集到信息后，需要将信息传递给服务器进行处理，action 属性用于指定接收并处理表单数据的服务器程序的 url 地址。

method：用于设置表单数据的提交方式，其取值为 get（保密性差，有数据量限制）或 post（匿名提交，不限数据量）。

name：用于指定表单的名称，以区分同一个页面中的多个表单。

注意： 每个表单都应该有自己表单域。

4. 表单控件

文本框和密码框　　单复选框　　表单按钮

（1）input 控件（重点）。

<input />标签为单标签，type 属性为其最基本的属性，其取值有多种，用于指定不同的控件类型。除 type 属性外，<input />标签还能定义很多其他的属性，属性如表 19.1 所示。

表 19.1　input 控件

属性	属性值	描述
type	text	单行文本输入框
	password	密码输入框
	radio	单选按钮
	chechbox	复选框
	button	普通按钮
	submit	提交按钮
	reset	重置按钮
	image	图像形式的提交按钮
	file	文件域
Name	由用户自定义	控件的名称
Value	由用户自定义	input 控件中的默认文本值
Size	正整数	input 控件在页面中的显示宽度
Checked	checked	定义选择控件默认被选中的项
maxlength	正整数	控件允许输入的最多字符数

radio 单选框，如果是同一组，必须给它们命名相同的名字 name，如：

男 <img src="imgs/nan.png" height="20" alt="">

<input type="radio" name="sex" id="" checked="checked">

女 <img src="imgs/nv.png" height="20" alt="">

<input type="radio" name="sex" id="">

注意：

name 和 value 是每个表单元素都具有的属性值，主要给后台人员使用。要求单选按钮和复选框同一组的 name 值必须相同

（2）表单控件。

① submit 提交按钮，可以把表单域 form 里面的表单元素值提交给后台服务区，submit 默认内容是提交，可以通过 value 值修改按钮文字。

如：<input type="submit" value="登录">

② reset 重置按钮，可以还原表单元素的初始默认状态，默认文字为重置，可以通过 value 值修改按钮文字。

③ button 普通按钮，搭配 JS 使用，不会提交数据，比如：

④ file 点击可以选择文件，上传文件。

如：<input type = "file">

⑤ label 标签为 input 元素定义标注（标签）。

作用：用于绑定一个表单元素，当点击 label 标签的时候，被绑定的表单元素就会获得输入焦点。

如何绑定元素呢？

for 属性规定 label 与相关表单元素 id 属性绑定。

```
<label for="male">Male</label>
<input type="radio" name="sex" id="male" value="male">
```

⑥ 下拉菜单。使用 select 控件定义下拉菜单的基本语法格式如下：

```
<select>
 <option  selected =" selected ">选项 1</option>
 <option>选项 2</option>
 <option>选项 3</option>
 …
</select>
```

下拉列表和表单域

注意：

- <select></select>中，至少应包含一对<option></option>。
- 在 option 中定义 selected =" selected "时，当前项即为默认选中项。

⑦ textarea 控件（文本域）。如果需要输入大量的信息，就需要用到<textarea></textarea>标签。通过 textarea 控件可以轻松地创建多行文本输入框（图 19.5），其基本语法格式如下：

```
<textarea  cols="每行中的字符数"  rows="显示的行数">
文本内容
</textarea>
```

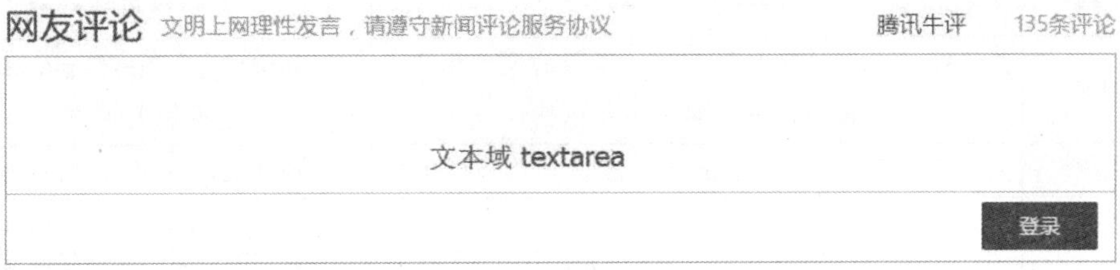

图 19.5　表单多行文本框

（3）新增的 input type 属性值，如图 19.6 所示。

H5 新增属性

值	描述
email	定义用于 e-mail 地址的文本字段
url	定义用于 URL 的文本字段
date	定义日期字段（带有 calendar 控件），选取日、月、年
time	定义日期字段的时、分（带有 time 控件）
datetime	定义日期字段（带有 calendar 和 time 控件，选取 UTC 时间）
datetime-local	定义日期字段（带有 calendar 和 time 控件，选取本地时间）
month	定义日期字段的月（带有 calendar 控件）
week	定义日期字段的周（带有 calendar 控件）
number	定义带有 spinner 控件的数字字段
range	定义用于应该包含一定范围内数字值的输入域,显示为滑动条
search	定义用于搜索的文本字段
tel	定义用于电话号码的文本字段
color	定义拾色器

图 19.6　input 新增属性

可参考：https://www.h5anli.com/articles/201605/newinput.html

（4）表单新增属性值如图 19.7 所示。

****属性****	****含义****	****用法****
placeholder	占位符，当用户输入的时候，里面的文字消失，删除所有文字，自动返回	<input type="text" placeholder="请输入用户名">
autofocus	规定当页面加载时 input 元素应该自动获得焦点	<input type="text" autofocus>
multiple	多文件上传	<input type="file" multiple>
required	必填项，内容不能为空	<input type="text" required>
accesskey	规定激活（使元素获得焦点）的快捷键，采用 alt+s 的形式	<input type="text" accesskey="s">

图 19.7　表单新增属性

项目训练

任务一　图书馆注册页面

任务要求

（1）新建文件 1901.html。

（2）利用表格布局页面。

布局样式如图 19.1.1 所示，其 CSS 代码如图 19.1.2 所示，HTML 结构如图 19.1.3 所示。

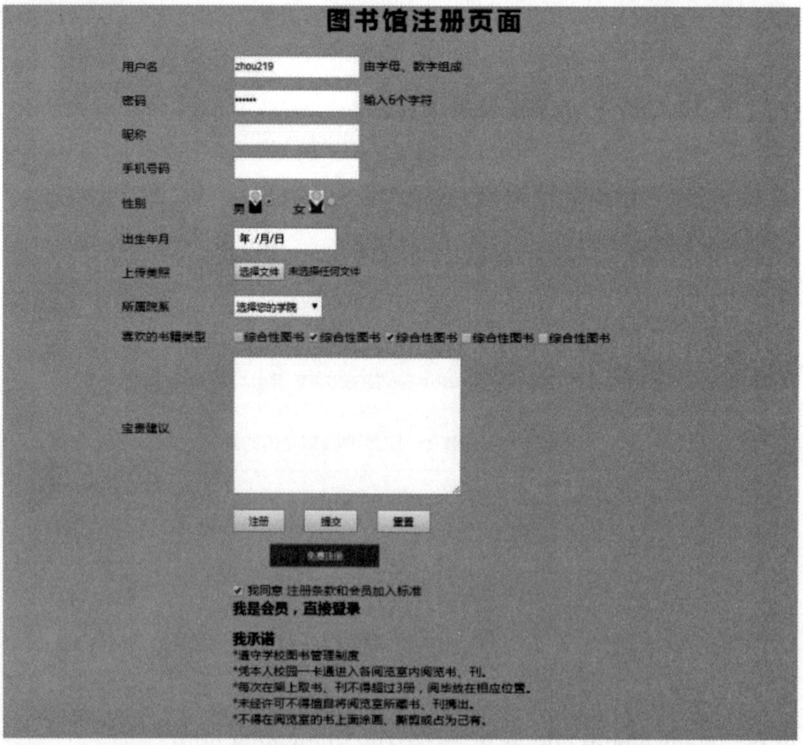

图 19.1.1　图书馆注册页面

```
* {
        padding: 0;
        margin: 0;
        box-sizing: border-box;
    }
    a {
        text-decoration: none;
    }

    body {
        background-color: skyblue;
    }

    h1 {
        text-align: center;
        letter-spacing: 5px;
    }

    table {
        width: 800px;
        height: 900px;
        margin: 20px auto;
    }

    input {
        height: 30px;
        line-height: 30px;
    }

    input[name="sex"] {
        margin-right: 20px;
    }

    select {            /*修改选项框样式*/
        height: 30px;
    }

    input[type="checkbox"] {          /*修改复选框大小，样式*/
        height: 15px;
        width: 15px;
```

```
            display: inline-block;
            vertical-align: middle;
        }

        textarea {
            width: 300px;
            height: 190px;
        }

        .niu input {
            width: 70px;
            margin-right: 20px;
        }

        .zc {
            padding-left: 50px;
        }
```

图 19.1.2　图书馆注册页面 CSS 代码

```
<h1>图书馆注册页面</h1>
    <form action="#" method="post">
        <table>
            <tr>
                <td>用户名</td>
                <td><input type="text" value="zhou219"> 由字母、数字组成
                </td>
            </tr>
            <tr>
                <td>密码</td>
                <td><input type="password" name="" id="" maxlength="6"
value="123987"> 输入 6 个字符
                </td>
            </tr>
            <tr>
                <td>昵称</td>
                <td><input type="text"></td>
            </tr>
            <tr>
                <td>手机号码</td>
```

```
    <td><input type="tel" name="" id=""></td>
</tr>
<tr>
    <td>性别</td>
    <td>
       <input type="radio" name="xb">
          <img src="imgs/man.jpg"> 男
          <input type="radio" name="xb">
          <img src="imgs/women.jpg"> 女
    </td>
</tr>
<tr>
    <td>出生年月</td>
    <td><input type="date" name="" id=""></td>
</tr>
<tr>
    <td>上传美照</td>
    <td><input type="file" name="" id=""></td>
</tr>
<tr>
    <td>所属院系</td>
    <td>
      <select name="" id="">
      <option value="">选择您的学院</option>
      <option value="">汽车学院</option>
      <option value="">人工智能学院</option>
      <option value="">智能制造学院</option>
      <option value="">经济管理学院</option>
      <option value="">艺术与教育学院</option>
    </select>
    </td>
</tr>
<tr>
    <td>喜欢的书籍类型</td>
    <td>
      <input type="checkbox" name="sj" id="">少儿生活
     <input type="checkbox" name="sj"id=""checked="checked">文艺社科
     <input type="checkbox" name="sj"id=""checked="checked">文教科技
       <input type="checkbox" name="sj" id="">综合性图书
```

```
                <input type="checkbox" name="sj" id="">经济管理
              </td>
          </tr>
          <tr>
              <td>宝贵建议</td>
              <td><textarea name="" id=""></textarea></td>
          </tr>
          <tr>
              <td></td>
              <td class="niu">
                  <input type="button" value="注册">
                  <input type="submit" value="提交">
                  <input type="reset" value="重置">
              </td>
          </tr>
          <tr>
             <td></td>
            <td class="zc"><input type="image" src="imgs/zhuce.png"alt=""></td>
          </tr>
          <tr>
              <td></td>
              <td><input type="checkbox" checked="checked"> 我同意
                  <a href="#">注册条款</a>和<a href="#">会员加入标准</a><br />
                  <h3><a href="会员登陆.html">我是会员，直接登录
</a></h3>
              </td>
          </tr>
          <tr>
              <td></td>
              <td>
                  <dl>
                      <dt><h3>我承诺</h3></dt>
                      <dd>*遵守学校图书管理制度</dd>
                      <dd>*凭本人校园一卡通进入各阅览室内阅览书、刊。</dd>
                      <dd>*每次在架上取书、刊不得超过 3 册，阅毕放在相应位置。</dd>
                      <dd>*未经许可不得擅自将阅览室所藏书、刊携出。</dd>
                      <dd>*不得在阅览室的书上面涂画、撕剪或占为己有。</dd>
                  </dl>
              </td>
```

```
        </tr>
      </table>
    </form>
```

图 19.1.3　图书馆注册页面 HTML 结构

任务二　个人网站留言簿制作

任务要求

（1）打开文件 1802.html，另存为 1902.html。

（2）在最底部<container-fluid>标签中，创建<footer>的兄弟盒子 id 为 call。

制作留言板样式如图 19.2.1 所示，其 CSS 部分如图 19.2.2 所示，HTML 部分如图 19.2.3 所示。

图 19.2.1　留言板制作

```
table.two {
      position: absolute;
      left: 50%;
      transform: translateX(-50%);
      top: 200px;
  }

  table.two input {
      height: 30px;
```

```
        }

        .callme {
            position: relative;
            height: 720px;
            background: url(imgs/bg1.jpg)no-repeat center top;
            background-size: 100%;
        }

        .two tr td:nth-of-type(1) {
            width: 100px;
        }

        .two tr {
            height: 40px;
        }

        .two input[type='reset'] {
            margin-left: 50px;
        }
```

图 19.2.2　个人网站留言簿 CSS 部分

```
<div class="container-fluid call">
        <!-- 留言簿 -->
        <div id="call">
            <section>
                <img src="imgs/star.png" alt="">
                <h3>给我留言</h3>
                  <img src="imgs/star.png" alt="">
            </section>
            <div class="callme">
                <form action="#" method="POST">
                    <table class="two">
                        <tr>
                            <td>姓名:</td>
                            <td><input type="text">*</td>
                        </tr>
                        <tr>
                            <td>联系邮箱：</td>
```

```
                <td><input type="text">*</td>
            </tr>
            <tr>
                <td>所属院系</td>
                <td>
                    <select name="" id="">
                    <option>请选择你的院系：</option>
    <option value="yx" selected="selected">人工智能学院</option>
                <!-- selected="selected"表示默认选中 -->
     <option value="yx">智能制造学院</option>
     <option value="yx">艺术与教育学院</option>
     <option value="yx">汽车工程学院</option>
     <option value="yx">建筑工程学院</option>
     <option value="yx">经济管理学院</option>
                </select>
                </td>
            </tr>
            <tr>
                <td>联系电话：</td>
                <td><input type="tel">*</td>
            </tr>
            <tr>
                <td>留言内容：</td>
                <td>
        <textarea name="" id="" cols="40" rows="5"></textarea>
                </td>
            </tr>
            <tr>
                <td></td>
                <td>
                        <input type="submit" value="提交">
                        <input type="reset" value="重置">
                  </td>
            </tr>
          </table>
      </form>
    </div>
</div>
```

图 19.2.3　个人网站留言簿 HTML 部分

任务三　英语协会注册页面

任务要求

表单案例（上）

（1）新建文件 1903.html。

（2）运用 CSS3 新增表单属性制作英语协会注册页面。

布局如图 19.3.1 所示，其 CSS 代码如图 19.3.2 所示，HTML 代码如图 19.3.3 所示。

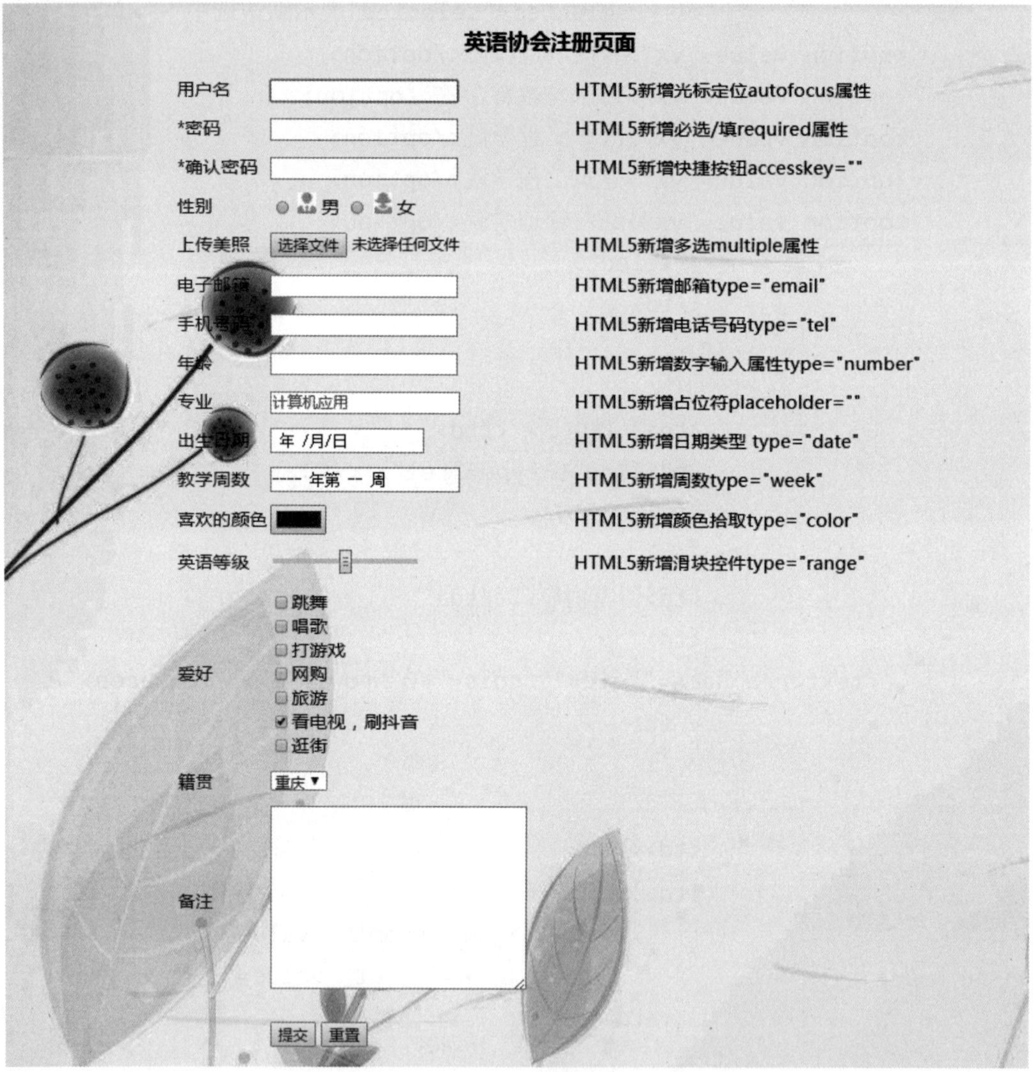

图 19.3.1　英语协会注册页面

```
body {
        background: url(imgs/bg2.JPG)no-repeat;
    }
```

```
table {
    margin: 0 auto;
}

td {
    padding-bottom: 10px;
}
```

表单案例（中）

图 19.3.2　英语协会注册页面 CSS 代码部分

```
<form action="" method="get">
    <table>
        <caption>
            <h3>英语协会注册页面</h3>
        </caption>
        <tr>
            <td>用户名</td>
            <td><input type="text" autofocus></td>
            <td>HTML5 新增光标定位 autofocus 属性</td>
        </tr>
        <tr>
            <td>*密码</td>
            <td><input type="password" name="" required></td>
            <td>HTML5 新增必选/填 required 属性</td>
        </tr>
        <tr>
            <td>*确认密码</td>
            <td><input type="password" name="" accesskey="s"></td>
            <td>HTML5 新增快捷按钮 accesskey=""</td>
        </tr>
        <tr>
            <td>性别</td>
            <td>
                <input type="radio" name="xb">男
                <input type="radio" name="xb">女
            </td>
            <td></td>
        </tr>
        <tr>
```

```
        <td>上传美照</td>
        <td><input type="file" name="" multiple></td>
        <td>HTML5 新增多选 multiple 属性</td>
    </tr>
    <tr>
        <td>电子邮箱</td>
        <td><input type="email" name=""></td>
        <td>HTML5 新增邮箱 type="email"</td>
    </tr>
    <tr>
        <td>手机号码</td>
        <td><input type="tel"></td>
        <td>HTML5 新增电话号码 type="tel"</td>
    </tr>
    <tr>
        <td>年龄</td>
        <td><input type="number" name=""></td>
        <td>HTML5 新增数字输入属性 type="number"</td>
    </tr>
    <tr>
        <td>专业</td>
        <td><input type="" placeholder="计算机应用"></td>
        <td>HTML5 新增占位符 placeholder=""</td>
    </tr>
    <tr>
        <td>出生日期</td>
        <td><input type="date"></td>
        <td>HTML5 新增日期类型  type="date"</td>
    </tr>
    <tr>
        <td>教学周数</td>
        <td><input type="week"></td>
        <td>HTML5 新增周数 type="week"</td>
    </tr>
    <tr>
        <td>喜欢的颜色</td>
        <td><input type="color"></td>
        <td>HTML5 新增颜色拾取 type="color"</td>
    </tr>
```

表单案例（下）

```
        <tr>
            <td>英语等级</td>
            <td><input type="range"></td>
            <td>HTML5 新增滑块控件 type="range"</td>
        </tr>
        <tr>
            <td>爱好</td>
            <td>
                <input type="checkbox" name="aihao">跳舞 <br />
                <input type="checkbox" name="aihao">唱歌 <br />
                <input type="checkbox" name="aihao">打游戏 <br />
                <input type="checkbox" name="aihao">网购 <br />
                <input type="checkbox" name="aihao">旅游 <br />
                <input type="checkbox" name="aihao" checked="checked">看
电视，刷抖音 <br />
                <input type="checkbox" name="aihao">逛街 <br />
            </td>
            <td></td>
        </tr>
        <tr>
            <td>籍贯</td>
            <td>
                <select name="">
                    <option value="">重庆</option>
                    <option value="">四川</option>
                    <option value="">云南</option>
                    <option value="">贵州</option>
                    <option value="">新疆</option>
                </select>
            </td>
            <tr>
                <td>备注</td>
                <td>
                    <textarea name="" cols="30" rows="10"></textarea>
                </td>
                <td></td>
            </tr>
            <td></td>
        </tr>
```

```
        <tr>
            <td></td>
            <td>
                <input type="submit">
                <input type="reset">
            </td>
            <td></td>
        </tr>
    </table>
</form>
```

图 19.3.3　英语协会注册页面 HTML 代码部分

项目总结

本项目主要介绍了表单的基本语法，知道一个完整的表单由表单域、提示信息和表单控件三部分组成。通过练习，读者掌握了表单控件的 input 控件及其常用属性的用法，熟练运用表单组织页面元素。

第六章

弹性盒布局和响应式布局

项目二十 flex 布局和字体图标

项目要求

<table>
<tr><td>一、目的要求</td><td colspan="3">传统的布局方案，在针对特殊布局时会很不方便，比如垂直居中，把一个容器平均分为 N 列等。自从 Flex 出现以后，这些问题都迎刃而解了，本项目将对 Flex 相关内容做一个简单梳理。
Flex（Flexible Box），顾名思义为“弹性布局”，用来为盒装模型提供最大的灵活性。任何一个容器都可以指定为 Flex 布局。
以前想要两个 div 横向排列需要通过设置浮动来完成，现在通过给父元素添加 display：flex；属性就可以实现盒子横向布局。值得注意的是：设为 flex 布局以后，子元素的 float、clear 和 vertical-align 属性将失效，并且所有子元素具有行内块的特点</td></tr>
<tr><td rowspan="4">二、工具、器材</td><td>实验设备</td><td>数量</td><td>备注</td></tr>
<tr><td rowspan="2">PC 机/笔记本</td><td rowspan="2">1</td><td>1. 有谷歌浏览器</td></tr>
<tr><td>2. 安装有 VSCode/HBuilder 等开发工具</td></tr>
<tr><td>有无线网卡/有线网卡</td><td>1</td><td>无线接入/有线接入</td></tr>
<tr><td>三、重难点分析</td><td colspan="3">✧ 知道弹性盒布局原理；
✧ 掌握 flex 父项常见属性和子项的常见属性，字体图标 fontawesome 的使用；
✧ 能熟练运用弹性盒布局进行网页布局设置，完善个人网站页面</td></tr>
<tr><td colspan="4">四、教学过程</td></tr>
<tr><td>教学步骤/知识或单元结构</td><td colspan="2">教学方法/策略</td><td>学生课堂安排/过程</td></tr>
<tr><td>1. 认识 flex</td><td colspan="2">用案例演示弹性盒布局的灵活性</td><td>观察</td></tr>
<tr><td>2. flex 布局原理</td><td colspan="2">介绍弹性盒布局的容器和项目，父容器和子容器</td><td>掌握容器和项目的称呼</td></tr>
<tr><td>3. flex 父项常见属性</td><td colspan="2">案例演示-分析-讲解</td><td>重点掌握父项常见属性并能在实际开发中熟练运用</td></tr>
<tr><td>4. flex 子元素常见属性</td><td colspan="2">案例演示-分析-讲解</td><td>重点掌握子项常见属性并能在实际开发中熟练运用</td></tr>
<tr><td>5. 字体图标</td><td colspan="2">以 fontawesome 为例进行介绍如何使用字体图标框架及字体图标的设置方法</td><td>掌握什么是字体图标，如何使用字体图标库，并能进行设置</td></tr>
<tr><td>6. 布置任务</td><td colspan="2">实操练习</td><td>强化课堂认知技能</td></tr>
<tr><td colspan="4">五、成绩评定</td></tr>
<tr><td>评定等级</td><td></td><td>教师签名</td><td></td></tr>
<tr><td colspan="4">六、反思和总结</td></tr>
<tr><td colspan="4"></td></tr>
</table>

项目展示

骰子案例如图 20.1 所示，个人网站底部导航案例如图 20.2 所示。

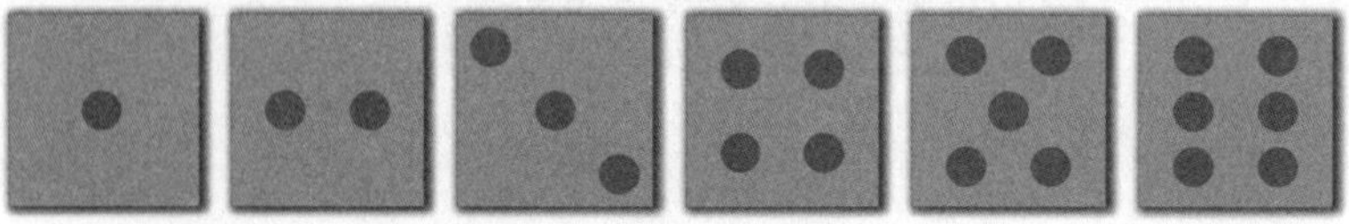

图 20.1　骰子案例

图 20.2　个人网站底部导航的制作

教学内容

1. 认识 flex

flex（flexible box），意为“弹性布局”，可叫伸缩布局，也可叫伸缩盒布局，还可叫弹性盒布局。用来为盒状模型提供最大的灵活性，任何一个容器都可以指定为 flex 布局。

体验 flex 布局

当将父盒子设为 flex 布局以后，子元素的 float、clear 和 vertical-align 属性将失效。

总结： 就是通过给父盒子添加 flex 属性，来控制子盒子的位置和排列方式。

2. flex 布局原理

采用 flex 布局的元素，称为 flex 容器（flex container），简称“容器”。它的所有子元素自动成为容器成员，称为 flex 项目（flex item），简称“项目”，如图 20.3 所示。

flex 布局原理

子容器可以横向排列，也可以纵向排列。

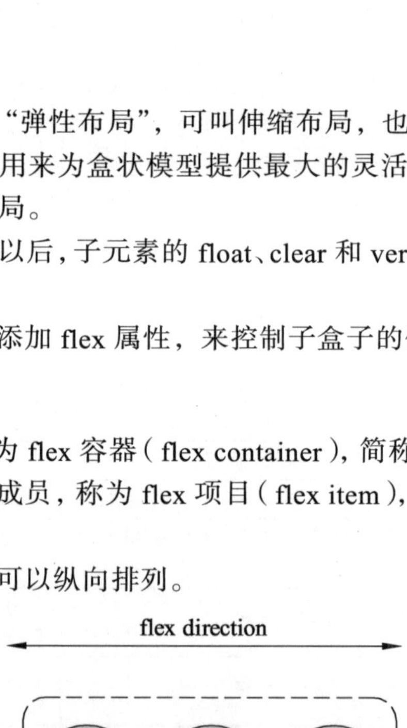

图 20.3　flex 容器

我们可以通过给父盒子添加 flex 属性，来控制子盒子的位置和排列方式。

3. flex 父项常见属性

flex 父项常见属性如表 20.1 所示。

表 20.1

属性	说明
flex-direction:	设置主轴的方向
justify-content:	设置主轴上的子元素排列方式
flex-wrap:	设置子元素是否换行
align-content:	设置侧轴上的子元素的排列方式（多行）
align-items:	设置侧轴上的子元素的排列方式（单行）
flex-flow:	符合属性，相当于同时设置了 flex-direction 和 flex-wrap

（1）flex-direction 设置主轴方向。

在 flex 布局中，分为主轴和侧轴两个方向：默认主轴方向是 X 轴，水平向右，默认侧轴方向是 Y 轴，垂直向下，如图 20.4 所示。

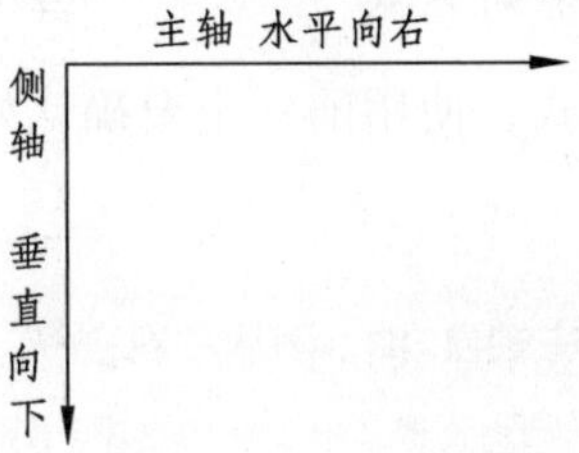

图 20.4　默认坐标方向

flex-direction 设置主轴方向

主轴和侧轴是会变化的，就用 flex-direction 设置主轴方向，侧轴与它对应 90°方向。而子元素是跟着主轴来排列的，如图 20.5 所示。

row	默认值从左到右
row-reverse	从右到左
column	从上到下
column-reverse	从下到上

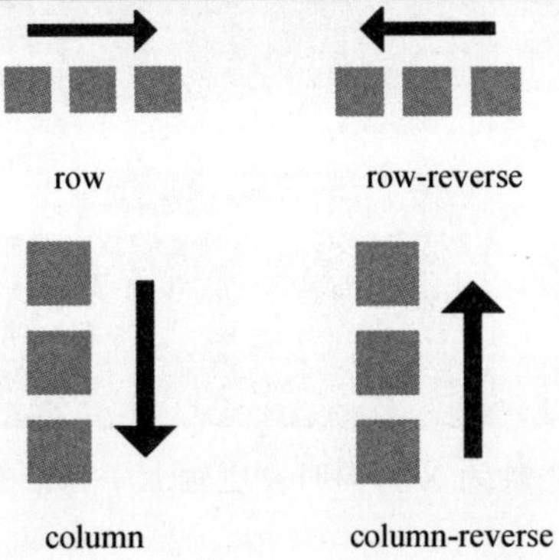

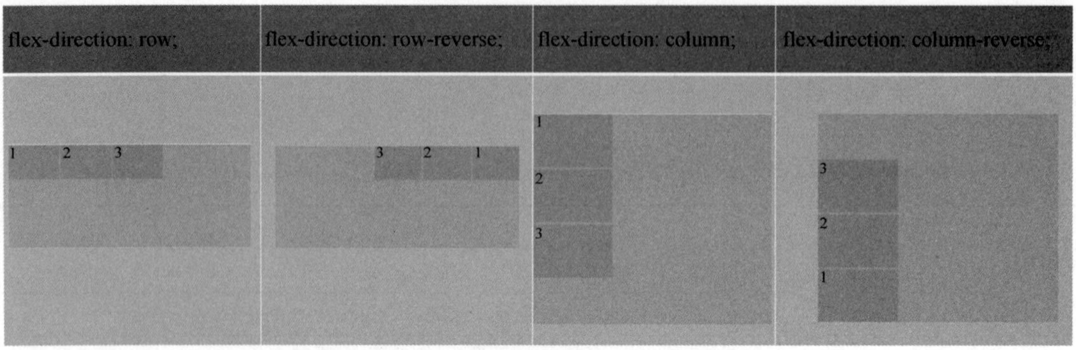

图 20.5　主轴方向决定子元素的排列

（2）justify-content 设置主轴上的子元素排列方式。

子元素在主轴上的排列方式

justify-content 属性定义了项目在主轴的对齐方式，使用前一定要确认好主轴的方向，如图 20.6 所示。

flex-start	**默认值 从头部开始 如果主轴是x轴，则从左到右**
flex-end	**从尾部开始排列**
center	**在主轴居中对齐（如果主轴是x轴则 水平居中）**
space-around	**平分剩余空间**
space-between	**先两边贴边 再平分剩余空间（重要）**

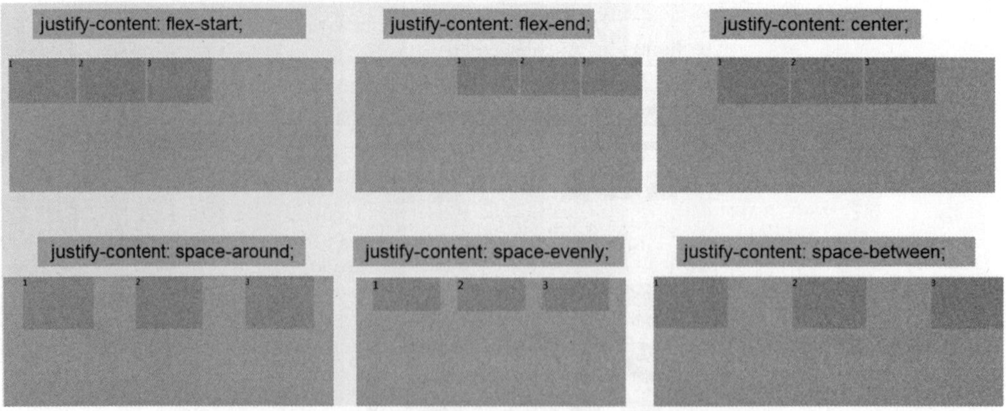

图 20.6　主轴为 X 方向时，主轴上子元素的排列方式

（3）flex-wrap 换行。

在默认情况下，项目都排在一条线（又称”轴线”）上。flex-wrap 属性定义了是否换行，flex 布局中默认是不换行的，显示不下时，会缩小子元素强制在一行显示，如图 20.7 所示。

（4）align-items 设置侧轴上的子元素排列方式（单行）。

该属性是控制子项在侧轴（默认是 y 轴）上的排列方式，在子项为单项（单行）的时候使用，如图 20.8 所示。

子元素在侧轴（单行）排列、换行

属性值	说明
nowrap	默认属性，不换行
wrap	换行，第一行在上方
wrap-reverse	换行，第一行在下方

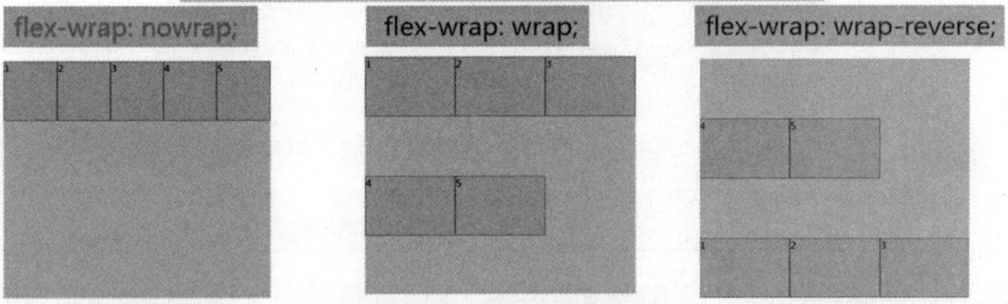

图 20.7　子元素换行

属性值	说明
flex-start	默认值 从上到下
flex-end	从下到上
center	靠拢居中（垂直居中）
stretch	拉伸
baseline	文字基线对齐

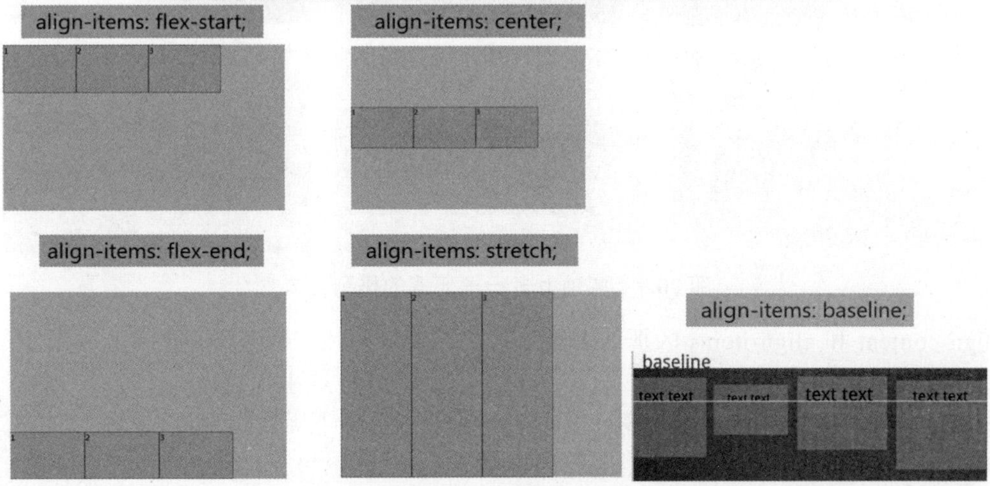

拉伸属性，子项没有设置高度时效果

图 20.8　侧轴上单行子元素的排列方式

（5）align-content 设置侧轴上的子元素的排列方式（多行）。

align-content 设置子项在侧轴上的排列方式，并且只能用于子项出现换行的情况（多行），在单行下是没有效果的，如图 20.9 所示。

子元素在侧轴（多行）排列、连写

flex-start	默认值在侧轴的头部开始排列
flex-end	在侧轴的尾部开始排列
center	在侧轴中间显示
space-around	子项在侧轴平分剩余空间
space-between	子项在侧轴先分布在两头，再平分剩余空间
stretch	设置子项元素高度平分父元素高度

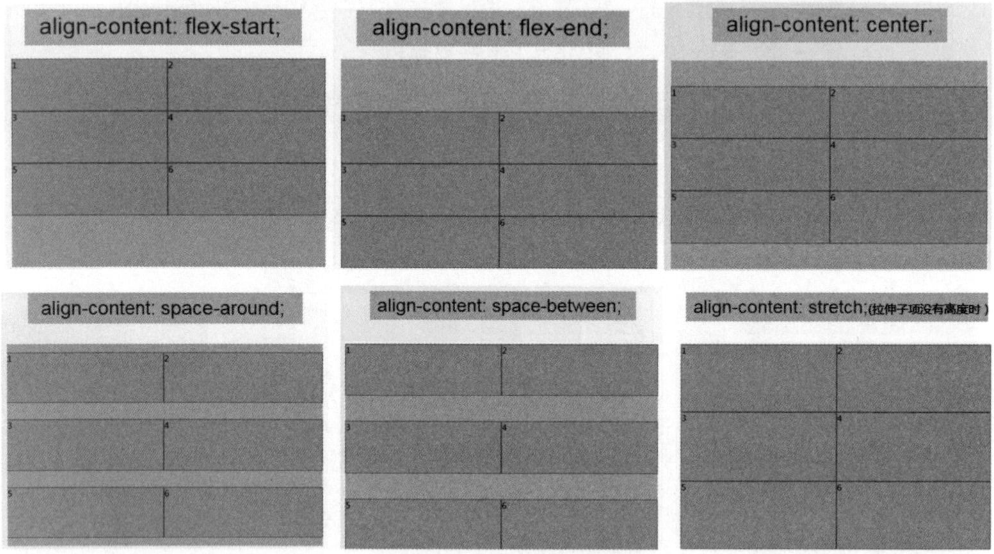

图 20.9　侧轴上多行子元素的排列方式

align-content 和 align-items 区别如下：

① align-items 适用于单行情况，只有上对齐、下对齐、居中和拉伸。

② align-content 适应于换行（多行）的情况（单行情况下无效），可以设置上对齐、下对齐、居中、拉伸以及平均分配剩余空间等属性值。

③ 单行用 align-items，多行用 align-content。

注意：学会区分单行和多行，有了换行才是多行！

（6）flex-flow 属性是 flex-direction 和 flex-wrap 属性的复合属性，即设置主轴方向和是否换行显示的连写。

```
flex-flow：column wrap；
```

4. flex 子元素常见属性

子项 flex 属性

（1）flex 属性。flex 属性定义子项目分配的剩余空间，用 flex 来表示占多少份数。

```
.item {
    flex： <number>；  /* 默认值 0 */
}
```

有了这个属性，可平均分配子元素，子元素就可以不用指定宽度了。

如：

```
* {
        box-sizing：border-box；
    }

    div {
        width：  60%；
        height：  100px；
        display：  flex；
        margin：  0 auto；
    }

    span {
        background-color：  skyblue；
        height：  100px；
        border：  1px solid #ccc；
        flex：  1；
    }
```

span	span	span

三个 span 在 div 中平均分成三份，各占一份。

网页常见布局如图 20.10 所示。

图 20.10　网页常见布局

HTML 部分如下：

```
<div>
        <a href="#"><span></span><span></span></a>
        <a href="#"><span></span><span></span></a>
        <a href="#"><span></span><span></span></a>
</div>
```

CSS 部分

```
* {
            padding：0;
            margin：0;
            box-sizing：border-box;
        }
  div {
            width：60%;
            height：200px;
            display：flex;
            margin：100px auto;
            border-radius：20px;
            overflow：hidden;
        }
    a  {
            height：100%;
            flex：1;
            display：flex;
            flex-direction：column;        /*主轴为 Y 轴*/
        }
  a：nth-child（2） {
            margin：0 5px;
        }
 span {
            background-color：pink;
            flex：  1
        }
span：nth-child（1） {
            margin-bottom：5px;
        }
```

（2）align-self 控制子项自己在侧轴上的排列方式。align-self 属性允许单个项目有与其他项目不一样的对齐方式，可覆盖 align-items 属性。

默认值为 auto，表示继承父元素的 align-items 属性，如果没有父元素，则等同于 stretch。
align-self：flex-end；

子项自己在侧轴上排列方式和顺序

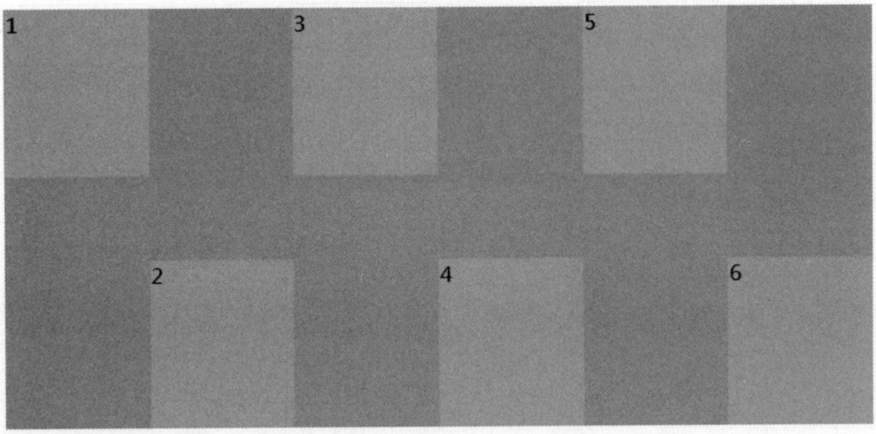

运用结构伪类设置偶数盒子在（flex-end 对齐）的方法：

```
span：nth-child（2n） {
            align-self:   flex-end; }
```

（3）order 属性定义项目的排列顺序。

order 属性定义项目的排列顺序如图 20.11 所示。

order 属性定义项目的排列顺序

数值越小，排列越靠前，默认为0。

注意：和 z-index 不一样。

```
.item {
   order: <number>;
}
```

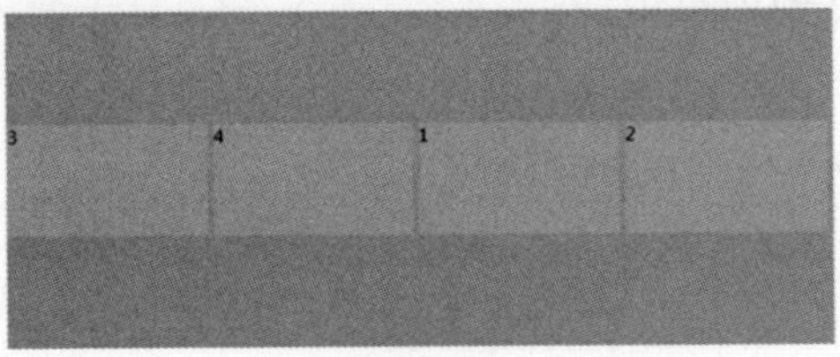

沿主轴排序

```
*{
    padding: 0;
    margin: 0;
    box-sizing: border-box;
 }

 div {
    width: 60%;
    height: 300px;
    display: flex;
    justify-content: center;        /*主轴居中*/
    align-items: center;            /*侧轴居中*/
    margin: 100px auto;
    background-color: skyblue;
 }

 span {
    background-color: pink;
    height: 100px;
    width: 25%;
    margin-right: 5px;
 }

 span:nth-child(3) {
    order: -1;
 }

 span:nth-child(4) {
    order: -1;
 }
```

图 20.11　order 属性定义项目的排列顺序

5. 字体图标

（1）字体图标概念。

简单地说，字体图标就是一种特殊的字体，通过这种字体，显示给用户的就像一个个图片一样，如图 20.12 所示。

字体图标最大的好处在于：它不会变形且加载速度快。字体图标可以像文字一样，随意通过 CSS 来控制它的大小和颜色，对于建网站来说，非常方便。

font-awesome
图标的使用

图 20.12　字体图标

（2）字体图标使用。

字体图标是 font-awesome 图标，其使用分为四步：

第一步：通过网站 https://fontawesome.dashgame.com/下载 Font Awesome 最新版，并解压文件。

第二步：复制整个 font-awesome 文件夹到项目中。

第三步：在 HTML 的<head>中引用 font-awesome.min.css：

```
<link rel="stylesheet" href="font-awesome/css/font-awesome.min.css">
```

第四步：选择图标复制类名：

```
<i class="fa fa-camera-retro"></i>
```

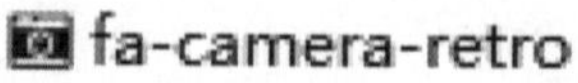

项目训练

任务一　骰子图案制作

任务要求

（1）新建文件 2001.html。

（2）新建 6 个 div（240*240），设置边框，盒子阴影，内边距为 15 像素。

骰子案例 1

（3）设置里面的点（50*50）。

（4）利用 flex 布局，设置样式如图 20.1.1 所示，其 CSS 代码如图 20.1.2 所示，HTML 结构如图 20.1.3 所示。

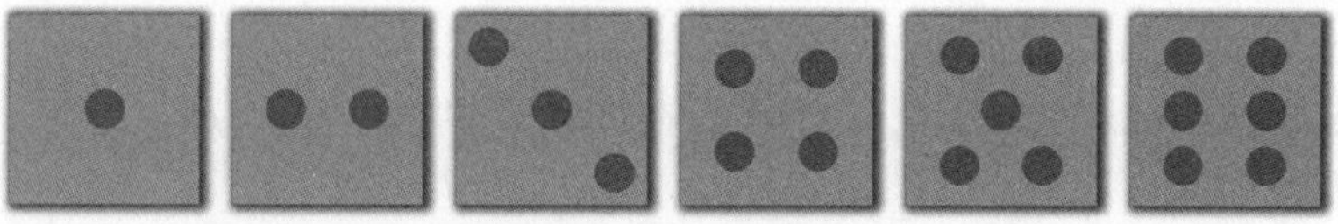

图 20.1.1　骰子图案样式

```
<style>

     * {
        padding: 0;
        margin: 0;
        box-sizing: border-box;
    }

    div {
        margin-top: 20px;
        height: 240px;
        width: 240px;
        background-color: #ffc400;
        border: 1px solid #999;
        box-shadow: 5px 2px 10px 3px rgba(0, 0, 0, 0.6);
        float: left;               /*浮动让所有 div 并排显示*/
        margin-left: 40px;
        display: flex;             /*对父元素设置 flex 布局*/
        justify-content: center;
        align-items: center;
        padding: 15px;
```

```
        /*让小点缩进显示*/
    }

    div:nth-child(2) {
        justify-content: space-around;
   /*项目之间间距为左右两侧项目到容器间距的 2 倍*/
        align-items: center;
    }

    div:nth-child(3) {
        justify-content: space-between; /*先主轴左右贴边*/
    }

    div:nth-child(3) span:nth-child(1) {
        align-self: start;   /*项目在纵轴紧贴容器顶部*/
    }

    div:nth-child(3) span:nth-child(3) {
        align-self: flex-end;   /*项目在纵轴紧贴容器底部*/
          }
   div:nth-child(n+4) {
        flex-wrap: wrap;              /*换行*/
    }

    p {
        width: 100%;
        height: 50px;
        display: flex;
        justify-content: space-around;
/*项目之间间距为左右两侧项目到容器间距的 2 倍*/
    }

    span {
        width: 50px;
        height: 50px;
        border-radius: 50%;
        background-color: rgb(30, 165, 255);
    }
</style>
```

骰子案例 2

图 20.1.2　骰子图案 CSS 代码

```
<div>
    <span></span>
</div>
<div>
    <span></span>
    <span></span>
</div>
<div>
    <span></span>
    <span></span>
    <span></span>
</div>
<div>
    <p><span></span><span></span></p>
    <p><span></span><span></span></p>
</div>
<div>
    <p><span></span><span></span></p>
    <p><span></span></p>
    <p><span></span><span></span></p>
</div>
<div>
    <p><span></span><span></span></p>
    <p><span></span><span></span></p>
    <p><span></span><span></span></p>
</div>
```

图 20.1.3　骰子图案 HTML 结构

任务二　个人网站底部导航制作

任务要求

（1）打开 1902.html，另存为 2002.html。

（2）引入 fontawesome.css。

（3）最底部创建<container-fluid>，里含<footer>标签子盒子。

（4）运用字体图标和 flex 布局制作如图 20.2.1 所示效果，字体大小 20px。

（5）当鼠标经过“联系我”时，显示二维码图片宽度为 100px。

个人网站底部导航 CSS 部分如图 20.2.2 所示，HTML 部分如图 20.2.3 所示。

图 20.2.1　个人网站底部导航

```
footer {
        display: flex;
        justify-content: space-evenly;        /*平均分布*/
        background-color: dodgerblue;
        padding: 20px 0;
    }

    footer a {
        display: flex;
        flex-direction: column;
        align-items: center;
        font-size: 20px;
        color: #fff;             /*更改字体图标颜色*/
    }

    footer a span {
        margin-top: 20px;
    }

        footer .ewm {
position: relative;
    }

    footer .ewm:hover img {
        display: block;
    }

    footer .ewm img {
        position: absolute;
        top: -105px;
        display: none;            /*默认隐藏*/
    }
```

图 20.2.2　个人网站底部导航 CSS 部分

```
    <div class="container-fluid">
    <!-- 底部开始 -->
    <footer>
        <a href="#about">
            <i class="fa fa-home fa-lg"></i>
            <span>首页</span>
        </a>
        <a href="#resume">
            <i class="fa fa-address-card-o fa-lg"></i>
            <span>简历</span>
        </a>
        <a href="#imgs">
            <i class="fa fa-photo fa-lg"></i>
            <span>相册</span>
        </a>
        <a href="#book">
            <i class="fa fa-book fa-lg"></i>
            <span>证书</span>
        </a>
        <a href="#call" class="ewm">
            <i class="fa fa-commenting-o fa-lg"></i>
            <span>联系我</span>
            <img src="imgs/ewm.JPG" alt="" width="100">
        </a>
    </footer>
</div>
```

图 20.2.3　个人网站底部导航 HTML 部分

任务三　携程网移动端局部导航

任务要求

（1）新建文件 2003.html，设置为移动端页面，要求 320 ~ 640 页面宽度。

（2）运用弹性布局和精灵图二倍图。

布局如图 20.3.1 所示，其 CSS 代码如图 20.3.2 所示，HTML 代码如图 20.3.3 所示。

携程网局部导航部分

图 20.3.1　携程网局部导航部分

```
* {
        padding: 0;
        margin: 0;
        box-sizing: border-box;
    }

    body {
        max-width: 640px;              /*页面最大宽度*/
        min-width: 320px;              /*页面最小宽度*/
        margin: 0 auto;                /*居中*/
        background-color: #fafafc;     /*背景颜色*/
        font: 400 16px/1.5 PingFangSC-regular, Tahoma, "Lucida Grande",
Verdana, "Microsoft Yahei", STXihei, hei;
          /*移动端字体配置*/
        color: #000;
        overflow-x: hidden;              /*水平方向不出现滚动条*/
        -webkit-tap-highlight-color: transparent;
            /*取消点击高亮*/
    }

    ul {
        list-style: none;
    }

    a {
        text-decoration: none;
        color: #666;
    }
    .subnav {
        margin-top: 50px;
        border-bottom: 1px solid #ccc;
    }
```

```
.subnav ul {
    margin: 0 15px;
     display: flex;                /*父盒子设置 flex 布局*/
    flex-wrap: wrap;             /*换行*/
}

.subnav ul li {
    width: 20%;               /*每行显示 5 个*/
    margin-bottom: 5px;
}

.subnav ul li a {
    display: flex;
    flex-direction: column;  /*主轴方向为 y 轴，表示上下显示*/
    align-items: center;     /*侧轴方向居中显示*/
    font-size: 12px;
}

.subnav ul li a i {
    width: 28px;
    height: 28px;
}

[class^="subnav-icon"] {               /*属性选择器*/
    background: url(imgs/jinglingtu3.png)no-repeat;
    background-size: 28px auto;
}

.subnav-icon-2 {
    background-position: 0 -28px;
}

.subnav-icon-3 {
    background-position: 0 -56px;
}

.subnav-icon-4 {
    background-position: 0 -84px;
```

```
        }

        .subnav-icon-5 {
            background-position: 0 -112px;
        }

        .subnav-icon-6 {
                background-position: 0 -140px;
}

        .subnav-icon-7 {
            background-position: 0 -168px;
        }

        .subnav-icon-8 {
            background-position: 0 -196px;
        }

        .subnav-icon-9 {
            background-position: 0 -224px;
        }

        .subnav-icon-10 {
            background-position: 0 -252px;
        }
```

图 20.3.2　携程网局部导航 CSS 代码部分

```
<div class="subnav">
    <ul>
        <li><a href="#" title="自由行"><i class="subnav-icon-1"></i><span>自由行</span></a></li>
        <li><a href="#" title="wifi电话卡"><i class="subnav-icon-2"></i><span>wifi电话卡</span></a></li>
        <li><a href="#" title="保险.签证"><i class="subnav-icon-3"></i><span>保险.签证</span></a></li>
        <li><a href="#" title="换钞.购物"><i class="subnav-icon-4"></i><span>换钞.购物</span></a></li>
        <li><a href="#" title="当地向导"><i class="subnav-icon-5"></i><span>当地向导</span></a></li>
        <li><a href="#" title="特价机票"><i class="subnav-icon-6"></i><span>特价机票</span></a></li>
        <li><a href="#" title="礼品卡"><i class="subnav-icon-7"></i><span>礼品卡</span></a></li>
        <li><a href="#" title="申卡.借钱"><i class="subnav-icon-8"></i><span>申卡.借钱</span></a></li>
        <li><a href="#" title="游拍"><i class="subnav-icon-9"></i><span>游拍</span></a></li>
        <li><a href="#" title="更多"><i class="subnav-icon-10"></i><span>更多</span></a></li>
    </ul>
</div>
```

图 20.3.3　携程网局部导航 HTML 代码

项目总结

本项目主要介绍了移动端的 flex 和 fontawesome 字体图标框架。CSS3 弹性盒是一种当页面需要适应不同的屏幕大小以及设备类型时以确保元素拥有恰当的行为的布局方式。通过学习，读者明白了弹性盒布局模型的目的是提供一种更加有效的方式来对一个容器中的子元素进行排列、对齐和分配空白空间。

项目二十一　Web 开发之响应式布局

项目要求

一、目的要求	本项目在原有 HTML5、CSS3 的基础知识上，引入了一个新的网页设计概念——响应式设计。响应式网站可以针对不同的终端显示出合理的布局页面，实现一个代码，多设备通用。本项目的代码较多，读者要在熟悉网页结构的基础上，运用 bootstrap 进行样式引用和修改		
二、工具、器材	实验设备	数量	备注
	PC 机/笔记本	1	1. 有谷歌浏览器 2. 安装有 VSCode/HBuilder 等开发工具
	有无线网卡/有线网卡	1	无线接入/有线接入
三、重难点分析	✧ 能够说出响应式原理； ✧ 能够使用媒体查询制作响应式导航； ✧ 能够使用 bootstrap 栅格系统； ✧ 能够使用 bootstrap 响应式工具		
四、教学过程			
教学步骤/知识或单元结构	教学方法/策略		学生课堂安排/过程
1. 什么是响应式	提出问题		学生网上查询答案并回答
2. 响应式开发的原理	讲授响应式开发的原理		能说出响应式的开发原理
3. 用媒体查询实现结构变化案例	案例演示运用媒体查询制作响应式导航		观察并思考，能动作操作
4. Bootstrap 响应式框架	讲解演示响应式框架的引用和使用框架		掌握并能在实际开发中熟练运用
5. 布置任务	实操练习		强化课堂认知技能
五、成绩评定			
评定等级		教师签名	
六、反思和总结			

项目展示

响应式导航如图 21.1 所示，用 Bootstrap3.0 制作的网页 PC 端、PAD 端、移动端分别如图 21.2、21.3、21.4 所示。

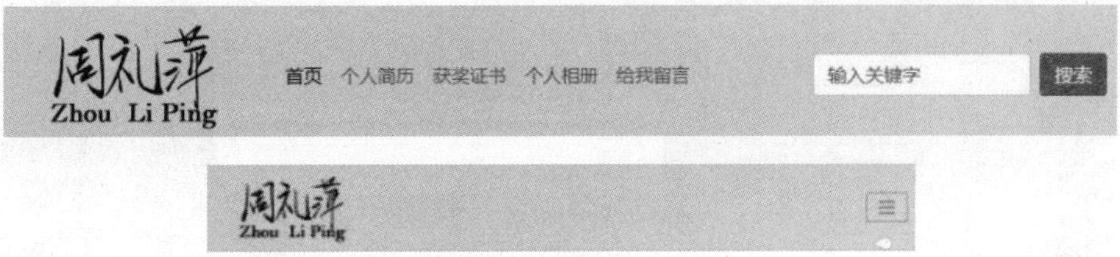
周礼萍
Zhou Li Ping
首页 个人简历 获奖证书 个人相册 给我留言
输入关键字
搜索
周礼萍
Zhou Li Ping

图 21.1 响应式导航

重庆科创职业学院
我为重庆科创职业学院
“十四五”规划建言献策
重庆科创职业学院
领导简介
董事长
校长、校党委副书记
校党委书记、督导专员
重庆科创职业学院
校园活动
校园歌手大赛
Sat.7 November 2020
首届电子竞技王者荣耀赛事
Fri.27 November 2020
2020元旦晚会
Sun.30 Dec 2020
2020冬季运动会
Sun.30 Dec 2020

图 21.2　Bootstrap3.0 制作的网页 PC 端

图 21.3　Bootstrap3.0 制作的网页 PAD 端

图 21.4　Bootstrap3.0 制作的网页移动端

教学内容

1. 响应式 Web 设计

响应式 Web 设计适合于多种屏幕尺寸大小，页面会随着屏幕大小的改变适时调整布局。案例如图 21.5、21.6 所示。

（a）手机端　　　　　　（b）平板端

图 21.5　科创页面的手机端和平板端

图 21.6　科创页面的计算机端

2. 响应式开发原理

使用媒体查询 @ media 针对不同宽度的设备进行布局和样式设置，从而适配不同设备的目的。设备划分为：① 小于 768 px 为手机；② 768 px - 992 px 为平板；③ 992 px - 1200 px 为计算机端中等屏幕；④ 1200px 以上为计算机端大屏幕。

响应式开发原理

3. 用媒体查询实现结构变化案例

（1）超小屏幕下屏幕小于 768px，宽度为 100%。

```
.container {
        height：150px；
        margin：0 auto；
    }
    @media screen and (max-width：767px) {
        .container {
          width：100%；
         background-color：red；
        }
    }
```

（2）小屏幕下屏幕大于等于 768px，宽度为 750px。

```
.container {
        height：150px；
        margin：0 auto；
```

```
        }
@media screen and (min-width：768px) {
            .container {
                width：750px;
    background-color：orange;
            }
        }
```

（3）中等屏幕下屏幕大于等于 992px，宽度为 950px。

```
.container {
            height：150px;
            margin：0 auto;
        }
@media screen and (min-width：992px) {
            .container {
                width：950px;
    background-color：yellow;
            }
        }
```

（4）大屏幕下屏幕大于等于 1200px，宽度为 1170px。

```
.container {
            height：150px;
            margin：0 auto;
 }
@media screen and (min-width：1200px) {
            .container {
                width：1170px;
    background-color：green;
            }
        }
```

4. Bootstrap 响应式框架

框架：就是一套架构，它有一套比较完整的网页功能解决方案，而且控制权在框架本身，有预制的样式库、组件和插件。使用者要按照框架所规定的某种规范进行开发。

（1）Bootstrap 简介。

Bootstrap 来自 Twitter（推特），是目前最受欢迎的前端框架。Bootstrap 是基于 HTML、CSS 和 JavaScript 的，其简洁灵活，使得 Web 开发更加快捷。

[中文网]（http://www.bootcss.com/）

[官网]（http://getbootstrap.com/）

（2）Bootstrap 优点。

①提供了一套简洁、直观、强悍的组件。

②标准化的 html+css 编码规范。

③有自己的生态圈，不断地更新迭代。

④让开发更简单，提高了开发效率。

（3）Bootstrap 常用版本介绍。

3.*.*版本：目前使用最多、稳定，但是放弃了 IE6-IE7。对 IE8 支持，但界面效果不好，偏向用于开发响应式布局、移动设备优先的 Web 项目。

4.*.*版本：源码采用 Sass 编写，选用弹性盒模型，新增网格层适配移动端，引入 ES6 新特性。

（4）Bootstrap 框架的引入。

bootstrap 引入 1　　　　bootstrap 引入 2

第一步：创建基本文件夹 bootstrap，用来放 bootstrap 资源，如图 21.7 所示。

第二步：下载 bootstrap 文件放入项目。

第三步：将基本模板复制在 html 里，如图 21.8 所示。

第四步：引入资源文件。

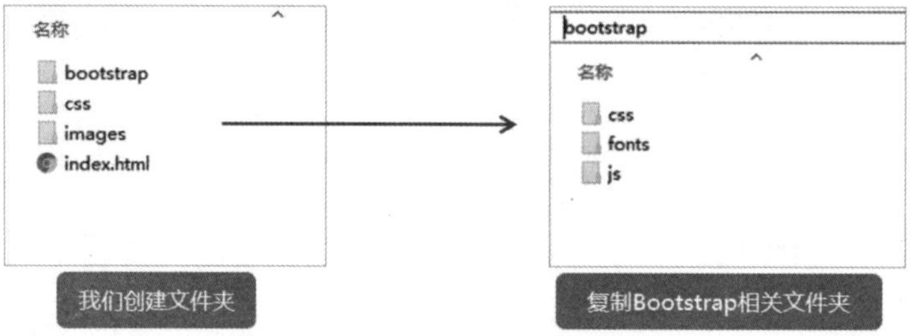

图 21.7　第一步创建基本文件夹

```
<!DOCTYPE html>
<html lang="zh-CN">
  <head>
    <meta charset="utf-8">
    <meta http-equiv="X-UA-Compatible" content="IE=edge">//要求当前使用IE最高级浏览器版本内核渲染
    <meta name="viewport" content="width=device-width, initial-scale=1">
    <!-- 上述3个meta标签*必须*放在最前面，任何其他内容都*必须*跟随其后！ -->
    <title>Bootstrap 101 Template</title>
    <!-- Bootstrap -->
    <link href="css/bootstrap.min.css" rel="stylesheet">//核心样式
        <!--[if lt IE 9]的兼容可以不引入>
     <script src="//cdn.bootcss.com/html5shiv/3.7.2/html5shiv.min.js"></script>
     <script src="//cdn.bootcss.com/respond.js/1.4.2/respond.min.js"></script>
    <![endif]-->
  </head>
  <body>
    <h1>你好，世界！</h1>
    <!-- jQuery (necessary for Bootstrap's JavaScript plugins) -->
    <script src="//cdn.bootcss.com/jquery/1.11.3/jquery.min.js"></script>
    <!-- Include all compiled plugins (below), or include individual files as needed -->
    <script src="js/bootstrap.min.js"></script>
  </body>
</html>
```

图 21.8　Bootstrap 响应式框架 html 骨架结构

（5）Bootstrap 布局容器。

布局容器

Bootstrap 需要为页面内容和栅格系统包裹一个.container 或者.container-fluid 容器，如图 21.9 所示。

.container	.container-fluid
响应式布局的容器 固定宽度 大屏 （ >=1200px） lg 宽度定为 1170px 中屏 （ >=992px） md 宽度定为 970px 小屏 （ >=768px） sm 宽度定为 750px 超小屏 （ <768px） xs 超小屏 （100%）	流式布局容器 百分百宽度 占据全部视口（viewport）的容器

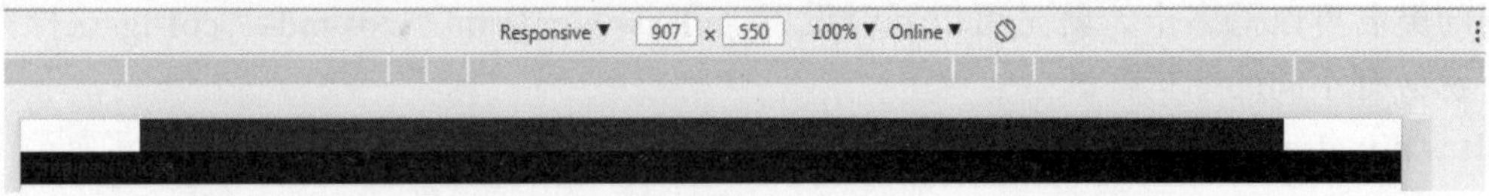

图 21.9　布局容器.container（上）.container-fluid（下）

（6）Bootstrap 栅格系统。

Bootstrap 提供了一套响应式、移动设备优先的流式栅格系统，随着屏幕或视口（viewport）尺寸的增加，系统会自动分为最多 12 列。

栅格系统（又叫作网格布局），用于通过一系列的行（row）与列（column）的组合来创建页面布局，将内容放入这些创建好的布局中即可。

按照不同屏幕划分为 1 ~ 12 等份。

行（row）可以去除父容器作用 15px 的边距。

xs-extra small：超小；

sm-small：小；

md-medium：中等；

lg-large：大；

栅格系统

列（column）大于 12，多余的“列（column）”所在的标签将被作为一个整体另起一行排列，每一列默认有左右 15 像素的 padding，可以同时为一列指定多个设备的类名，以便划分不同份数。

例如，class="col-md-4 col-sm-6"

栅格系统就是默认将父元素分成 12 等分。如果想设置子元素的宽度，可根据占据的份数来决定子元素的宽度。例如：子元素占据 3 等份，那么就相当于设置子元素 width：25%，子元素占据 4 等份，那么就相当于设置子元素 width：33.333%。

栅格系统是分为行和列，要先写行，创建一 div 添加类名为 row 即可，下面以 div 为列，可以通过类名设置每列的宽度。

如：col-xs-栅格的数量（设置超小屏幕的宽度）。

col-sm-栅格的数量（设置小屏幕的宽度）。

col-md-栅格的数量（设置中等屏幕的宽度）。

col-lg-栅格的数量（设置大屏幕的宽度）。

如果列的栅格数量加一起没有超过 12，则可能出现空白并在一行显示，如果列的栅格数量加一起超过 12，则在开始超过 12 的那个换行显示。

如：

```
<div class="container">
        <div class="row">
            <div class="col-lg-6"></div>
            <div class="col-lg-2"></div>
            <div class="col-lg-2"></div>
            <div class="col-lg-2"></div>
        </div>
</div>
```

列的类名可以写多个，就是可以同时设置 col-xs-、col-sm-、col-md-、col-lg-这样在不同屏幕下就会有不同的结构样式。

如：

```
<div class="container">
        <div class="row">
            <div class="col-lg-4 col-md-6 col-xs-12"></div>
            <div class="col-lg-4 col-md-6 col-xs-12"></div>
            <div class="col-lg-4 col-md-6 col-xs-12"></div>
        </div>
</div>
```

这三个盒子在大屏显示一行3个；

这三个盒子在中屏和小屏显示一行2个；

这三个盒子在超小屏显示一行1个。

（7）栅格系统的列嵌套。

栅格系统内置的栅格系统将内容再次嵌套。简单理解就是一个列内再分成若干份小列。可以通过添加一个新的.row 元素和一系列.col-sm-*元素到已经存在的.col-sm-*元素内。

如：<div class="col-sm-4">

<div class="row">

<div class="col-sm-6">小列</div>

<div class="col-sm-6">小列</div>

</div>

</div>

列嵌套

效果如图 21.10 所示。

图 21.10　列嵌套

（8）列偏移-offset-。

使用.col-md-offset-类可以将列向右侧偏移。这些类实际是通过使用选择器为当前元素增加了左侧的边距（margin）。

如：<div class="row">

<div class="col-lg-3">1</div>

<div class="col-lg-3 col-lg-offset-6">2</div>

</div>

列偏移

效果如图 21.11 所示。

图 21.11　列偏移

（9）列排序。

通过使用.col-md-push-*和.col-md-pull-*类就可以很容易改变列（column）的顺序。

如：<div class="container">

<div class="row">

<div class="row">

<div class="col-lg-4 col-lg-push-8">左侧</div>

<div class="col-lg-8 col-lg-pull-4">右侧</div>

</div>

</div>

</div>

列排序

效果如图 21.12 所示。

（10）响应式工具的显示与隐藏。

为了加快对移动设备友好页面的开发工作，利用媒体查询功能，

显示和隐藏

并使用这些工具类可以方便地针对不同设备展示或隐藏页面内容，如图 21.13 所示。

图 21.12　列排序前（上）和排序后（下）

类名	超小屏	小屏	中屏	大屏
.hidden-xs	隐藏	可见	可见	可见
.hidden-sm	可见	隐藏	可见	可见
.hidden-md	可见	可见	隐藏	可见
.hidden-lg	可见	可见	可见	隐藏

类名	超小屏	小屏	中屏	大屏
visible-xs	显示	隐藏	隐藏	隐藏
visible-sm	隐藏	显示	隐藏	隐藏
visible-md	隐藏	隐藏	显示	隐藏
visible-lg	隐藏	隐藏	隐藏	显示

图 21.13　响应式工具的显示和隐藏

项目训练

任务一　利用 Bootstrap4.*制作个人网站导航部分

任务要求

（1）打开文件 1902.html，另存为 2101.html。

（2）引入 Bootstrap4.*框架 css 和 js。

（3）用软件的查找和替换功能把“container-fluid”替换为“fluid”。

（4）运用 Bootstrapt4.*替换原来导航部分，修改导航背景色与主色调一致（删除导航自带背景色 bg-light），修改搜索按钮为蓝色（btn btn-primary）。

效果如图 21.1.1 所示，其 HTML 结构如图 21.1.2 所示。

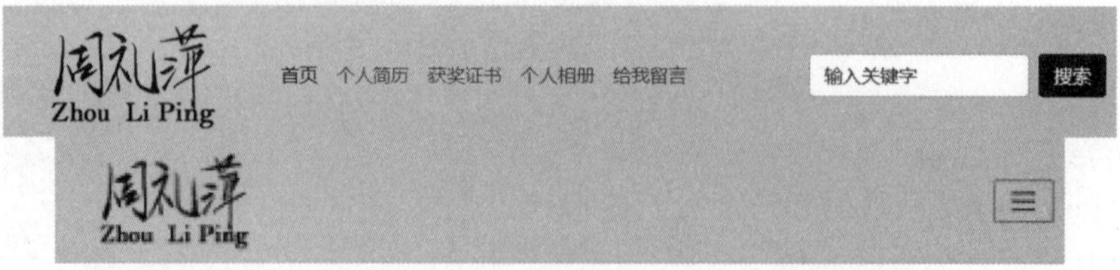

图 21.1.1　个人网站导航部分 PC 端（上）和手机端（下）

```
<div class="fluid" id="about">
    <nav class="navbar navbar-expand-lg navbar-light">
        <a class="navbar-brand" href="#"><img src="imgs/zlp.png" alt=""></a>
        <button class="navbar-toggler" type="button" data-toggle="collapse" data-target="#navbarSupportedContent"
        aria-controls="navbarSupportedContent" aria-expanded="false" aria-label="Toggle navigation">
          <span class="navbar-toggler-icon"></span>
        </button>
        <div class="collapse navbar-collapse" id="navbarSupportedContent">
            <ul class="navbar-nav mr-auto">
                <li class="nav-item active">
                    <a class="nav-link" href="#">首页 <span class="sr-only">(current)</span></a>
                </li>
                <li class="nav-item">
                    <a class="nav-link" href="#">个人简历</a>
                </li>
                <li class="nav-item">
                    <a class="nav-link " href="#">获奖证书</a>
                </li>
                <li class="nav-item">
                    <a class="nav-link " href="#">个人相册</a>
                </li>
                <li class="nav-item">
                    <a class="nav-link " href="#">给我留言</a>
                </li>
            </ul>
            <form class="form-inline my-2 my-lg-0">
                <input class="form-control mr-sm-2" type="search" placeholder="输入关键字" aria-label="Search">
                <button class="btn btn-primary my-2 my-sm-0" type="submit">搜索</button>
            </form>
        </div>
    </nav>
```

图 21.1.2　个人网站导航部分 HTML 结构

任务二　利用 Bootstrap4.*制作个人网站“关于我”部分

任务要求

（1）打开文件 2101.html，另存为 2102.html。

（2）运用 flex 布局，利用 Bootstrap 4.0 制作“关于我”部分，如图 21.2.1 所示。其 HTML 代码如图 21.2.2 所示。

图 21.2.1　个人网站“关于我”部分

```
<section>
                <img src="imgs/star.png" alt="">
                <h3>关于我</h3> <img src="imgs/star.png" alt="">
            </section>
            <article>
                <div class="row align-items-center justify-content-between">
                    <p class="w-40">本人对待工作认真负责，善于沟通协调有较强的组
织潜力与团队精神；活泼开朗乐观向上，有爱心并善于施教并行；上进心强，善于学习，能不断
提高自身的潜力与综合素质。在未来的工作中，我将以充沛的精力，刻苦钻研的精神来努力工作，
稳定地提高自己的工作能力，与公司同步发展。</p>
                    <div class="photo"><img src="imgs/my.jpg" alt=""></div>
                    <div class="w-50">
                        <h3>专业能力</h3>
                        <div class="progress">
                            <div class="progress-bar progress-bar-striped bg
-warning" role="progressbar" style="width: 75%" aria-valuenow="75" aria-valu
emin="0" aria-valuemax="100"></div>
                        </div>
                        <h4 class="m-3">HTML5/CSS3</h4>
                        <div class="progress">
                            <div class="progress-bar progress-bar-striped bg
-danger" role="progressbar" style="width: 90%" aria-valuenow="90" aria-value
min="0" aria-valuemax="100"></div>
                        </div>
                        <h4 class="m-3">JS 脚本</h4>
                        <div class="progress">
                            <div class="progress-bar progress-bar-striped" r
ole="progressbar" style="width: 60%" aria-valuenow="60" aria-valuemin="0" ar
ia-valuemax="100"></div>
                       </div>
                           <h4 class="m-3">计算机能力</h4>
                        <div class="progress">
                            <div class="progress-bar progress-bar-striped bg
-info" role="progressbar" style="width: 50%" aria-valuenow="50" aria-valuemi
n="0" aria-valuemax="100"></div>
                        </div>
                        <h4 class="m-3">英语</h4>
                        <div class="progress">
```

```
                              <div class="progress-bar progress-bar-striped bg
-success" role="progressbar" style="width: 25%" aria-valuenow="25" aria-valu
emin="0" aria-valuemax="100"></div>
                          </div>
                      </div>
                  </div>
            </article>
```

图 21.2.2　个人网站关于我部分 HTML 代码

任务三　响应式 Bootstrap3.*制作科创学院网站（课外作业）

任务要求

（1）新建文件 2103.html，第一屏知识点：顶部固定响应式导航和全屏轮播图，设置滚动监听。

（2）第二屏知识点：图片形状、缩略图和折叠菜单。

（3）第三屏知识点：列表组、标签、缩略图、模态框和表单。

（4）第四屏知识点：栅格系统、工具提示等。

网页样式如图 21.2 所示，结构部分代码如图 21.3.1 所示，CSS 代码如图 21.3.2 所示。

```
<!DOCTYPE html>
<html lang="zh-CN">

<head>
    <meta charset="UTF-8">
    <meta name="viewport" content="width=device-width, initial-scale=1.0">
    <link rel="stylesheet" href="css/bootstrap.min.css">
    <link rel="stylesheet" href="css/demo.css">
    <link rel="shortcut icon" href="kc.ico" type="image/x-icon">
    <title>科创职业学院</title>
</head>

<body id="mypage" data-spy="scroll" data-target=".navbar">
    <!-- 导航 -->
    <nav class="navbar navbar-inverse navbar-fixed-top">
        <div class="container-fluid">
            <!-- Brand and toggle get grouped for better mobile display -->
            <div class="navbar-header">
```

```
            <button type="button" class="navbar-toggle collapsed" data-t
oggle="collapse" data-target="#bs-example-navbar-collapse-1" aria-expanded="
false">
              <span class="sr-only">Toggle navigation</span>
              <span class="icon-bar"></span>
              <span class="icon-bar"></span>
              <span class="icon-bar"></span>
            </button>
                <a class="navbar-brand" href="#" style="color:white; font-si
ze:24px;  letter-spacing: 0.1em;">
                    重庆科创职业学院
                </a>
            </div>

            <!-- Collect the nav links, forms, and other content for togglin
g -->
            <div class="collapse navbar-collapse" id="bs-example-navbar-coll
apse-1">
                <ul class="nav navbar-nav navbar-right">
                    <li class="active"><a href="#one">首
页 <span class="sr-only">(current)</span></a></li>
                    <li><a href="#two">学院领导简介</a></li>
                    <li><a href="#three">校园活动</a></li>
                    <li><a href="#four">联系我们</a></li>
                </ul>

            </div>
            <!-- /.navbar-collapse -->
        </div>
        <!-- /.container-fluid -->
    </nav>
    <!-- 第一屏 -->
    <div id="one">
        <div id="carousel-example-generic" class="carousel slide" data-ride=
"carousel">
            <!-- Indicators -->
            <ol class="carousel-indicators">
                <li data-target="#carousel-example-generic" data-slide-to="0
" class="active"></li>
```

```
            <li data-target="#carousel-example-generic" data-slide-to="1"></li>
            <li data-target="#carousel-example-generic" data-slide-to="2"></li>
            </ol>

            <!-- Wrapper for slides -->
            <div class="carousel-inner" role="listbox">
                <div class="item active">
                    <img src="imgs/1-1.jpg" alt="...">
                    <div class="carousel-caption">

                    </div>
                </div>
                <div class="item">
                    <img src="imgs/1-2.jpg" alt="...">
                    <div class="carousel-caption">

                    </div>
                </div>
                <div class="item">
                    <img src="imgs/1-3.jpg" alt="...">
                    <div class="carousel-caption">

                    </div>
                </div>
                <div class="item">
                    <img src="imgs/1-4.jpg" alt="...">
                    <div class="carousel-caption">

                    </div>
                </div>
            </div>

            <!-- Controls -->
            <a class="left carousel-control" href="#carousel-example-generic
" role="button" data-slide="prev">
                <span class="glyphicon glyphicon-chevron-left" aria-hidden="
true"></span>
                <span class="sr-only">Previous</span>
            </a>
```

```
                <a class="right carousel-control" href="#carousel-example-generi
c" role="button" data-slide="next">
                    <span class="glyphicon glyphicon-chevron-right" aria-hidden=
"true"></span>
                    <span class="sr-only">Next</span>
                </a>
            </div>
        </div>
        <!-- 第二屏 -->
        <div class="container text-center " id="two">
            <h1>领导简介</h1>
            <p>发布时间 : 2019-11-12</p>
            <div class="row">
                <div class="col-sm-6 col-md-4">
                    <h3 class="text-center">董事长</h3>
                                <!-- 折叠 collapse -->
                    <a href="#demo1" data-toggle="collapse"><img src="imgs/2-1.j
pg" alt="..." class="img-circle"></a>
                    <div class="collapse" id="demo1">
                        <h4>**</h4>
                        <p>**，男，汉族，1962 年 5 月出生。加拿大
Enternal Innovation Corporation 公司董事长，重庆天长实业有限责任公司董事长，重庆
教育担保公司副董事长，重庆科创职业学院创办人、董事长。</p>
                    </div>

                </div>
                <div class="col-sm-6 col-md-4">
                    <h3 class="text-center">校长、校党委副书记  </h3>
                                <!-- 折叠 collapse -->
                    <a href="#demo2" data-toggle="collapse">
                        <img src="imgs/2-2.jpg" alt="..."class="img-circle"></a>
                    <div class="collapse" id="demo2">
                        <h4> **</h4>
                        <p>**，男，汉族，1950 年 5 月出生，重庆江津人，中共党员，教授，
硕士研究生导师，国务院政府特殊津贴专家，重庆市先进工作者，教育部本科教学工作水平评估
专家。
                        </p>
                    </div>
                </div>
```

```
            <div class="col-sm-6 col-md-4">
                <h3 class="text-center">校党委书记、督导专员</h3>
                            <!-- 折叠 collapse -->
                <a href="#demo3" data-toggle="collapse">
                    <img src="imgs/2-3.jpg" alt="..."class="img-circle"></a>
                <div class="collapse" id="demo3">
                    <h4>**</h4>
                    <p>**，男，汉族，1968 年 11 月出生，四川旺苍人，中共党员，教授，
硕士研究生。曾任重庆文理学院党委委员、学工部部长、招生就业处处长、党政办主任，永川区
第十六届人大代表。
                    </p>
                </div>
            </div>
        </div>
    </div>
    <!-- 第三屏 -->
    <div class="container text-center" id="three">
        <h1>校园活动</h1>
        <p style="font-size: 16px; line-height: 1.5em; margin-top: 20px;">丰
富有趣的校园文化生活尽在这里...<br>快来报名吧！</p>
        <!-- 列表组 -->
        <ul class="list-group text-muted text-left">
            <li class="list-group-item">义务献
血 <span class="label label-danger">已结束</span></li>
            <li class="list-group-item">校园歌手大
赛 <span class="label label-danger">进行中</span></li>
            <li class="list-group-item">首届电子竞技王者荣耀赛
事 <span class="label label-success">进行中</span></li>
            <li class="list-group-item">2020 元旦晚
会 <span class="label label-success">进行中</span></li>
            <li class="list-group-item">第 30 届冬季运动
会 <span class="label label-warning">敬请期待</span></li>
        </ul>
        <!-- 缩略图 -->
        <div class="row">
            <div class="col-sm-6 col-md-3">
                <div class="thumbnail">
                    <img src="imgs/3-3.jpg" alt="...">
                    <div class="caption">
```

```
                        <h4>校园歌手大赛</h4>
                        <p>Sat.7 November 2020</p>
                        <p><a href="#" class="btn btn-primary" data-toggle="
modal" data-target="#myModal1" role="button">我要报名</a> </p>
                    </div>
                </div>
            </div>

            <div class="col-sm-6 col-md-3">
                <div class="thumbnail">
                    <img src="imgs/3-2.jpg" alt="...">
                    <div class="caption">
                        <h4>首届电子竞技王者荣耀赛事</h4>
                        <p>Fri.27 November 2020</p>
                        <p><a href="#" class="btn btn-primary" role="button"
 data-toggle="modal" data-target="#myModal2">我要报名</a> </p>
                    </div>
                </div>
            </div>
            <div class="col-sm-6 col-md-3">
                <div class="thumbnail">
                    <img src="imgs/3-1.jpg" alt="...">
                    <div class="caption">
                        <h4>2020 元旦晚会</h4>
                        <p>Sun.30 Dec 2020</p>
                        <p><a href="#" class="btn btn-primary" role="button"
 data-toggle="modal" data-target="#myModal3">我要报名</a> </p>
                    </div>
                </div>
            </div>
            <div class="col-sm-6 col-md-3">
                <div class="thumbnail">
                    <img src="imgs/3-4.jpg" alt="...">
                    <div class="caption">
                        <h4>2020 冬季运动会</h4>
                        <p>Sun.30 Dec 2020</p>
                        <p><a href="#" class="btn btn-primary" role="button"
 data-toggle="modal" data-target="#myModal4">我要报名</a> </p>
                    </div>
```

```
                </div>
            </div>
        </div>
    </div>
    <!-- 模态框 1 -->
    <div class="modal fade" tabindex="-1" role="dialog" id="myModal1">
        <div class="modal-dialog" role="document">
            <div class="modal-content">
                <div class="modal-header bg-primary">
                    <button type="button" class="close" data-dismiss="modal"
 aria-label="Close"><span aria-hidden="true">&times;</span></button>
                    <h4 class="modal-title"><span class="glyphicon glyphicon
-pencil"></span>校园歌手报名页面</h4>
                </div>
                <div class="modal-body">
                    <!-- 表单 -->
                    <form>
                        <div class="form-group">
                            <label for="name"><span class="glyphicon glyphic
on-user"></span>姓名</label>
                            <input type="text" class="form-control" id="name
" placeholder="您的真实姓名">
                        </div>
                        <div class="form-group">
                            <label for="tel"><span class="glyphicon glyphico
n-phone"></span>电话</label>
                            <input type="tel" class="form-control" id="tel"
placeholder="您的手机号码">
                        </div>
                        <div class="form-group">
                            <label for="banji"><span class="glyphicon glyphi
con-education"></span>班级</label>
                            <input type="text" class="form-control" id="name
" placeholder="专业班级">
                        </div>
                    </form>
                </div>
                <div class="modal-footer">
```

```
                    <button type="button" class="btn btn-default" data-dismi
ss="modal">我再想想</button>
                   <button type="button"class="btn btn-primary">确认报名</button>
                </div>
            </div>
            <!-- /.modal-content -->
        </div>
        <!-- /.modal-dialog -->
    </div>
    <!-- /.modal -->
    <!-- 模态框 2 -->
    <div class="modal fade" tabindex="-1" role="dialog" id="myModal2">
        <div class="modal-dialog" role="document">
            <div class="modal-content">
                <div class="modal-header bg-primary">
                    <button type="button" class="close" data-dismiss="modal"
 aria-label="Close"><span aria-hidden="true">&times;</span></button>
                    <h4 class="modal-title"><span class="glyphicon glyphicon
-pencil"></span>电竞比赛报名页面</h4>
                </div>
                <div class="modal-body">
                    <!-- 表单 -->
                    <form>
                        <div class="form-group">
                            <label for="name"><span class="glyphicon glyphic
on-user"></span>姓名</label>
                            <input type="text" class="form-control" id="name
" placeholder="您的真实姓名">
                        </div>
                        <div class="form-group">
                            <label for="tel"><span class="glyphicon glyphico
n-phone"></span>电话</label>
                            <input type="tel" class="form-control" id="tel"
placeholder="您的手机号码">
                        </div>
                        <div class="form-group">
                            <label for="banji"><span class="glyphicon glyphi
con-education"></span>班级</label>
```

```
                        <input type="text" class="form-control" id="name
" placeholder="专业班级">
                    </div>
                </form>
            </div>
            <div class="modal-footer">
              <button type="button" class="btn btn-default" data-dismis
s="modal">我再想想</button>
              <button type="button"class="btn btn-primary">确认报名</button>
            </div>
        </div>
        <!-- /.modal-content -->
    </div>
    <!-- /.modal-dialog -->
</div>
<!-- /.modal -->
<!-- 模态框 3 -->
<div class="modal fade" tabindex="-1" role="dialog" id="myModal3">
    <div class="modal-dialog" role="document">
        <div class="modal-content">
            <div class="modal-header bg-primary">
                <button type="button" class="close" data-dismiss="modal"
 aria-label="Close"><span aria-hidden="true">&times;</span></button>
                <h4 class="modal-title"><span class="glyphicon glyphicon
-pencil"></span>元旦晚会报名页面</h4>
            </div>
            <div class="modal-body">
                <!-- 表单 -->
                <form>
                    <div class="form-group">
                        <label for="name"><span class="glyphicon glyphic
on-user"></span>姓名</label>
                        <input type="text" class="form-control" id="name
" placeholder="您的真实姓名">
                    </div>
                    <div class="form-group">
                        <label for="tel"><span class="glyphicon glyphico
n-phone"></span>电话</label>
```

```
                          <input type="tel" class="form-control" id="tel"
placeholder="您的手机号码">
                      </div>
                      <div class="form-group">
                          <label for="banji"><span class="glyphicon glyphi
con-education"></span>班级</label>
                          <input type="text" class="form-control" id="name
" placeholder="专业班级">
                      </div>
                  </form>
              </div>
              <div class="modal-footer">
                  <button type="button" class="btn btn-default" data-dismis
s="modal">我再想想</button>
                  <button type="button"class="btn btn-primary">确认报名</button>
              </div>
          </div>
          <!-- /.modal-content -->
      </div>
      <!-- /.modal-dialog -->
  </div>
  <!-- /.modal -->
  <!-- 模态框4 -->
  <div class="modal fade" tabindex="-1" role="dialog" id="myModal4">
      <div class="modal-dialog" role="document">
          <div class="modal-content">
              <div class="modal-header bg-primary">
                  <button type="button" class="close" data-dismiss="modal"
 aria-label="Close"><span aria-hidden="true">&times;</span></button>
                  <h4 class="modal-title"><span class="glyphicon glyphicon
-pencil"></span>运动会报名页面</h4>
              </div>
              <div class="modal-body">
                  <!-- 表单 -->
                  <form>
                      <div class="form-group">
                          <label for="name"><span class="glyphicon glyphic
on-user"></span>姓名</label>
```

```
                        <input type="text" class="form-control" id="name
" placeholder="您的真实姓名">
                    </div>
                    <div class="form-group">
                        <label for="tel"><span class="glyphicon glyphico
n-phone"></span>电话</label>
                        <input type="tel" class="form-control" id="tel"
placeholder="您的手机号码">
                    </div>
                    <div class="form-group">
                        <label for="banji"><span class="glyphicon glyphi
con-education"></span>班级</label>
                        <input type="text" class="form-control" id="name
" placeholder="专业班级">
                    </div>
                </form>
            </div>
            <div class="modal-footer">
                <button type="button" class="btn btn-default" data-dismi
ss="modal">我再想想</button>
                <button type="button" class="btn btn-primary">确认报名
</button>
            </div>
        </div>
        <!-- /.modal-content -->
    </div>
    <!-- /.modal-dialog -->
</div>
<!-- /.modal -->
<!-- 第四屏 -->
<div class="container text-center" id="four">
    <h1>联系我们</h1>
    <p>魅力科创期待你的加入</p>
    <div class="row">
       <div class="col-sm-4" style="font-size: 16px;">
          <p>喜欢我们！给我留言吧</p>
          <p><span class="glyphicon glyphicon-map-marker"></span>永川·重庆</p>
            <p><span class="glyphicon glyphicon-phone-alt"></span>联系电
话：023-49508777</p>
```

```
                <p><span class="glyphicon glyphicon-home"></span>学校网
址:www.cqie.cn</p>

            </div>
            <div class="col-sm-8">
                <div class="row ">
                    <form>
                        <div class="form-group col-md-6">

                            <input type="text" class="form-control" id="exam
pleInputName2" placeholder="王小丫">
                        </div>
                        <div class="form-group col-md-6">

                            <input type="tel" class="form-control" id="examp
leInputTel2" placeholder="联系电话">
                        </div>
                        <div class="form-group col-md-12">

                            <textarea name="" class="form-control" id="" row
s="5"></textarea>
                        </div>
                        <button class="btn btn-info pull-right" type="submit
">发送</button>
                    </form>
                </div>
            </div>
        </div>
        <div class="row map">
            <img src="imgs/map.png " alt="">
        </div>
        <!-- 页脚 -->
        <div class="row">
            <footer>
                              <!-- 提示工具 -->
                <a href="#mypage" class="up-arrow" data-toggle="tooltip" tit
le="回到首页">
                    <span class="glyphicon glyphicon-arrow-up"></span>
                </a><br>
```

```
                <p><img src="imgs/logo_bt.png" alt="" height="50px"></p>
                <p>地址：重庆市永川区昌州大道西段 28 号 邮编：402160 </p>
                <p><span>Copyright © 2019 重庆科创职业学院 版权所有
</span><span>  渝 ICP 备 09007502 号   渝公网安备 50011802010074 号</span></p>
            </footer>
        </div>
    </div>

    <script src="js/jquery-1.11.3.min.js"></script>
    <script src="js/bootstrap.min.js"></script>
    <script>
        $(document).ready(function() {
            $('[data-toggle="tooltip"]').tooltip();
        })
    </script>
</body>

</html>
```

图 21.3.1 页面结构部分代码

```
body {
    /* background-color: rgb(54, 54, 153); */
    color: #fff;
    background: url(../imgs/bg2.jpg) center bottom;
    background-attachment: fixed;
    background-size: cover;
    mix-blend-mode: color-dodge;
}

@media screen and (min-width:991px) {
    html {
        width: 100%;
        height: 100%;
    }
    body {
        width: 100%;
        height: 100%;
    }
    #one,
```

```
    #two,
    #three,
    #four {
        height: 100%;
        padding-top: 60px!important;
    }
}

/* 导航 */

.navbar {
    opacity: 0.8;
}

.navbar-inverse .navbar-nav>li>a {
    color: #fff;
}

.navbar-inverse .navbar-nav>li>a:hover {
    color: rgb(56, 211, 164);
}

.navbar-nav li.active a {
    color: #000!important;
    background-color: #fff!important;
}

/* 第一屏 */

#one .item img {
    width: 100%;
}

/* 第二屏 */

#two p:nth-of-type(1) {
```

```
    margin-bottom: 20px;
}

#two .row .collapse p {
    text-align: left;
    text-indent: 2em;
    line-height: 1.5em;
}

#two h1 {
    margin-bottom: 20px;
    letter-spacing: 5px;
}

#two h3 {
    margin-bottom: 30px;
}

#two img {
    border: 10px solid transparent;
    margin-bottom: 25px;
    width: 80%;
}

#two img:hover {
    border-color: skyblue;
}

@media screen and (max-width:991px) {
    #two img {
        width: 50%;
    }
    body {
        padding-top: 60px;
    }
}

/* 第三屏 */
```

```
#three ul li span {
    margin-left: 20px;
}

.modal {
    color: rgb(34, 34, 88);
}

.modal span {
    margin-right: 10px;
}

.modal-header,
.modal-body {
    padding: 40px 50px;
}

.modal-header {
    color: #fff;
}


/* 第四屏 */

#four .row p {
    text-align: left;
    font-size: 1.2em;
}

#four>p {
    margin-bottom: 30px;
}

#four .row p span {
    margin-right: 10px;
}

.map {
```

```
    margin-top: 20px;
}

.map img {
    width: 100%;
    height: 240px;
    filter: grayscale(60%);
}


/* 底部 */

#four .row footer {
    background-color: #2d2d30;
    color: #f5f5f5;
    padding: 35px;
}

#four .row footer p {
    text-align: center;
    font-size: 12px;
}

footer a {
    color: #f5f5f5;
}

footer a:hover {
    color: #777;
    text-decoration: none;
}
```

图 21.3.2　页面样式部分代码

项目总结

本项目主要介绍了 Bootstrap 响应式框架的使用。通过学习，读者掌握了 Bootstrap 的安装、布局容器、导航的制作以及组件的使用。

第七章

CSS3 提高篇

项目二十二　动画和 2D 位移

项目要求

一、目的要求	在传统布局中，实现动画效果需要借助 JavaScript 脚本或者 Flash。但在 CSS3 中，新增了过渡、变形和动画属性，可以轻松实现位移、缩放、倾斜和旋转等动画效果，让网页动起来变得更简单		
二、工具、器材	实验设备	数量	备注
	PC 机/笔记本	1	1. 有谷歌浏览器
			2. 安装有 VSCode/HBuilder 等开发工具
	有无线网卡/有线网卡	1	无线接入/有线接入
三、重难点分析	✧ 理解过渡属性，能够控制过渡的时间、动画快慢； ✧ 学会动画属性的使用方法、步骤，能熟练制作网页常见动画效果； ✧ 掌握 CSS3 的位移属性、2D——平移		
四、教学过程			
教学步骤/知识或单元结构	教学方法/策略	学生课堂安排/过程	
1. 过渡	演示鼠标经过时为样式添加过渡效果	观察，掌握过渡书写的位置	
2. 2D——平移	演示讲解平移属性的使用和特点	掌握并能在实际开发中熟练运用	
3. 动画	演示讲解动画的属性和属性值及使用方法	掌握并能在实际开发中熟练运用	
4. 布置任务	实操练习	强化课堂认知技能	
五、成绩评定			
评定等级		教师签名	
六、反思和总结			

项目展示

奔跑的北极熊效果如图 22.1 所示，动态盒子蒙版效果如图 22.2 所示。

图 22.1　奔跑的北极熊效果图

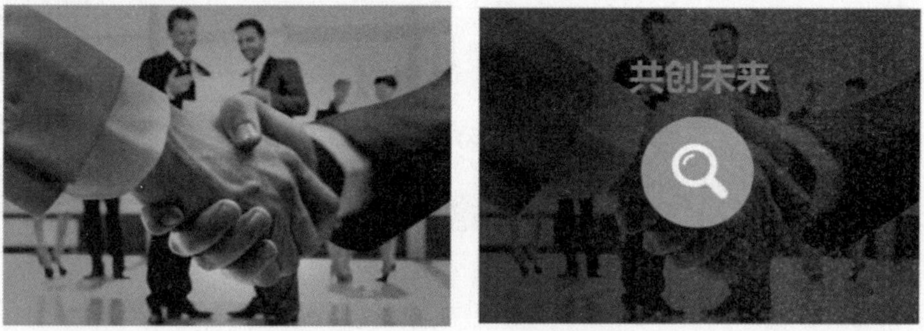

图 22.2　动态盒子蒙版效果图

教学内容

1. 过渡（transition）

过渡是 CSS3 中具有颠覆性的特征之一，可以在不使用 Flash 动画或者 JavaScript 的情况下，当元素从一种样式变换为另一种样式时，为元素添加效果。过渡动画是从一个状态渐渐过渡到另一个状态，可以让页面更好看，更具动感 。

CSS3 过渡 1

IE9 以下版本不支持过渡特征，但不会影响页面布局。过渡常常和：hover 搭配使用。

transition 是设置过渡属性的复合属性，可连写，包含：

① transition-property：过渡属性（默认值为 all）。

② transition-duration：过渡持续时间（默认值为 0s），单位是 s。

③ transition-timing-function：过渡运动曲线（默认值为 ease 函数），如表 22.1 所示。

④ transition-delay：过渡延迟时间（默认值为 0s），单位是 s。

表 22.1　过渡运动曲线属性

值	描述
linear	规定以相同速度开始至结束的过渡效果（等于 cubic-bezier（0，0，1，1））
ease	规定慢速开始，然后变快，然后慢速结束的过渡效果（cubic-bezier（0.25，0.1，0.25，1））

续表

值	描述
ease-in	规定以慢速开始的过渡效果（等于 cubic-bezier（0.42，0，1，1））
ease-out	规定以慢速结束的过渡效果（等于 cubic-bezier（0，0，0.58，1））
ease-in-out	规定以慢速开始和结束的过渡效果（等于 cubic-bezier（0.42，0，0.58，1））
Cubic-bezier（n,n,n,n）	在 cubic-bezier 函数中定义自己的值。可能的值是 0 至 1 之间的数值

语法：

transition：<transition-property>||<transition-duration>||<transition-timing-function>||<transition-delay>

过渡属性的书写位置：谁做过渡就写在哪里！

如：
```
div {
        width: 200px;
        height: 200px;
        border: 1px solid #666;
        transition: all 1s;
        /*给 div 加过渡效果，1S 完成*/
    }
    div:hover {
        box-shadow: 4px 4px 6px rgba(0, 0, 0, .5);
}
```

CSS3 过渡 2

2. 2D 转换——平移（translate）

2D 平移是 2D 转换里面的一种功能，可以改变元素在页面中的位置，类似于相对定位。

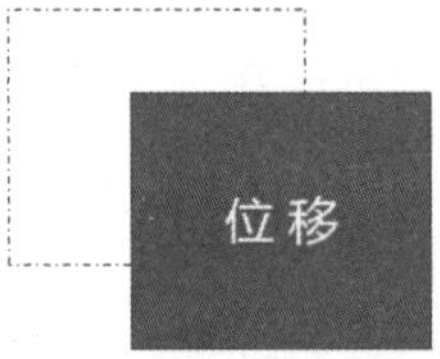

2D 转换-平移 1

语法：

transform：translate(x,y);

transform：translateX(n);

transform：translateY(n);

① 定义 2D 转换中的移动，沿着 X 和 Y 轴移动元素。

② translate 最大的优点：移动后原位置保留，不会影响到其他元素。

2D 转换-平移 2

③ translate 中的百分比单位是相对于自身元素的，如：translate：（50%，50%）。

④ 对行内标签没有效果。

3. 动画（animation）

可以通过设置多个节点来精确控制一个或一组动画，常用来实现复杂的动画效果。动画可以实现更多变化，更多控制，连续自动播放等效果。

动画 1

动画 2

（1）制作动画。分为两步：

①先定义动画（@keyframes 定义动画）。

②再调用动画（animation）。

如：

```
@keyframes 动画名称 {
        0% {
              left：0；
              top：0；
        }
  25% {
              right：0；
              top：0；
        }
  50% {
              right：0；
              bottom：0；
        }
        75% {
            left：0；
              bottom：0；
        }
         100% {
                left：0；
                top：0；
            }
    }
```

• 0%是动画的开始，100%是动画的完成，这样的规则就是动画序列。

• 在@keyframes 中规定某项 CSS 样式，就可以创建单标签样式并逐渐改变为新的样式的动画效果。

• 动画是使元素从一种样式逐渐变化为另一种样式的效果。读者可以改变任意多的样式、任意多的次数。

• 使用百分比来规定变化的时间，或用关键词“from”和“to”，等同于“0%”“100%”。

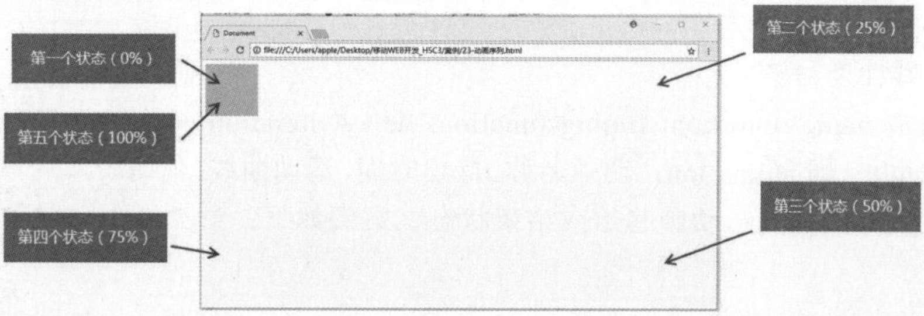

常用动画属性如表 22.2 所示。其案例如下：

常用动画属性

表 22.2　常用动画属性

属性	描述
@keyframes	规定动画
animation	所有动画属性的简写属性，除了 animation-play-state 属性
animation-name	规定@keyframes 动画的名称（必写属性）
animation-duration	规定动画完成一个周期所花费的秒或毫秒，默认是 0（必写属性）
animation-timing-function	规定动画的速度曲线，默认是“ease”
animation-delay	规定动画何时开始时间，默认是 0
animation-iteration-count	规定动画被播放的次数，默认是 1，infinite 无限循环
animation-direction	规定动画是否在下一周期反向播放，默认是“normal”，alternate 逆播放
animation-fill-mode	规定动画结束后停留状态，forwards 停留结束状态，默认 backwards 回到起始状态
animation-play-state	规定动画是否正在运行或暂停。默认是“running”，暂停“paused”

```
div {
        width: 200px;
        height: 200px;
        background-color: aqua;
        margin: 100px auto;
        /* 调用动画 */
        animation-name: 动画名称;
        /* 持续时间 */
        animation-duration: 持续时间;
    }
```

（2）动画属性连写。

animation： name duration timing-function delay iteration-count direction fill-mode；即 animation：动画名称 持续时间 运动曲线 何时开始　播放次数 是否反向 动画起始或结束状态，案例如下：

动画连写

```
animation:   move   2s   linear   1s   infinite   alternate;
```

- 简写属性里面不包含 animation-play-state。
- 暂停动画：animation-play-state：paused；经常与鼠标经过等其他配合使用。
- 要动画来回执行，而不是每次都从起始状态开始：animation-direction：alternate。
- 盒子动画结束后，停在结束位置：animation-fill-mode：forwards。
- 动画的运动曲线 animation-timing-function 默认是 ease，如表 22.3 所示。

表 22.3　动画的运动曲线 animation-timing-function 属性

值	描述
linear	动画从头到尾的速度是相同的。匀速
ease	默认。动画以低速开始，在结束前变慢
ease-in	动画以低速开始
ease-out	动画以低速结束
ease-in-out	动画以低速开始和结束
Steps( )	指定了时间函数中的间隔数量（步长）

注意：调用多个动画名称要用英文的逗号隔开。如：

animation：bear 1s steps（8）infinite，move 15s forwards；/*多动画调用，用逗号隔开*/

项目训练

任务一　奔跑的小熊

任务要求

（1）新建文件 2201.html，背景设置为黑色。

（2）创建一个类名为 shan 的高 600px 的盒子，定位距离顶部 200px。

（3）shan 内插入三张图片，注意山地从近到远，用定位完成。

（4）用位移+动画制作山从右往左移动。

（5）用动画制作小熊不停奔跑，位移从左到右，最后停在页面中间。

奔跑的小熊（上）

效果如图 22.1.1 所示，其 CSS 样式如图 22.1.2 所示，HTML 结构如图 22.1.3 所示。

图 22.1.1　奔跑的小熊效果图

奔跑的小熊（下）

```
<style>
    body {
            background: #000;
    }

    div {
        width: 100%;
        position: absolute;
        height: 570px;
        background: url(imgs/shan.png)no-repeat;
        background-position: 0 bottom;
    }

    div:nth-of-type(1) {
        z-index: 99;
        animation: shan 15s linear infinite;
    }

    div:nth-of-type(2) {
        background: url(imgs/shan2.png)no-repeat;
        z-index: 88;
        animation: shan 20s linear infinite;
    }

    div:nth-of-type(3) {
        background: url(imgs/shan3.png)no-repeat;
        z-index: 77;
        animation: shan 30s linear infinite;
    }
    /*山体移动动画*/

    @keyframes shan {
        0% {
            background-position: 0 bottom;
        }
        100% {
            background-position: -1500px bottom;
        }
    }
```

```
    p {
        content: "";
        display: block;
        width: 200px;
        height: 100px;
        background: url(imgs/bear.png);
        position: absolute;
        left: 0px;
        bottom: 200px;
        /*多动画调用，用逗号隔开*/
        animation: bear 2s steps(8) infinite, move 10s forwards;
    }
    /*小熊奔跑动作动画*/

    @keyframes bear {
        0% {
            background-position: 0 0;
        }
        100% {
            background-position: -1600px;
        }
    }
    /*小熊位移动画*/

    @keyframes move {
        0% {
            left: 0;
        }
        100% {
            left: 50%;
            transform: translateX(-50%);
        }
    }

</style>
```

图 22.1.2　奔跑的小熊 CSS 样式

```
<div></div>
<div></div>
<div></div>
<p></p>
```

图 22.1.3　奔跑的小熊 HTML 结构

任务二　动态盒子蒙版

任务要求

（1）新建文件 2202.html。

（2）创建一个 400*290 的盒子，背景为 hezuo.jpg。

（3）要求当鼠标经过盒子时，图片颜色变深，从图上方、左边和右边分别出来文字、圆形和放大镜。

效果如图 22.2.1 所示，其 CSS 样式部分如图 22.2.2 所示，HTML 结构部分如图 22.2.3 所示。

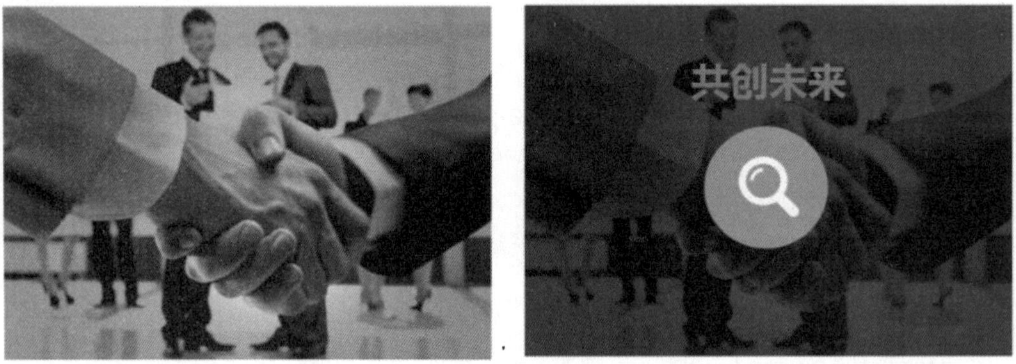

图 22.2.1　动态盒子模板效果图

```
* {
        padding: 0;
        margin: 0;
    }

    div {
        width: 400px;
        height: 290px;
        background: url(imgs/hezuo.jpg)no-repeat;
        background-size: 100% 100%;
        margin: 100px auto;
        position: relative;
        overflow: hidden;
    }
```

```
p {
    height: 100%;
    width: 100%;
    position: absolute;
    top: 0;
    transition: 0.5s;              /*加过渡*/
}

div:hover p {
    background: rgba(0, 0, 0, .6);
}

h2 {
    width: 100%;
    color: deepskyblue;
    position: absolute;
    top: -40px;
    text-align: center;
    transition: 0.5s;              /*加过渡*/
}

div:hover h2 {
    top: 40px;
}

.pic1 {
    position: absolute;
    left: -100px;
    top: 125px;
    width: 50px;
    height: 50px;
    z-index: 10;              /*层级*/
    transition: 0.5s;              /*加过渡*/
}

div:hover .pic1 {
        left: 50%;
       transform: translateX(-50%);
```

```
    }

    div .pic2 {
        position: absolute;
        top: 80px;
        right: -150px;
        width: 150px;
        transition: 0.5s;
    }

    div:hover .pic2 {
        left: 50%;
        transform: translateX(-50%);
    }
```

图 22.2.2　动态盒子蒙版 CSS 样式部分

```
<div>
    <p></p>
    <h2>共创未来</h2>
    <img src="imgs/fdj.png" class="pic1">
    <img src="imgs/yuan.png" class="pic2">
</div>
```

图 22.2.3　动态盒子蒙版 HTML 结构部分

任务三　转呼啦圈的机器人

任务要求

步长动画 2203 案例

（1）新建文件 2203.html，新建一个 125*132 的盒子。

（2）添加背景 2203.png，设置动画步长值为 10。

效果如图 22.3.1 所示，其代码如图 22.3.2 所示。

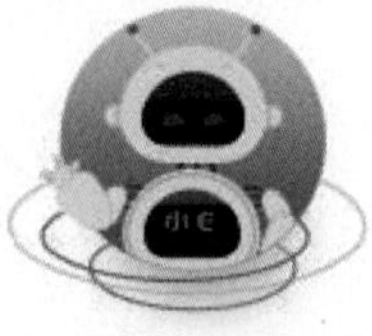

图 22.3.1　机器人转呼啦圈截图

```
<!DOCTYPE html>
<html lang="zh-CN">
```

```
<head>
    <meta charset="UTF-8">
    <title>转圈的机器人</title>
    <style>
          * {
           margin: 0;
           padding: 0;
        }

        div {
            margin: 50px 100px;
            width: 125px;
            height: 132px;
            background: url(imgs/2203.png)no-repeat;
            animation: scroll steps(10) 1s infinite;
            /*引入动画名称 步长值 完成时间 无限循环*/
        }

        @keyframes scroll {
            0% {
                background-position: 0 0;
            }
            100% {
                background-position: -1250px 0;
            }
        }
    </style>
</head>
<body>
    <div></div>
</body>
</html>
```

图 22.3.2　机器人转呼啦圈截图代码部分

项目总结

本项目介绍了过渡属性、2D 平移和动画的相关知识，并运用动画搭配 2D 转换的属性制作出 CSS3 中的动画特效，让静态的网页动了起来。

项目二十三　2D 变形——缩放

项目要求

<table>
<tr><td>一、目的要求</td><td colspan="3">通过动画、过渡及 2D 变形的缩放属性，制作出网页常见动画效果</td></tr>
<tr><td rowspan="4">二、工具、器材</td><td>实验设备</td><td>数量</td><td>备注</td></tr>
<tr><td rowspan="2">PC 机/笔记本</td><td rowspan="2">1</td><td>1. 有谷歌浏览器</td></tr>
<tr><td>2. 安装有 VSCode/HBuilder 等开发工</td></tr>
<tr><td>有无线网卡/有线网卡</td><td>1</td><td>无线接入/有线接入</td></tr>
<tr><td>三、重难点分析</td><td colspan="3">✧ 掌握 CSS3 的位移属性，2D 变形效果——缩放</td></tr>
<tr><td colspan="4">四、教学过程</td></tr>
<tr><td>教学步骤/知识或单元结构</td><td colspan="2">教学方法/策略</td><td>学生课堂安排/过程</td></tr>
<tr><td>1. 2D--缩放</td><td colspan="2">演示讲解缩放的语法、使用及特点</td><td>掌握放大属性值可以为正、为负，也可以是整数、小数，分别代表的意义，并能在实际开发中熟练运用</td></tr>
<tr><td>2. 布置任务</td><td colspan="2">结合上节课的动画、过渡、平移效果进行综合练习</td><td>强化课堂认知技能</td></tr>
<tr><td colspan="4">五、成绩评定</td></tr>
<tr><td>评定等级</td><td></td><td>教师签名</td><td></td></tr>
<tr><td colspan="4">六、反思和总结</td></tr>
<tr><td colspan="4"></td></tr>
</table>

项目展示

缩放制作烟花效果如图 23.1 所示，缩放个人相册效果如图 23.2 所示。

图 23.1　缩放制作烟花效果图

图 23.2　缩放个人相册效果图

教学内容

2D 转换——缩放（scale）：即放大和缩小，该属性可以设置元素的放大和缩小。

2D 转换-缩放

语法：

transform：scale（x，y）;

其中参数 x、y 用逗号隔开。

示例如下：

transform：scale（1，1）；宽高是原来的 1 倍，无变化；

transform：scale（2，2）；宽高是原来的 2 倍；

transform：scale（2）；只有一个参数时，宽高同时放大 2 倍；

transform：scale（0.5，0.5）；宽高缩小一半；

当参数为负值时，会进行翻转后再缩放，如：

transform：scaleX（-1）；沿着 X 轴翻转后缩放。

transform：scaleY（-1）；沿着 Y 轴翻转后缩放。

transform：scale（-1）；沿着对角线翻转后缩放

scale：默认为中心点缩放，不影响其他的盒子位置。

项目训练

任务一　烟花效果

烟花案例

任务要求

（1）新建文件 2301.html，设置页面宽高为 100%，背景设置为黑色。

（2）里面分别插入两张图片（引爆器、烟花），进行定位和设置动画。

效果如图 23.1.1 所示。其代码如图 23.1.2 所示。

图 23.1.1　动画制作烟花效果

```
<!DOCTYPE html>
<html lang="zh-CN">
<head>
    <meta charset="UTF-8">
    <title>css3 实现烟花特效</title>
    <style>
        * {
            margin: 0;
            padding: 0;
        }

        html {
            width: 100%;
            height: 100%;
        }

        body {
            width: 100%;
```

```
            height: 100%;
            background-color: black;
        }

        .fireworks {
            position: absolute;             /*没有父级定位，以屏幕为准*/
            left: 50%;
            margin-left: -250px;             /*水平居中*/
            bottom: 60%;             /*距离底部60%的高度*/
            margin-bottom: -180px;             /*调整降低烟花高度*/
            transform: scale(0);             /*隐藏*/
            animation: fireworks 5s 3s;             /*延时3S是前面的动画*/
        }

        @keyframes fireworks {             /*烟花效果动画*/
            0% {
                transform: scale(0);             /*隐藏*/
            }
            80% {
                transform: scale(1);             /*1：1完全出现*/
            }
            100% {
               opacity: 0;             /*隐藏（消失效果）*/
            }
        }

        .firecracker {             /*引爆器*/
            position: absolute;
            left: 50%;             /*水平居中*/
           transform: translateX(-50%);
           /*平移走自己宽度的一半等同于margin-left: -4px;*/
            bottom: 0%;             /*从屏幕底部开始*/
            animation: firecracker 3s forwards;/*引入动画名称 运行时间 停留在
结束状态*/
        }

        @keyframes firecracker {             /*引爆器动画设置*/
            0% {
                transform: scale(1);
```

```
                bottom: 0%;
            }
            100% {
                bottom: 60%;
                transform: scale(0);
            }
        }
    </style>
</head>
<body>
    <img src="imgs/fireworks.png" alt="" class="fireworks">
    <img src="imgs/firecracker.png" alt="" width="8px" class="firecracker">
</body>
</html>
```

图 23.1.2　烟花动画代码

任务二　个人网站——个人相册

任务要求

（1）之前 1802.html 个人网站中的相册使用两张图片通过显示与隐藏来制作。本次为节约图片加载时间，准备改变结构，运用 CSS3 缩放 scale() 进行改进。打开 1802.html，另存为 2302.html。

2D 转换-相册
2302 案例优化

（2）修改结构，每个列表中放入一张图片，如图 23.2.1 所示。

（3）样式改为当鼠标经过时，放大 2 倍显示。原有如图 23.2.2 所示样式部分替换为如图 23.2.3 所示代码，最终效果不变。

```
<div class="container">
    <h4>我的摄影作品</h4>
    <div class="xiangce">
            <ul class="clearfix">
                <li><img src="imgs/1.jpg" alt=""></li>
                <li><img src="imgs/2.jpg" alt=""></li>
                <li><img src="imgs/3.jpg" alt=""></li>
                <li><img src="imgs/4.jpg" alt=""></li>
                <li><img src="imgs/5.jpg" alt=""></li>
                <li><img src="imgs/6.jpg" alt=""></li>
                <li><img src="imgs/7.jpg" alt=""></li>
                <li><img src="imgs/8.jpg" alt=""></li>
                <li><img src="imgs/9.jpg" alt=""></li>
```

```
                <li><img src="imgs/10.jpg" alt=""></li>
                <li><img src="imgs/11.jpg" alt=""></li>
                <li><img src="imgs/12.jpg" alt=""></li>
                <li><img src="imgs/13.jpg" alt=""></li>
                <li><img src="imgs/14.jpg" alt=""></li>
                <li><img src="imgs/15.jpg" alt=""></li>
                <li><img src="imgs/16.jpg" alt=""></li>
                <li><img src="imgs/17.jpg" alt=""></li>
                <li><img src="imgs/18.jpg" alt=""></li>
                <li><img src="imgs/19.jpg" alt=""></li>
                <li><img src="imgs/20.jpg" alt=""></li>
                <li><img src="imgs/21.jpg" alt=""></li>
                <li><img src="imgs/23.jpg" alt=""></li>
                <li><img src="imgs/23.jpg" alt=""></li>
                <li><img src="imgs/24.jpg" alt=""></li>
                <li><img src="imgs/25.jpg" alt=""></li>
            </ul>
        </div>
        <p>Do you like the beautiful scenery!</p>
    </div>
```

图 23.2.1　个人网站相册结构 HTML 部分

```
    /* .imgs li img:nth-of-type(2) {
        position: absolute;
        top: -30px;
        left: -50px;
        z-index: 2;
        width: 200px;
        height: 150px;
        display: none;
    }
    .xiangce ul li:hover img:nth-of-type(2) {
    display: block;
}*/
```

图 23.2.2　个人网站相册 CSS 原代码

```
.xiangce ul li:hover img {
        transform: scale(2);     /*为原来的 2 倍*/
        position: relative;
```

```
        z-index: 99;                /*给定位的盒子提升层级*/
        border-color: #000;
    }
```

图 23.2.3 个人网站相册替换后 CSS 代码

项目总结

本项目介绍了 2D 转换的缩放相关知识，并运用动画搭配 2D 转换的缩放属性制作出 CSS3 中的动画特效，让静态的网页动了起来。

项目二十四 2D 变形——旋转和倾斜

项目要求

<table>
<tr><td>一、目的要求</td><td colspan="5">通过动画、过渡及 2D 变形旋转、倾斜属性，制作出网页常见动画效果</td></tr>
<tr><td rowspan="4">二、工具、器材</td><td>实验设备</td><td colspan="2">数量</td><td colspan="2">备注</td></tr>
<tr><td rowspan="2">PC 机/笔记本</td><td rowspan="2" colspan="2">1</td><td colspan="2">1. 有谷歌浏览器</td></tr>
<tr><td colspan="2">2. 安装有 VSCode/HBuilder 等开发工具</td></tr>
<tr><td>有无线网卡/有线网卡</td><td colspan="2">1</td><td colspan="2">无线接入/有线接入</td></tr>
<tr><td>三、重难点分析</td><td colspan="5">✧ 掌握 2D 变形旋转、倾斜（扭曲）语法并运用；
✧ 2D 旋转中心点设置</td></tr>
<tr><td colspan="6">四、教学过程</td></tr>
<tr><td>教学步骤/知识或单元结构</td><td colspan="2">教学方法/策略</td><td colspan="3">学生课堂安排/过程</td></tr>
<tr><td>1. 2D 转换——旋转（rotate）</td><td colspan="2">演示讲解旋转的语法、使用及特点</td><td colspan="3">掌握度数为正，顺时针方向旋转；为负逆时针方向旋转</td></tr>
<tr><td>2. 转换中心点（origin）</td><td colspan="2">演示讲授中心点设置</td><td colspan="3">掌握中心点可以用百分百、方位名词和像素单位</td></tr>
<tr><td>3. 2D 转换——扭曲（skew）</td><td colspan="2">演示讲解扭曲的语法、使用及特点</td><td colspan="3">了解扭曲变形的方向变化</td></tr>
<tr><td>4. 2D 转换综合写法</td><td colspan="2">讲授连写顺序和注意事项</td><td colspan="3">注意综合连写时，书写顺序会影响转换的效果，同时有位移和其他属性时，位移要写在最前面</td></tr>
<tr><td>5. 2D 转换小结</td><td colspan="2">让学生进行总结后，归纳总结</td><td colspan="3">对 2D 变形进行总结</td></tr>
<tr><td>6. 布置任务</td><td colspan="2">结合上节课的动画、过渡、2D 变形效果进行综合练习</td><td colspan="3">强化课堂认知技能</td></tr>
<tr><td colspan="6">五、成绩评定</td></tr>
<tr><td>评定等级</td><td></td><td colspan="3">教师签名</td><td></td></tr>
<tr><td colspan="6">六、反思和总结</td></tr>
<tr><td colspan="6"></td></tr>
</table>

项目展示

旋转的八卦如图 24.1 所示，倾斜制作照片阴影效果如图 24.2 所示。

图 24.1　旋转的八卦

图 24.2　倾斜制作照片阴影效果

教学内容

转换（transform）可以理解为变形，它可以实现元素的位移、旋转、缩放等效果。

1. 2D 转换——旋转（rotate）

2D 旋转是指让元素在二维平面顺时针旋转或者逆时针旋转，如图 24.3 所示。

图 24.3　旋转

2D 转换-旋转

语法：

transform：rotate（度数）;

· rotate 里面度数单位为 deg，如：rotate（45deg）。
· 度数为正时，顺时针，为负时逆时针。
· 默认旋转中心点是元素中心点。

案例：旋转尖角。

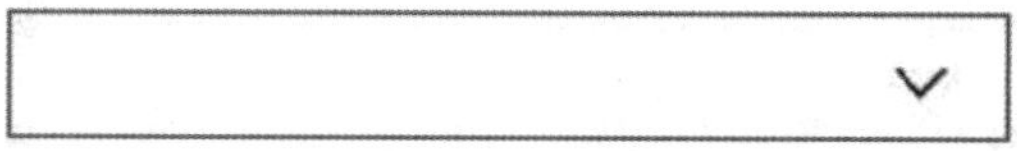

```
div {
        position: relative;
        width: 300px;
        height: 35px;
        border: 1px solid #666;
    }

    div:: after {
        content: "";
        position: absolute;
        right: 20px;
        top: 10px;
        width: 10px;
        height: 10px;
        border-right: 1px solid #000;
        border-bottom: 1px solid #000;
        transform: rotate (45deg);
    }
```

2D 转换-中心点

2. 转换中心点（origin）

元素旋转时中心点可以设置，其语法：

transform-origin：x y;

· 参数 x y 用空格隔开。
· x y 默认中心点是元素的中心（50%　50%）。
· x y 可以用百分比、像素或者方位名词（top、bottom、left、right、center）

2D 转换-中心点案例

3. 2D 转换——扭曲（skew）

skew() 定义了一个元素在二维平面上的倾斜转换。

图 24.4　倾斜

2D 转换-扭曲

语法：

transform：skew（X，Y）；

· 参数中的 x，y 分别代表 x 轴和 y 轴扭曲的角度（单位 deg）。
· 值可以为正，也可以为负。
· 如果只写一个参数，则另一个默认为 0。
· 也可以分开书写，沿着 X 轴或 Y 轴进行扭曲。

案例如图 24.5 所示。

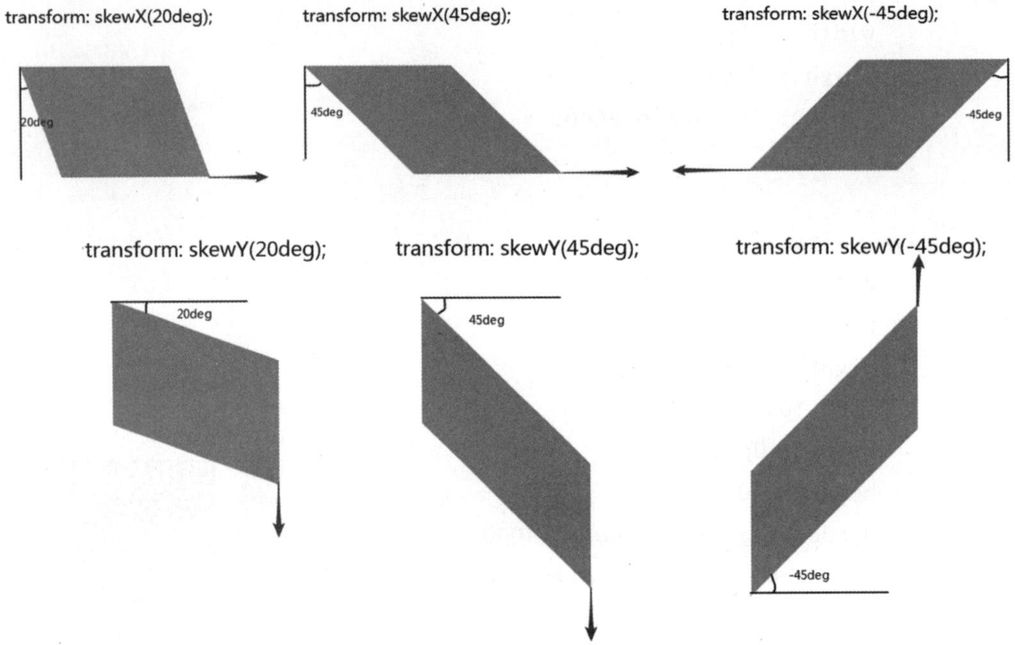

图 24.5　扭曲

4. 2D 转换综合写法

可以同时使用多个转换，格式为：transform：translate( ) rotate( ) scale( ) ...等。

书写顺序会影响转换的效果，先旋转会改变坐标轴方向。

当同时有位移和其他属性时，要将位移属性放到最前面。

2D 转换的连写和总结

5. 2D 转换小结

（1）转换 transform 可以理解为变形，有 2D 和 3D 之分。

（2）2D 移动 translate（x，y）移动后保留原位置，不影响其他盒子的布局。参数用%，是相对于自身宽度和高度来计算的。

（3）也可以分开设 transform： translateX（x）；transform：translateY（y）。

（4）2D 旋转 rotate（度数）可以实现旋转元素，单位是 deg。

（5）2D 缩放 scale（x，y）里面参数是数字，不带单位，可以是小数，不影响其他盒子的布局。

（6）设置旋转中心点 transform-origin：x y；参数可以是百分比、像素和方位名词。

（7）综合连写时，同时有位移和其他属性时，位移要写在最前面。

项目训练

任务一　旋转的太极图

任务要求

（1）新建文件 2401.html，背景设为喜欢的颜色。

（2）创建一个 200*400 的白色盒子，添加 200px 的黑色左边框。

（3）用双伪元素做出宽高 50px 的黑白色，边框 75px 的白黑色的两个圆，移到盒子和左边框的中间。

（4）当鼠标移入时，太极旋转。

2D 转换-八卦 2401 案例

效果如图 24.1.1 所示，其代码如图 24.1.2 所示。

图 24.1.1　旋转的太极

```
<!DOCTYPE html>
<html lang="zh-CN">
<head>
    <meta charset="UTF-8">
    <meta name="viewport" content="width=device-width, initial-scale=1.0,min
imum=1.0,maximum=1.0,user-scalable=no">
    <title>太极图</title>
    <style>
        body {
            background-color: pink;
        }

        div {
            width: 200px;
```

```
            height: 400px;
            background-color: #fff;
            border-left: 200px solid #000;
            margin: 100px auto;
            border-radius: 50%;              /*大盒子变成圆*/
            transition: all 1s;
        }

        div::before,
        div::after {
            content: " ";
            display: block;
            width: 50px;
            height: 50px;
            border-radius: 50%;       /*太极里的小圆形成*/
            margin-left: -100px;      /*定位在盒子和左边框的中间*/
        }

        div::before {
            background-color: #fff;
            border: 75px solid #000;
        }

        div::after {
            background-color: #000;
            border: 75px solid #fff;
        }

            div:hover {
            transform: rotate(360deg);
        }
    </style>
</head>
<body>
    <div></div>
</body>
</html>
```

图 24.1.2　旋转的太极代码

任务二　旋转的 loading 图案制作

任务要求

（1）新建文件 2402.html。

（2）两个 div 兄弟 50*50 的盒子，里面分别装 4 个 15*15 的 P 子盒子。

（3）P 盒子背景颜色为蓝色，定义动画先隐藏-显示-隐藏（缩放效果制作），并设置每一个相邻的 P 延时动画时间。

loading 案例（上）

（4）第二个 div 盒子进行旋转 45°。

（5）效果如图 24.2.1 所示，其 CSS 样式部分如图 24.2.2 所示，HTML 结构部分如图 24.2.3 所示。

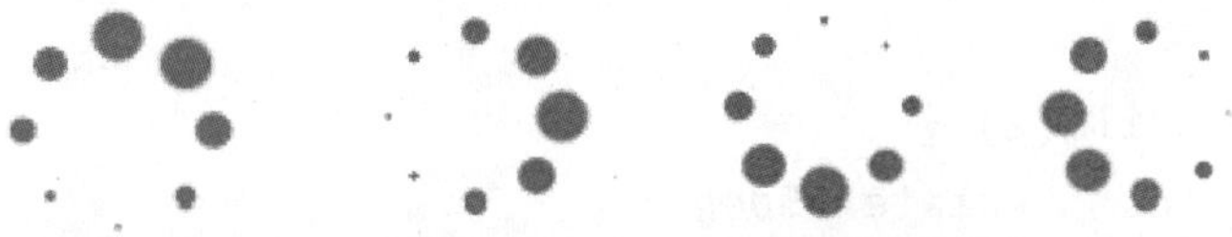

图 24.2.1　loading 图案

```
* {
    padding: 0;
    margin: 0;
}

.box {
    width: 50px;
    height: 50px;
    margin: 100px 300px;
    position: absolute;
}

.box p {
    width: 15px;
    height: 15px;
    border-radius: 50%;
    background-color: deepskyblue;
    position: absolute;
    animation: shan 1.5s infinite linear;
    }
   .box p:nth-child(2) {
    right: 0;
```

loading 案例（下）

```
        top: 0;
    }

    .box p:nth-child(3) {
        right: 0;
        bottom: 0;
    }

    .box p:nth-child(4) {
        left: 0;
        bottom: 0;
    }

    .box:nth-child(2) {
        transform: rotate(45deg);
/*第二个盒子旋转 45 度，让小圆变成一圈 8 个*/
    }

    @keyframes shan {
        0% {
            transform: scale(0);
        }
        50% {
            transform: scale(1);
        }
        100% {
            transform: scale(0);
        }
    }
```

/*避免等待时间长出现初期停顿现象，解决方法把延时改为负值，在之前执行，旋转也从顺时针改为了逆时针*/

```
    .box:nth-of-type(1) p:nth-of-type(1) {
        animation-delay: -0.1s; /*第一个盒子的第一个 P 延时 0.1 秒*/
    }

    .box:nth-of-type(2) p:nth-of-type(1) {
        animation-delay: -0.3s;/*第二个盒子的第一个 P 延时 0.3 秒*/
    }
```

```
    .box:nth-of-type(1) p:nth-of-type(2) {
        animation-delay: -0.5s;/*第一个盒子的第二个 P 延时 0.5 秒*/
    }

    .box:nth-of-type(2) p:nth-of-type(2) {
        animation-delay: -0.7s;/*第二个盒子的第二个 P 延时 0.7 秒*/
    }

    .box:nth-of-type(1) p:nth-of-type(3) {
        animation-delay: -0.9s;/*第一个盒子的第三个 P 延时 0.9 秒*/
    }
    .box:nth-of-type(2) p:nth-of-type(3) {
        animation-delay: -1.1s; /*第二个盒子的第三个 P 延时 1.1 秒*/
    }

    .box:nth-of-type(1) p:nth-of-type(4) {
        animation-delay: -1.3s;/*第一个盒子的第四个 P 延时 1.3 秒*/
    }

    .box:nth-of-type(2) p:nth-of-type(4) {
        animation-delay: -1.5s;/*第二个盒子的第四个 P 延时 1.5 秒*/
    }
```

图 24.2.2　loading 图案 CSS 样式部分

```
<div class="box">
    <p></p>
    <p></p>
    <p></p>
    <p></p>
</div>
<div class="box">
    <p></p>
    <p></p>
    <p></p>
    <p></p>
</div>
```

图 24.2.3　loading 图案 HTML 结构部分

任务三　个人网页中“照片的阴影”制作

任务要求

（1）打开文件 2101.html，另存为 2403.html。

（2）给“关于我”部分的照片添加阴影，实现方法为在照片盒子添加两个伪元素，定位在两边，通过倾斜，再调整图片层级。

2D 转换-照片阴影案例

效果如图 24.3.1 所示，其增加 CSS 部分如图 24.3.2 所示。

图 24.3.1　照片的阴影效果

```
.photo {
      position: relative;
      width: 40%;
      margin-top: 40px;
  }

  .photo img {
      position: relative;
      z-index: 99;              /*调整图片层级在最上层*/
  }

  .photo::before,
  .photo::after {
      content: "";
      width: 200px;
      height: 200px;
```

```
    box-shadow: 0 15px 15px rgba(0, 0, 0, 0.7);
    position: absolute;
}

.photo::before {
    transform: skewY(-10deg);    /*负值延 Y 轴逆时针旋转*/
    bottom: 40px;
    left: 40px;
}

.photo::after {
     transform: skewY(10deg);    /*正值延 Y 轴顺时针旋转*/
    bottom: 40px;
    right: 40px;
}
```

图 24.3.2　照片的阴影效果增加 CSS 部分

项目总结

本项目介绍了过渡属性、2D 转换和动画的相关知识，并运用动画搭配 2D 转换的属性制作出 CSS3 中的动画特效，让静态的网页动了起来。通过学习，读者能熟练使用相关元素的过渡、平移、缩放、倾斜及旋转。

项目二十五 3D转换

项目要求

<table>
<tr><td>一、目的要求</td><td colspan="4">在三维空间里，X 轴、Y 轴、Z 轴的概念可以视作长、宽、高的概念，通过使用 3D 转换，可以使页面产生立体动画元素的效果</td></tr>
<tr><td rowspan="4">二、工具、器材</td><td colspan="2">实验设备</td><td>数量</td><td>备注</td></tr>
<tr><td colspan="2" rowspan="2">PC 机/笔记本</td><td rowspan="2">1</td><td>1. 有谷歌浏览器</td></tr>
<tr><td>2. 安装有 VSCode/HBuilder 等开发工具</td></tr>
<tr><td colspan="2">有无线网卡/有线网卡</td><td>1</td><td>无线接入/有线接入</td></tr>
<tr><td>三、重难点分析</td><td colspan="4">✧ 了解透视：perspective 透视视图；
✧ 子元素 3D 呈现：transform-style：preserve-3d；
✧ 掌握 3D 位移：translate3d（x，y，z）；
✧ 掌握 3D 旋转：rotate3d（x，y，z）；
✧ 学会使用左手法则</td></tr>
<tr><td colspan="5">四、教学过程</td></tr>
<tr><td>教学步骤/知识或单元结构</td><td colspan="2">教学方法/策略</td><td colspan="2">学生课堂安排/过程</td></tr>
<tr><td>1. 三维坐标系</td><td colspan="2">图例说明是三维坐标</td><td colspan="2">清楚三维坐标由 XYZ 三个面构成</td></tr>
<tr><td>2. 透视</td><td colspan="2">利用图例了解视距大小与成像大小的关系，perspective 的书写位置及单位</td><td colspan="2">了解 3D 成像特点</td></tr>
<tr><td>3. 3d 移动</td><td colspan="2">演示讲解 3D 平移的语法和使用</td><td colspan="2">特别观察在 Z 轴上移动的变化</td></tr>
<tr><td>4. 3D 旋转</td><td colspan="2">演示讲解 3D 旋转的语法和使用，教授左手法则</td><td colspan="2">学会左手法则以判断正方向</td></tr>
<tr><td>5. 3D 呈现</td><td colspan="2">演示开启 3D 呈现前后的变化，讲解 transform-style 的语法及使用</td><td colspan="2">注意 transform-style：preserve-3d 书写位置，写在父级控制子级</td></tr>
<tr><td>6. 布置任务</td><td colspan="2">结合上节课的动画、过渡、2D 变形效果进行综合练习</td><td colspan="2">强化课堂认知技能</td></tr>
<tr><td colspan="5">五、成绩评定</td></tr>
<tr><td>评定等级</td><td></td><td colspan="2">教师签名</td><td></td></tr>
<tr><td colspan="5">六、反思和总结</td></tr>
<tr><td colspan="5"></td></tr>
</table>

项目展示

旋转的立方体如图 25.1 所示，个人网页获奖证书效果如图 25.2 所示。

图 25.1　旋转的立方体

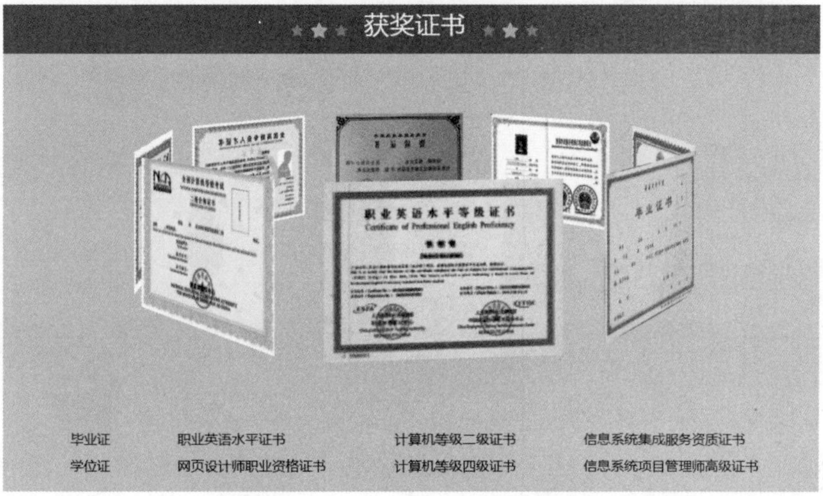

图 25.2　个人网页获奖证书部分

教学内容

1. 三维坐标系（3D）

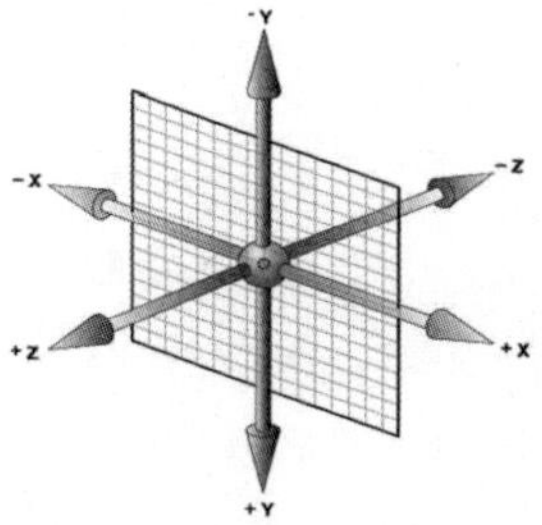

三维坐标就是指立体控件。立体控件是由 3 个轴共同组成的。

X 轴：水平向右，x 右边为正值，左边为负值；

Y 轴：垂直向下，y 向下为正值，向上为负值；

Z 轴：垂直屏幕，z 往外为正值，往里为负值。

3D 的特点：近大远小；被遮挡视为不可见。

2. perspective（透视）

在 2D 屏幕产生近大远小的视觉差，没有立体感。透视说明如下：

① 想要网页产生 3D 的效果就需要添加透视效果。

② 模拟人的眼睛视觉感官去看。

③ 透视又称为视距，即人眼睛到屏幕的距离。

认识 3D　　透视　　透视代码演示

④ 视距距离计算机屏幕越近成像越大，反正越小。

⑤ 透视的单位是像素 px。

提示：

当为元素定义 perspective 属性时，其子元素会获得透视效果，而不是元素本身，所以 perspective 属性要写在被观察元素的父元素上，如图 25.3 所示。

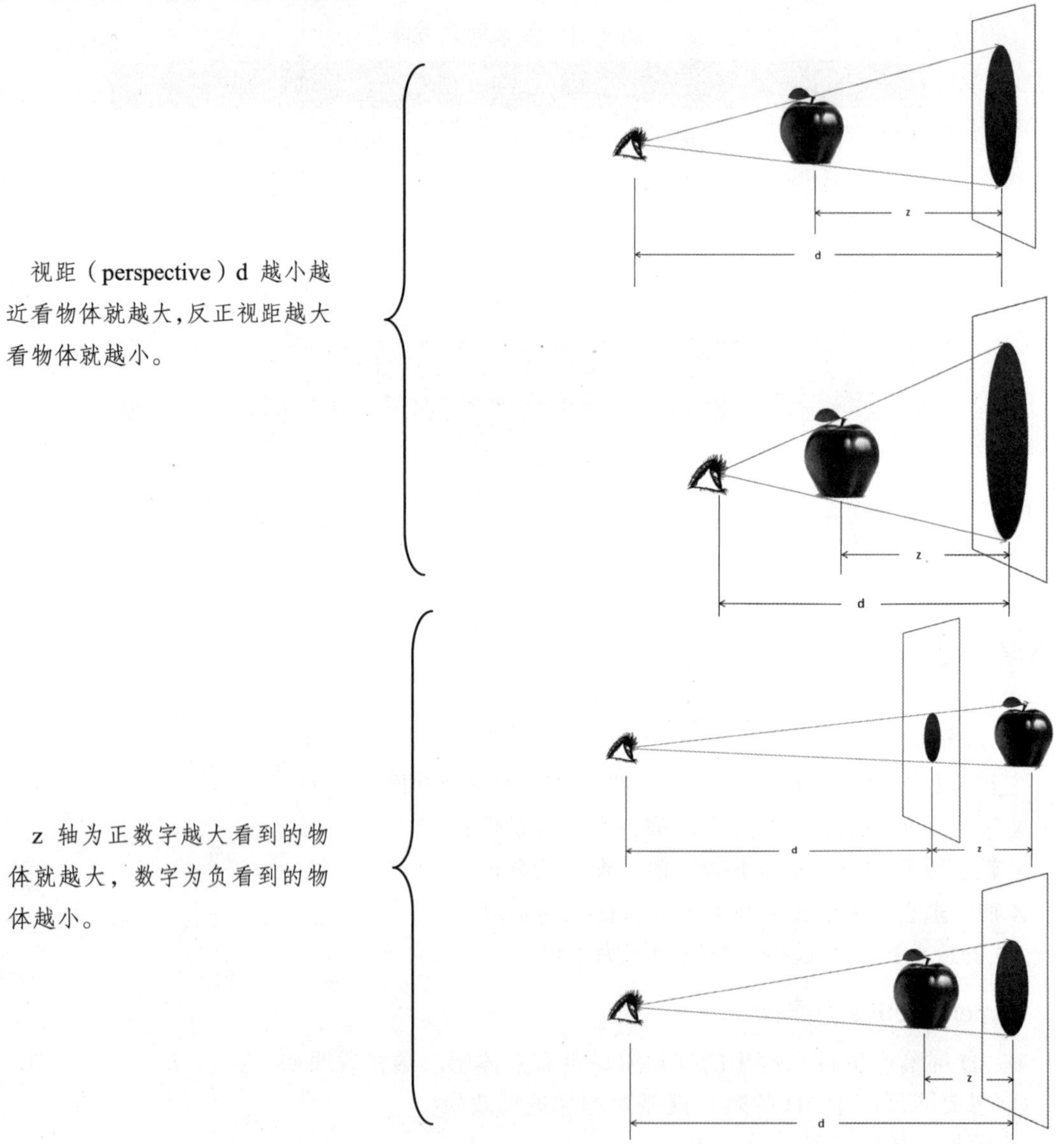

图 25.3　视距观察

perspective 属性只影响 3D 转换元素。

d：就是视距，视距就是眼睛到屏幕的距离，视距越小越近看物体就越大，反之越小。

z：就是 Z 轴，物体距离屏幕的距离，z 轴越大看到的物体就越大，反之越小。

<div class=” fa” >

<div class=” son” ></div>

</div>

给父元素.fa 添加 perspective：500px；3D 元素的透视效果。先改变视距值（即 500px）进行观察。再给.son 添加 transform：translateZ（200px）；让盒子在 Z 轴上移动（改变 200px 值的大小），可以看到 translateZ 引起的变化。

3. translate3d（3d 移动）

3D 转换-移动

3D 移动是在 2D 移动的基础上增加了一个坐标轴，即 Z 轴方向。

· transform：translateX（100px）：仅仅是在 X 轴上移动。

· transform：translateY（100px）：仅仅是在 Y 轴上移动。

· transform：translateZ（100px）：仅仅是在 Z 轴上移动。

· transform：translate3d（100px）：其中 x、y、z 分别是移动轴方向的距离，单位一般为 px。

Z 轴方向是眼睛垂直于屏幕，由屏幕指向眼睛的方向为正方向。

4. rotate3d（3D 旋转）

3D 旋转可以让元素在三维平面内沿着 x 轴、y 轴、z 轴或者自定义轴进行旋转，如图 25.4 所示。

3D 旋转

语法：

transform：rotateX（30deg）：沿着 x 轴正方向旋转 30 度。

transform：rotateY（30deg）：沿着 y 轴正方向旋转 30 度。

transform：rotateZ（30deg）：沿着 z 轴正方向旋转 30 度。

transform：rotate3d（x，yxz，deg）：沿着自定义轴旋转 deg 度。

rotateX　　rotateY　　rotateZ

图 25.4　rotate3d

3D 旋转正方向的判断方法：左手法则，如图 25.5 所示。

左手的拇指指向 X 轴的正方向；

其余弯曲的四指就是该元素旋转的方向。

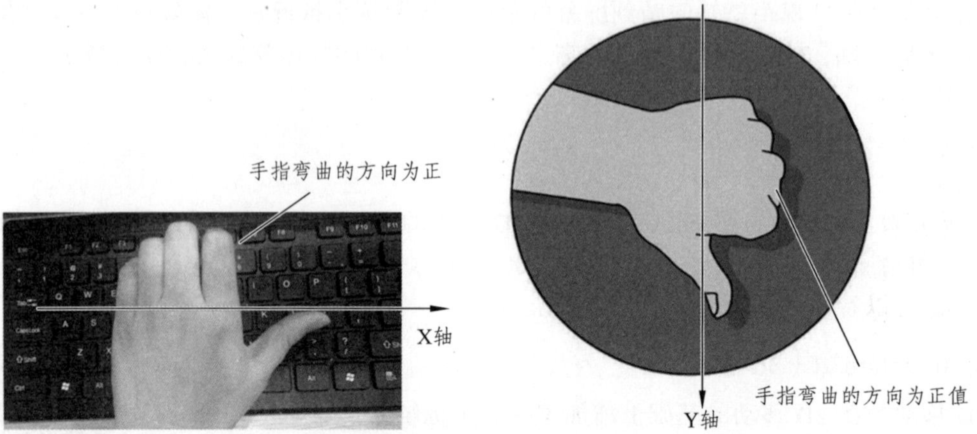

图 25.5　左手法则

transform：rotate3d（x，y，z，deg）：沿着自定义轴旋转。

xyz 表示旋转轴的矢量，是标示是否希望沿着该轴旋转，deg 为旋转的角度。

- transform：rotate3d（1，0，0，45deg）：沿着 X 轴旋转 45deg。
- transform：rotate3d（1，1，0，45deg）：沿着对角线旋转 45deg。

5．transform-style：preserve-3d（3D 呈现）

3D 呈现

3D 呈现控制子元素是否开启 3D 立体环境，效果如图 25.6 所示。

- transform-style：flat（默认）：不开启 3d 立体空间。
- transform-style：preserve-3d：开启子元素立体空间。

该属性写在父级元素上，控制的是子级元素。

（a）未开启 3D 效果　　（b）开启 3D 效果

图 25.6　未开启 3D 效果和开启 3D 效果比较

项目训练

任务一　旋转的立方体

任务要求

（1）新建文件 2501.html。

（2）对一个 240*240 大盒子，设置透视效果 800px。

（3）结构用无序列表，即 6 个 li200*200，为正方体的六个面，对其设置不同背景色。

（4）用绝对定位把六个面合在一起。

（5）li 的父元素 ul 大小为 200*200，并添加 transform-style：preserve-3d；设置子元素显示 3D 效果。

（6）用动画+旋转制作拼合效果。

拼好后的立方体自动沿 Y 轴旋转，鼠标移入时，停止运动，如图 25.1.1 所示，其 CSS 样式部分如图 25.1.2 所示，HTML 结构部分如图 25.1.3 所示。

图 25.1.1　旋转的立方体

```
section {
     height: 240px;
     width: 240px;
     margin: 250px auto;
     perspective: 800px;     /*3D 元素的透视效果*/
 }

 section:hover ul {
     animation-play-state: paused; /*鼠标移入，停止动画*/
 }

 @keyframes move {
     0% {
         transform: rotateY(0deg);
     }
     100% {
         transform: rotateY(360deg);
     }
 }

 ul {
     width: 200px;
     height: 200px;
```

```
    position: relative;
    transform-style: preserve-3d; /*设置后子元素显示 3D 效果*/
    list-style: none;
    margin: 20px;
    padding: 0;
    transform-origin: center center 100px;      /*改变立方体的中心点*/
    animation: move 5s 50s infinite linear;
    }
 li {
    position: absolute;    /*绝对定位把六个面合在一起*/
    left: 0;
    top: 0;
    width: 200px;
    height: 200px;
    background-color: orangered;
    opacity: 0.5;              /*透明度*/
    font-size: 50px;
    color: #fff;
    line-height: 200px;
    text-align: center;
}

li:nth-child(1) {
    transform-origin: left;  /*中心点的位置为左侧*/
    transform: rotateY(0);
    animation: li1 10s forwards;
}

@keyframes li1 {
    0% {}
    50% {
        left: 200px;
        transform: rotateY(0);
    }
    100% {
        left: 200px;
        transform: rotateY(-90deg);
 /*沿 Y 轴顺时针旋转 90 度，左手法则*/
    }
```

```
}

li:nth-child(2) {
    background-color: orange;
    transform-origin: right;  /*中心点的位置为右侧*/
    transform: rotateY(0);
    animation: li2 10s 10s forwards;
}

@keyframes li2 {
    0% {}
    50% {
            left: -200px;
             transform: rotateY(0);
    }
    100% {
        left: -200px;
        transform: rotateY(90deg);
     /*沿 Y 轴逆时针旋转 90 度，左手法则*/
    }
}

li:nth-child(3) {
    background-color: yellow;
    transform-origin: top;            /*中心点的位置为上*/
    transform: rotatex(0);
    animation: li3 10s 20s forwards;
}

@keyframes li3 {
    0% {}
    50% {
        top: 200px;
        transform: rotatex(0);
    }
    100% {
        top: 200px;
        transform: rotatex(90deg);
    }
```

```
}

li:nth-child(4) {
    background-color: greenyellow;
    transform-origin: bottom;
    transform: rotatex(0);
    animation: li4 10s 30s forwards;
}

@keyframes li4 {
    0% {}
    50% {
        top: -200px;
        transform: rotatex(0);
    }
    100% {
        top: -200px;
            transform: rotatex(-90deg);
}
  }

li:nth-child(5) {
    background-color: mediumturquoise;
    animation: li5 10s 40s forwards;
}

@keyframes li5 {
    0% {}
    100% {
        transform: translateZ(200px);
  /*正值向眼前移动越近，负值离眼前方向越远*/
    }
}

li:nth-child(6) {
    background-color: plum;
}
```

图 25.1.2　旋转的立方体 CSS 样式部分

```
<section>
    <ul>
        <li>1</li>
        <li>2</li>
        <li>3</li>
        <li>4</li>
        <li>5</li>
        <li>6</li>
    </ul>
</section>
```

图 25.1.3　旋转的立方体 HTML 结构部分

任务二　个人网页获奖情况

任务要求

（1）打开文件 2403.html，另存为 2502.html。

（2）在个人相册后版块，添加获奖证书模块，id 为 book。

制作效果如图 25.2.1 所示，其 CSS 样式如图 25.2.2 所示，HTML 结构如图 25.2.3 所示。

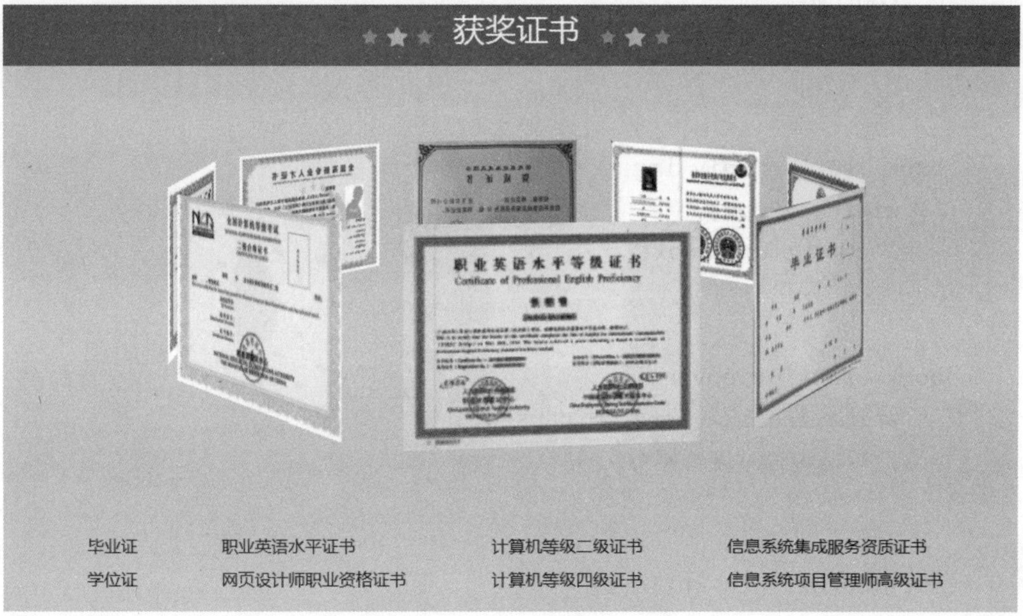

图 25.2.1　个人网页获奖证书部分

```
.book {
        perspective: 1000px;
        /*透视区域*/
        perspective-origin: center -80%;
```

```
    /*调整透视点高度*/
}

.book .section {
    position: relative;
    transform-style: preserve-3d;
    /*子盒子显示 3D 效果*/
    width: 200px;
    height: 150px;
    margin: 100px auto 200px;
    animation: move 20s linear infinite;
    /*调用自动旋转动画*/
}

.book .section div {
    width: 100%;
    height: 100%;
    position: absolute;
    top: 0;
    left: 0;
}

.book .section div img {
    width: 200px;
        height: 150px;
}

.book .section:hover {
    animation-play-state: paused;
    /*鼠标经过时候暂停*/
}

.section div:nth-child(1) {
    transform: rotatey(0deg) translateZ(300px);
}

.section div:nth-child(2) {
    transform: rotatey(45deg) translateZ(300px);
}
```

```
.section div:nth-child(3) {
    transform: rotatey(90deg) translateZ(300px);
}

.section div:nth-child(4) {
    transform: rotatey(135deg) translateZ(300px);
}

.section div:nth-child(5) {
    transform: rotatey(180deg) translateZ(300px);
}

.section div:nth-child(6) {
    transform: rotatey(225deg) translateZ(300px);
}

.section div:nth-child(7) {
    transform: rotatey(270deg) translateZ(300px);
}

.section div:nth-child(8) {
    transform: rotatey(315deg) translateZ(300px);
}

@keyframes move {
    0% {}
    100% {
        transform: rotatey(360deg);
        }
}

.show {
    display: flex;
    justify-content: space-evenly;
    margin-bottom: 40px;
}
```

图 25.2.2　个人网页获奖证书 CSS 样式

```
<div class="fluid" id="book">
        <section>
            <img src="imgs/star.png" alt="">
            <h3>获奖证书</h3> <img src="imgs/star.png" alt="">
        </section>
        <div class="book">
            <div class="section">
                <div><img src="imgs/1-1.jpg" alt=""></div>
                <div><img src="imgs/1-2.jpg" alt=""></div>
                <div><img src="imgs/1-3.jpg" alt=""></div>
                <div><img src="imgs/1-4.jpg" alt=""></div>
                <div><img src="imgs/1-5.jpg" alt=""></div>
                <div><img src="imgs/1-6.jpg" alt=""></div>
                <div><img src="imgs/1-7.jpg" alt=""></div>
                <div><img src="imgs/1-8.jpg" alt=""></div>
            </div>
        </div>
        <div class="show">
            <dl>
                <dd>毕业证</dd>
                <dd>学位证</dd>
            </dl>
            <dl>
                <dd>职业英语水平证书</dd>
                <dd>网页设计师职业资格证书</dd>
            </dl>
            <dl>
                <dd>计算机等级二级证书</dd>
                <dd>计算机等级四级证书</dd>
            </dl>
            <dl>
                <dd>信息系统集成服务资质证书</dd>
                <dd>信息系统项目管理师高级证书</dd>
               </dl>
           </div>
   </div>
```

图 25.2.3　个人网页获奖证书 HTML 结构

至此个人网站完成布局，现在添加锚点对应到各个版块部分，可以优化 CSS 样式，作为外链式。

最后把#box 设置为 display: none，插入 js 代码，当鼠标点击.wel 时，#box，display: block。

```
<script>
        var box = document.querySelector('#box');
        var wel = document.querySelector('.wel');
        wel.onclick = function() {
            box.style.display = 'block';
        }
    </script>
```

项目总结

本项目主要介绍了元素 3D 空间的旋转和移动，以及旋转正方向的左手法则判定方法。记住要使元素能在网页呈现 3D 效果，一定要在父元素添加 prespective（规定 3D 透视距离远近）和 transform-style：presever-3d；属性。

参考文献

[1] 赵丙秀，张松慧. BootStrap 基础教程[M]. 北京：人民邮电出版社，2018.
[2] 黑马程序员. HTML5+CSS3 网页设计与制作[M]. 北京：人民邮电出版社，2020.
[3] https://www.bootcss.com/.
[4] https://www.runoob.com/.
[5] https://www.w3school.com.cn/.
[6] https://www.bilibili.com/.
[7] http://www.fontawesome.com.cn/.